油气管道腐蚀与防护技术问答

石仁委　刘　璐　主编

中国石化出版社

内 容 提 要

本书从油气管道腐蚀与防护基础知识、检测技术、防护控制、发展趋势等四个方面出发，由浅入深、从理论到实践、全方位多角度介绍了油气管道腐蚀、检测以及防护方面的知识，重点介绍了腐蚀检测和防护控制的实践经验。通过本书学习，可以较为全面、深入地了解油气管道腐蚀特点、腐蚀监/检测技术与腐蚀控制技术方面的相关内容。

本书可供油气管道工程设计、检测、施工和管理人员使用，也可作为相关企业管道腐蚀与防护培训教材、试题库或高等院校相关专业教学参考书。

图书在版编目（CIP）数据

油气管道腐蚀与防护技术问答／石仁委，刘璐主编．—北京：中国石化出版社，2011.3
ISBN 978－7－5114－0786－3

Ⅰ.①油… Ⅱ.①石… ②刘… Ⅲ.①石油管道－腐蚀－问答②石油管道－防腐－问答③天然气管道－腐蚀－问答④天然气管道－防腐－问答 Ⅳ.①TE988.2－44

中国版本图书馆 CIP 数据核字（2011）第 022969 号

中国石化出版社出版发行
地址：北京市东城区安定门外大街 58 号
邮编：100011 电话：(010)84271850
读者服务部电话：(010)84289974
http://www.sinopec-press.com
E-mail：press@sinopec.com.cn
北京科信印刷有限公司印刷
全国各地新华书店经销
*
787×1092 毫米 16 开本 14 印张 320 千字
2011 年 3 月第 1 版 2011 年 3 月第 1 次印刷
定价：35.00 元

前　言

腐蚀是一个普遍而严重的问题，遍及各个行业，很大程度上影响着化学、石油、机械及军工等领域的生产和发展。腐蚀所造成的损失相当惊人，每年都在几千亿元，并且逐年增加。腐蚀给石油化工行业带来的危害更是不容忽视的，设备的报废、管道失效穿孔，大多是由腐蚀造成的。腐蚀往往给油气田及油气储运企业造成重大经济损失、灾难事故和环境污染，甚至是人员伤亡。

由于油气管道服役于高温、高压、高含水、高矿化度、高溶解氧、高含 H_2S 和 CO_2 以及恶劣的土壤环境中，因此其腐蚀较其他领域更为严重，给油气生产、储运乃至国民经济带来的损失与危害更为巨大。任何防腐技术都不是万能的，这就要求我们在全面深入地了解油气管道腐蚀环境及特点的基础上，利用精确可靠的腐蚀监检测技术查找油气管道存在的隐患，避免失效引起的损失；通过合理地选材与结构设计，避免或减少腐蚀的发生；采用安全有效的局部修补技术对管道破损部位进行维护，延长管道的使用寿命；采取适宜的腐蚀防护技术与措施控制腐蚀，将油气管道的腐蚀损失降至最低。只有将检测、预防、维护与控制四者有机结合，才能保证油气管道的安全运行。

本书编写正是从油气管道腐蚀与防护的角度出发，针对油气管道特定腐蚀环境，结合胜利油田腐蚀与防护研究所多年来从事油气管道腐蚀与防护检测、评价与控制技术研究的实践经验，以一问一答的形式，对油气管道腐蚀与防护的基础理论、监/检测技术与防护控制技术等作了较为全面的阐述。

油气管道腐蚀检测、评价与控制是管道安全生产运行的重要保障，腐蚀与防护技术的研究和开发将是未来腐蚀科学发展的方向。在油气管道工程技术人员和管理人员中普及腐蚀防护知识，使以上人员在生产中能够及时了解油气集输系统的运行状况及腐蚀情况，并采取相应的措施减少腐蚀给油气生产和储运带来的损失，这对于保障油气田及油气储运安全生产、降本增效具有重要意义。

本书由石仁委与刘璐担任主编。其中，石仁委负责全书章节策划与审稿工作，刘璐负责全书统稿工作以及第四章的编写工作。此外，由张洁负责第一章的编写，杨为刚、刘超、龙媛媛负责第二章的编写，孙振华、龙媛媛负责第三章的编写。参与本书讨论的还有柳言国、王遂平、姬杰等同志，在此一并表示感谢。

由于作者水平和工程经验有限，难免有不妥之处，敬请指正。

目　录

第一章　腐蚀与防护基础知识

一、腐蚀的基本概念

1. 什么是腐蚀？

“腐蚀”英文为corrosion，起源于拉丁文corrdere，意为“损坏”、“腐烂”。

关于腐蚀的定义最初只局限于金属材料。国际标准化组织ISO 6044—1999和我国国标GB/T 10123将腐蚀定义为“金属和环境间的物理－化学相互作用，其结果是使金属性能发生变化，导致金属、环境及其构成的技术体系功能受到损伤”。

随着时代的进步和科技的发展，非金属材料(特别是合成材料、复合材料等)的应用越来越广泛，这些材料在使用过程中同样会因环境的作用而发生功能损伤现象。因此，关于腐蚀新的定义是“材料和环境发生化学或电化学作用而导致材料功能损伤的现象”。

这个定义明确指出了金属腐蚀是包括金属材料和环境介质两者在内的一个发生反应作用的体系。这个反应包括化学反应、电化学反应以及物理溶解作用等。金属要发生腐蚀必须有外部介质的作用，而且这种作用发生在金属与介质接触的界面上，不包括因单纯机械作用引起的金属磨损破坏。这个定义包括以下几个含义：

(1) 腐蚀既导致材料损伤，又造成环境破坏。例如，食品或酒类生产、储运过程的容器材料，因腐蚀造成容器壁厚减薄、强度降低，但同时也可能导致食品或酒类受腐蚀产物污染而品质恶化。后者虽因腐蚀引起，但介质环境的变化一般称为污染，而不称为腐蚀。

(2) 腐蚀是一种材料和环境间的反应，大多数是电化学反应，这是腐蚀和摩擦现象的分界线。实际条件下腐蚀和磨损往往密不可分、同时发生。强调化学或电化学作用时称为腐蚀，强调力学或机械作用时称为摩擦磨损。如两者作用相当，习惯上称为腐蚀磨损或磨损腐蚀。它们不仅包含腐蚀及磨损作用，还会产生复杂交互作用。根据习惯，部分化学反应及少数物理过程也被当作腐蚀。

(3) 腐蚀是材料的损伤。宏观上可表现为材料质量流失、强度等性质退化等；微观上可表现为材料相、价态或组织改变，主要靠这些变化来发现腐蚀或评价腐蚀程度。腐蚀一般指材料坏的变化，强化过程或好的变化习惯上不称为腐蚀，如钢铁在一定气氛中热处理、材料表面三束(粒子束、电子束、激光束)改性等过程。这层含义有时比较含糊，例如，铝、不锈钢材料表面氧化及半导体硅片蚀刻等，虽称为腐蚀，但其后果是我们希望的。

(4) 腐蚀是渐变的慢性过程。有报道说，巴拿马运河海水中不锈钢闸门工作10年之后才出现点蚀，许多埋地管道运行10～20年后才出现事故多发期，这些都说明腐蚀过程是缓慢的。材料和环境之间发展迅速的反应，如镁粉燃烧、火药爆炸等习惯上不叫腐蚀。

2. 金属腐蚀具有什么特点？

腐蚀的特点可归纳为“自发性”、“普遍性”和“隐蔽性”三点。

(1) 自发性

金属单质处于热力学不稳定状态，而金属的氧化物处于热力学稳定状态，所以金属趋向于寻求一种较低的能量状态，即有形成氧化物或其他化合物的趋势。金属转换为低能量氧化物的过程即为金属的腐蚀。

金属有放出能量回到氧化物、硫化物、碳酸盐以及其他更稳定的自由能低的化合物的倾向。腐蚀的发生导致腐蚀体系的自由能减少，故它是一个自发的过程。例如，从矿石中提炼钢铁时需要消耗能量，得到的铁或钢在能量等级上高于铁矿石。图 1－1 以图解形式表示铁矿石中提炼铁和铁腐蚀过程的关系。炼铁过程是耗能的，而铁腐蚀是放能的自发过程。

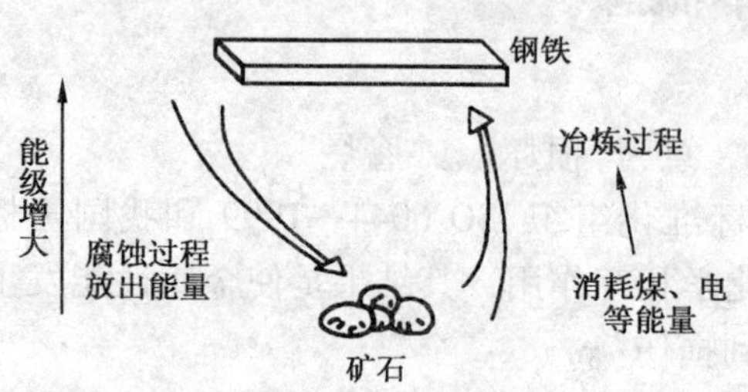

图 1－1　金属腐蚀和冶金互为逆过程

（2）普遍性

元素周期表中约有八十多种金属元素，除了金（Au）和铂（Pt）在地球上能以纯金属单体形式天然存在外，其他金属均以它们的化合物形式存在。在地球形成和演变的漫长历史中，能稳定保存下来的物质一般都是它的最低能级状态。这说明，除 Au 和 Pt 外，其他金属能级都高于它们的化合物，都具有自发回到低能级矿石状态的倾向。另一方面，地球上普遍存在的空气和水是两类主要腐蚀环境（分别含有腐蚀因素 O_2 和 H^+）。所以，地球环境下金属腐蚀不是个别现象，而是普遍面临的问题。幸好有不少金属虽有大的腐蚀倾向，但实际腐蚀十分微弱，否则人类可能会面临没有稳定金属材料可用的尴尬局面。

（3）隐蔽性

腐蚀的隐蔽性包含几层意思，一是指它发展速度可能很慢，短期变化微弱。不锈钢在海水中的点蚀约有 10 年潜伏期（又称孕育期），在此之前，材料安然无恙，但产生点蚀后，材料的腐蚀发展不可等闲视之，因此不能用短期试验数据无根据地判断材料的长期腐蚀行为。隐蔽性的另一层意思是其表现形式可能很难被发觉，有些腐蚀类型，如含裂纹局部腐蚀，靠肉眼或简单仪器很难发觉。在应力腐蚀断裂管道的实际调查中曾发现，断裂管道表面光亮如新，几乎不存在均匀腐蚀迹象，然而在金相显微镜下可以看到，管道钢内部已布满细微裂纹。

3. 金属的腐蚀是如何进行分类的？

金属腐蚀的分类方法很多，至少有 80 种腐蚀类型，而且由于金属材料的增加、腐蚀介质的更新，腐蚀类型还在增加。一般情况下，腐蚀根据腐蚀形态、腐蚀机理、腐蚀环境三种条件分类。无论哪一种腐蚀分类方法，都是为了从不同角度揭示出腐蚀现象的形貌、特点、规律和机制等，以便于人们说明、分析和研究腐蚀现象及其规律，进而找出防止腐蚀发生的方法和途径。

4. 如何根据腐蚀形态对金属的腐蚀进行分类？

根据腐蚀形态可将金属腐蚀分为：

（1）全面腐蚀　全面腐蚀又称均匀腐蚀，是指腐蚀作用均匀地发生在整个金属表面上，金属表面上各部分的腐蚀速率基本相同。在金属表面上的腐蚀可以是均匀的，当不均匀的腐蚀发展到整个金属的表面时，就会出现全面腐蚀的效果，这两种情况均为全面或均匀腐蚀。

（2）局部腐蚀　局部腐蚀发生在金属表面局部某一区域，其他部分几乎未破坏。局部腐蚀的破坏形态较多，对金属结构的危害性也比全面腐蚀大得多。

（3）应力作用下的腐蚀　应力作用下的腐蚀是材料在应力和腐蚀环境协同作用下发生的开裂及断裂失效现象。

5. 常见的局部腐蚀包括哪几种类型？

常见的局部腐蚀包括：

（1）斑状腐蚀（Porphyritic Corrosion）　分布在相当广泛的表面积上，但密度不大，如图1－2所示。

（2）穴状腐蚀（Ulcer Corrosion）　也叫溃疡腐蚀，指在有限的面积上集中了较深和较大的损坏部分，如金属在水蒸气中的腐蚀，如图1－3所示。

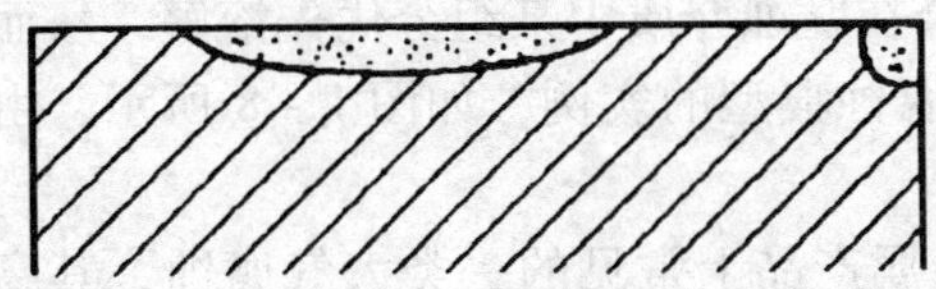

图1－2　斑状腐蚀

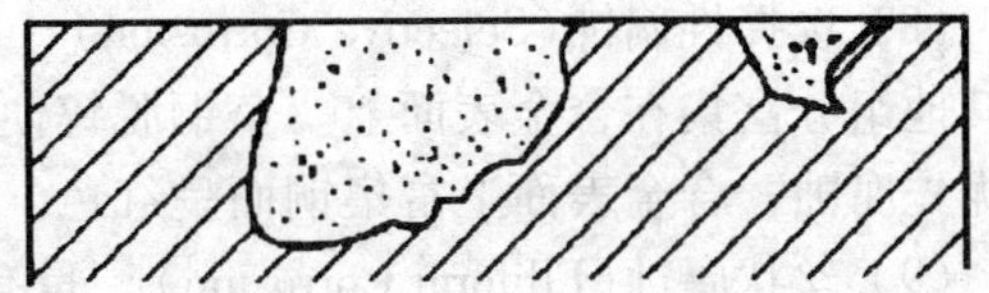

图1－3　穴状腐蚀

（3）点蚀（Pitting Corrosion）　又称孔蚀，主要集中在某些活性点上，不断向金属内部深处发展，如图1－4所示。通常其腐蚀深度大于孔径，严重时可使设备或管道穿孔。点蚀是不锈钢和铝合金在海水中典型的腐蚀方式，点蚀还可以诱发其他形式的腐蚀，如应力腐蚀破裂和腐蚀疲劳。

（4）电偶腐蚀（Galvanic Corrosion）　两种电极电势不同的金属或合金在电解质溶液中接触时，即可发现电势较低的金属腐蚀加速，而电势较高的金属腐蚀反而减慢（得到保护）。这种在一定条件下（如电解质溶液或大气）产生的电化学腐蚀，即一种金属或合金由于同电极电势较高的另一种金属接触而引起腐蚀速度增大的现象，称为电偶腐蚀或双金属腐蚀，也叫做接触腐蚀。

（5）晶间腐蚀（Intergranular Corrosion）　腐蚀破坏沿着金属晶粒的边界发展使晶粒之间失去结合力，金属外形在变化不大时即可严重丧失其机械性能，如图1－5所示。它是由于一种合金元素在晶粒边界的富集或贫化，或者由于晶粒边界存在杂质所引起的腐蚀。如高强度合金及不锈钢就容易产生晶间腐蚀。

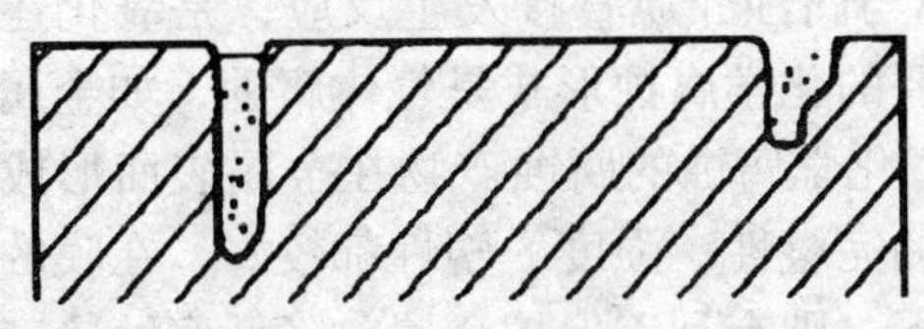

图1－4　点腐蚀

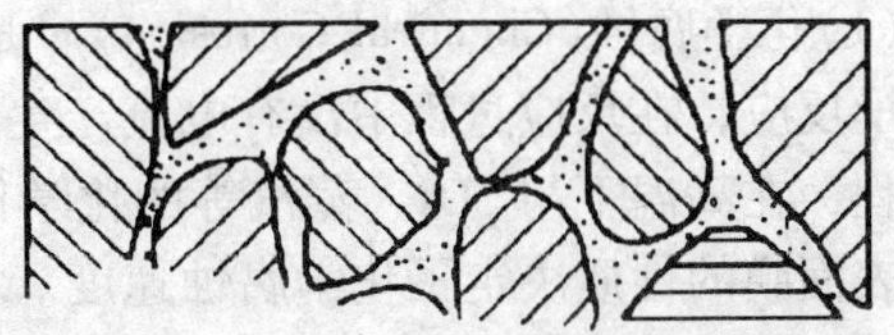

图1－5　晶间腐蚀

（6）缝隙腐蚀（Crevice Corrosion）　金属构件一般都采用铆接、焊接或螺钉连接等方式进行装配，在连接部位就可能出现缝隙，如图1－6所示。缝隙内金属在腐蚀介质中发生强烈的选择性破坏，使金属结构过早地损坏。缝隙腐蚀在各类电解质溶液中都会发生，钝化金属如不锈钢、铝合金、铁等对缝隙腐蚀的敏感性最大。

（7）剥蚀（Exfoliation Corrosion）　又称剥层腐蚀。这类腐蚀在表面个别点上产生，随后在表面进一步扩展，并沿着表面平行的晶界进行，如图1－7所示。由于腐蚀产物的体积比原金属体积大，从而导致金属鼓胀或者分层剥落。某些合金、不锈钢的型材或板材表面和涂金属保护层的金属表面可能发生这类腐蚀。

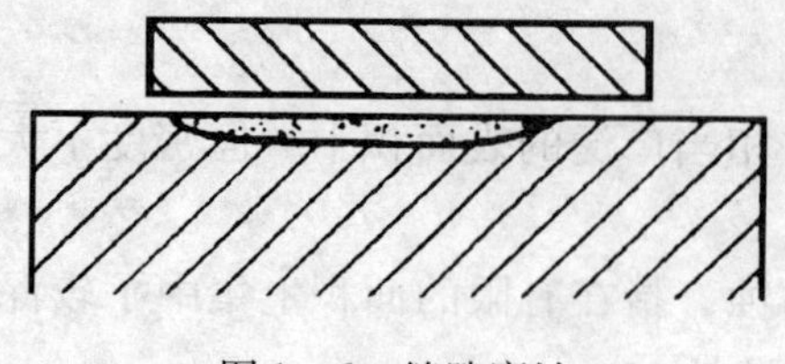

图 1－6　缝隙腐蚀

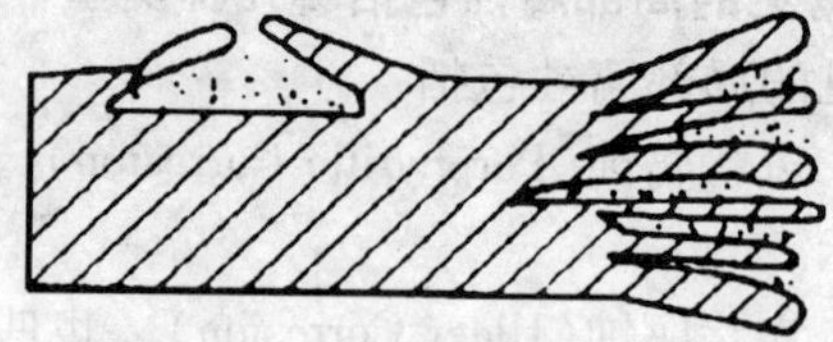

图 1－7　剥蚀

（8）选择性腐蚀(Selective Corrosion)　多元合金在腐蚀介质中某组分优先溶解，从而造成其他组分富集在合金表面上。黄铜脱锌便是这类腐蚀典型的实例，如图 1－8 所示，由于锌优先腐蚀，合金表面上富集铜而呈红色。

（9）丝状腐蚀(Filiform Corrosion)　是有涂层金属产品上常见的一类大气腐蚀，其腐蚀图案具有线状或丝状的外观。由于在不连续的保护膜下容易发生这种腐蚀，因此又称为膜下腐蚀。图 1－9 为发生丝状腐蚀的示意图。通常情况下在清漆或瓷漆下面的金属上常发生这类腐蚀。

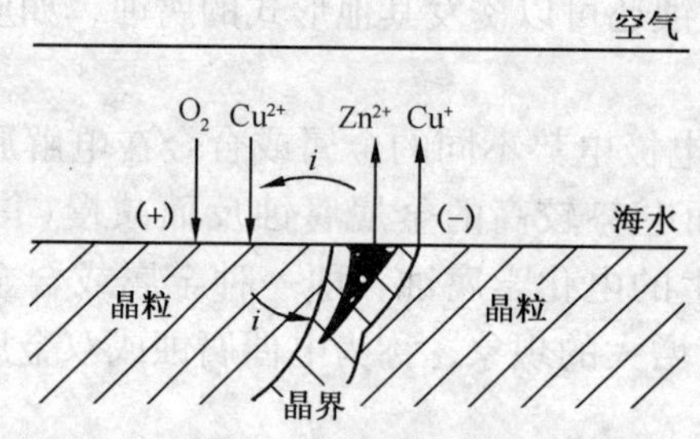

图 1－8　黄铜发生选择性腐蚀

图 1－9　丝状腐蚀

6. 如何根据腐蚀机理对金属的腐蚀进行分类？

根据腐蚀机理，金属腐蚀可以分为化学、电化学和物理三种腐蚀形式。具体的腐蚀机理主要取决于金属表面所接触介质的种类(非电解质溶液、电解质溶液、液态金属等)。

(1)化学腐蚀(Chemical Corrosion)　是指金属与腐蚀介质直接发生反应，是氧化还原的纯化学反应，在反应过程中没有电流产生。最重要的化学腐蚀形式是气体腐蚀，如金属的氧化过程，在高温下与 SO_2、蒸汽等的化学作用等。化学腐蚀的腐蚀产物在金属表面形成表面膜，表面膜的性质决定了化学腐蚀速度。如果膜的完整性、强度、塑性都较好，在膜的膨胀系数与金属接近、膜与金属的亲和力较强等情况下，则有利于保护金属、降低腐蚀速度。化学腐蚀可分为以下两种情况：

① 在干燥气体中的腐蚀　在干燥气体中的腐蚀通常指金属在高温气体作用下的腐蚀。例如，轧钢时生成厚的氧化铁皮、燃气轮机叶片在工作状态下的腐蚀、用氧气切割和焊接管道时在金属表面上产生的氧化皮等。

② 在非电解质溶液中的腐蚀　在非电解质溶液中的腐蚀指金属在某些有机液体(如苯、汽油)中的腐蚀。例如，Al 在 CCl_4、$CHCl_3$ 或 CH_3CH_2OH 中的腐蚀，镁和钛在 CH_3OH 中的腐蚀等。

(2) 电化学腐蚀(Electrochemical Corrosion)　是最常见的腐蚀形式。自然条件下，如潮湿大气、海水、土壤以及化工、冶金生产中绝大多数介质中的金属的腐蚀通常具有电化学性质。电化学腐蚀是指金属与电解质溶液发生了电化学反应而发生的腐蚀，在反应过程中伴有电流产生。阳极反应是金属原子从金属转移到介质中并放出电子的过程，即氧化过程；阴极反应是介质中的氧化剂得到电子发生还原反应的过程。

(3) 物理腐蚀(Physical Corrosion)　是指金属由于单纯的物理溶解作用引起的破坏。熔融金属中的腐蚀就是固态金属与熔融态金属(如铅、钠、汞等)相接触引起的金属溶解或开裂。这种腐蚀是由于物理溶解作用形成合金，或液态金属深入晶界造成的。例如存放熔融锌的钢容器在高温下被液态锌熔解，容器变薄。

7. 如何根据腐蚀环境对金属的腐蚀进行分类?

根据产生腐蚀的环境状态，可将腐蚀分为材料在自然介质中的腐蚀和在工业环境介质中的腐蚀。具体分类如下：

(1) 自然环境介质中的腐蚀

① 大气腐蚀(Atmospheric Corrosion)　指金属在大气环境条件下的腐蚀。如金属原材料及其制成品在生产、运输、使用和储存过程中都会受到大气的作用而发生腐蚀。

② 土壤腐蚀(Soil Corrosion)　指埋设在地下的金属构筑物(如石油管道、电缆等)在土壤作用下发生的腐蚀。如油、气、水管线长期埋在土壤中造成的腐蚀穿孔，导致漏油、漏气、漏水的现象时有发生。

③ 淡水腐蚀(Freshwater Corrosion)　指金属在硬水或软水中的腐蚀。如河水、湖水、地下水等含盐量少的天然水中的金属腐蚀。

④ 海水腐蚀(Corrosion in Sea Water)　指金属结构物在海洋环境中发生的腐蚀。如舰船、码头、海底管线都会受到海洋环境的腐蚀。

⑤ 微生物腐蚀(Microbial Corrosion)　指金属表面在某些微生物生命活动或其产物的影响下所发生的腐蚀。这类腐蚀很难单独进行，但它能为化学腐蚀、电化学腐蚀创造必要的条件，促进金属腐蚀。

(2) 工业环境介质中的腐蚀

① 酸、碱、盐溶液中的腐蚀；

② 工业水中的腐蚀；

③ 高温高压水中的腐蚀；

④ 无水有机液体和气体中的腐蚀(属于化学腐蚀)；

⑤ 熔盐和熔渣中的腐蚀(属于电化学腐蚀)；

⑥ 熔融金属中的腐蚀(属于物理腐蚀)。

8. 应力作用下的腐蚀有哪几种?

应力作用下的腐蚀有：

(1) 应力腐蚀断裂(Stress Corrosion Fracture)　它是由应力腐蚀裂纹的扩展而引起的断裂。应力腐蚀断裂时宏观上无明显的变形。应力腐蚀裂纹最重要的特点是分叉向深度方向发展，剖开后裂纹呈现树枝状，主裂纹粗宽，与主应力垂直，如图1-10所示。

(2) 氢损伤(Hydrogen Damage)　它是由金属表面生成的原子态氢所引起的，是一种非常特殊的腐蚀形式。图1-11为发生氢损伤腐蚀的示意图。氢损伤一般分为氢鼓泡、氢脆、脱碳、氢腐蚀和氢致应力腐蚀破裂。

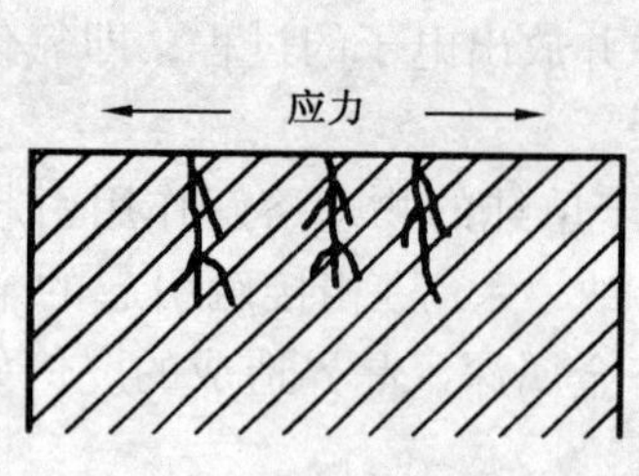

图 1－10　应力腐蚀断裂示意图

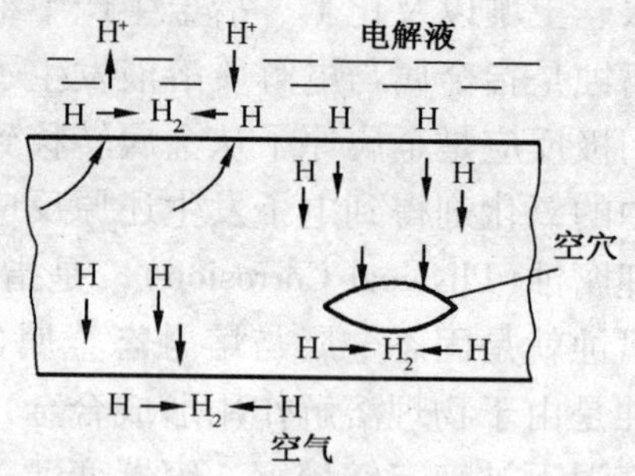

图 1－11　氢损伤腐蚀示意图

（3）腐蚀疲劳（Corrosion Fatigue）　指金属在循环交变应力作用下产生破裂，图 1－12 为发生腐蚀疲劳的示意图。

（4）腐蚀磨损（Erosion Corrosion）　它是由于腐蚀流体以及金属和流体间的相对运动而共同引起的金属破坏，图 1－13 为发生腐蚀磨损的示意图。

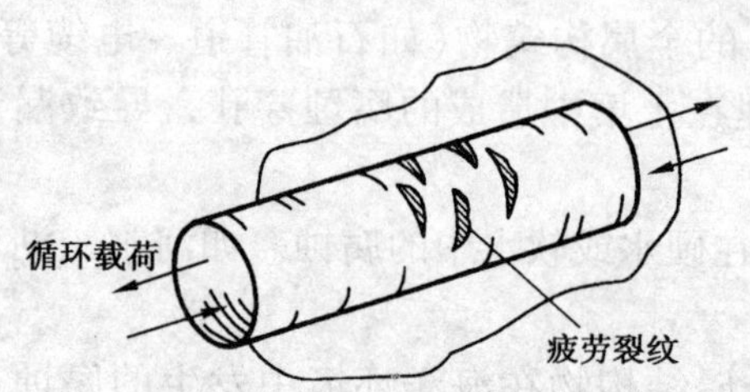

图 1－12　金属发生腐蚀疲劳的示意图

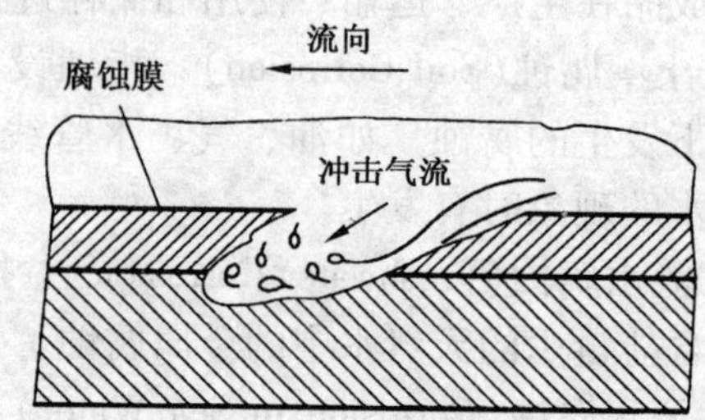

图 1－13　腐蚀磨损的示意图

（5）空泡腐蚀（Cavitations Corrosion）　它是由于真空泡的形成和破坏所产生的空化作用所导致的金属表面的局部破坏，图 1－14 为发生空泡腐蚀的示意图。

（6）微振腐蚀（Fretting Corrosion）　它是在两种材料界面受轻微的相对运动或滑动时所发生的腐蚀，典型的相对运动是振动。图 1－15 为发生微振腐蚀的示意图。

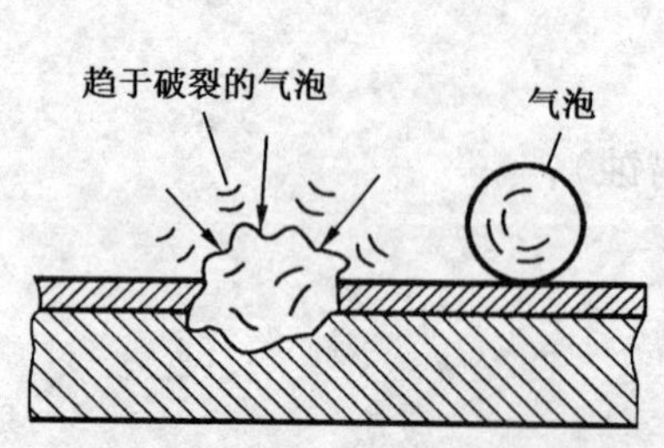

图 1－14　空泡腐蚀的示意图

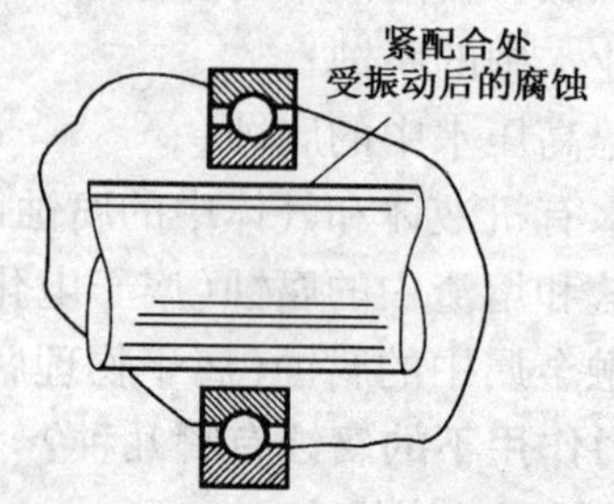

图 1－15　微振腐蚀的示意图

9. 应力腐蚀开裂有什么特点？

应力腐蚀开裂主要有以下几个特点：

（1）主要是合金发生应力腐蚀开裂，纯金属极少发生；

（2）应力腐蚀开裂对环境具有选择性，形成了所谓“材料－介质组合”，如表 1－1

所示；

表1-1　产生应力腐蚀开裂的材料-介质组合(局部腐蚀)

金属或合金	腐 蚀 介 质
软　钢	NaOH，硝酸盐溶液，（硅酸钠+硝酸钙）溶液
碳钢和低合金钢	42% $MgCl_2$ 溶液，HCN
奥氏体不锈钢	NaClO 溶液，海水，H_2S 水溶液
铜和铜合金	氯化物溶液，高温高压蒸馏水
镍和镍合金	氨蒸气，汞盐溶液，含 SO_2 大气
蒙乃尔合金	NaOH 水溶液
铝合金	HF 酸，氟硅酸溶液
铅	熔融 NaCl，NaCl 水溶液，海水，水蒸气，含 SO_2 大气，$Pb(AC)_2$ 溶液
镁	海洋大气，蒸馏水，$KCl-K_2CrO_4$ 溶液

（3）一般只有拉应力才引起应力腐蚀开裂，压应力反而会阻止或延缓应力腐蚀开裂的发生，但有研究表明，少数情况下压应力也会产生应力腐蚀开裂；

（4）裂缝方向宏观上和拉应力垂直，其形态有晶间型、穿晶型、混合型；

（5）应力腐蚀开裂有孕育期，因此应力腐蚀开裂的破断时间可分为孕育期、发展期和快断期三部分；

（6）发生应力腐蚀开裂的合金表面往往存在钝化膜或其他保护膜，在大多数情况下合金发生应力腐蚀开裂时均匀腐蚀速度很小，金属失重甚微。

10. 空泡腐蚀是如何对金属形成危害的?

空泡腐蚀又叫气蚀、穴蚀，经常发生于水泵、水轮机和船舶螺旋桨的叶片表面，以及高水位泄水建筑物的局部表面上。

当高速流体流经形状复杂的金属部件表面，在某些区域流体静压可降低到液体蒸气压之下，因而形成气泡。空泡随液流进入压力较高的区域时，失去存在的条件而突然溃灭，原空泡周围的液体运动使局部区域的压力骤增。气泡的反复生成和破灭产生很大的机械力使表面膜局部毁坏，裸露出的金属受介质腐蚀形成蚀坑。如果液流中不断形成、长大的空泡在固体壁面附近频频溃灭，壁面就会遭受巨大压力的反复冲击，从而引起材料的疲劳破损甚至表面剥蚀。

11. 什么是大气腐蚀?

金属材料在大气自然环境条件下，受大气中的水、氧、二氧化碳等物质的作用而引起的腐蚀，称为大气腐蚀。钢铁在大气自然环境条件下生锈，就是一种最常见的大气腐蚀现象。因此，了解大气腐蚀的现象和规律，有针对性地采取防止大气腐蚀的有效措施，是油气田防腐工作的一项重要任务。

在大气中，普遍存在的腐蚀成分是氧、水蒸气、二氧化碳。氧能直接和金属作用使金属氧化。但在常温常压下金属的氧化过程极为缓慢，氧此时主要是参与电化学腐蚀过程。大气中的氧易溶于金属表面的薄液层中，作为阴极去极化剂而起作用。

金属表面的液层，主要由大气中的水蒸气所形成。大气中还含有许多种杂质，这些杂质成分溶解在金属表面的水膜中，构成了具有腐蚀性的电解质溶液，大气中的氧又加速了腐蚀。

二氧化碳不是大量存在的，其含量可随气候的变化而变化。二氧化碳虽然能生成腐蚀产物中的碳酸盐，但它在大气腐蚀中的作用是很小的。

12. 大气腐蚀如何分类?

根据大气湿度，可以将大气腐蚀分为三类：

(1) 干大气腐蚀　大气中基本上没有水气，金属完全没有水膜时的大气腐蚀是干大气腐蚀。这类腐蚀由于金属表面不形成水膜，不发生电化学腐蚀，可视为化学腐蚀，腐蚀速度小。例如，高温干燥大气中金属的腐蚀，只能使金属表面失去光泽，危害性也很小。

(2) 潮大气腐蚀　当大气的相对湿度在某一临界值与100%之间时，金属发生潮大气腐蚀。在潮大气中，金属表面有一层肉眼看不见的水膜(100Å～1μm)，潮大气腐蚀已有电化学腐蚀的特征，腐蚀速度大，大气中的腐蚀性物质(如 O_2、CO_2、SO_2 等)溶解到液膜中形成电解质溶液，发生氢去极化腐蚀或氧去极化腐蚀。

(3) 湿大气腐蚀　金属在相对湿度接近100%的大气中或遭受雨水的直接喷淋时，发生湿大气腐蚀。在湿大气的情况下，在金属表面上有较厚的肉眼可见的水膜(1μm～1mm)，这时金属遭受到电化学腐蚀，其腐蚀速度比较快。

13. 什么是土壤腐蚀，土壤腐蚀有什么危害?

土壤腐蚀是指金属在土壤中发生的腐蚀。土壤腐蚀属于电化学腐蚀范畴，其腐蚀机理可用电化学腐蚀的理论描述。土壤是具有毛细管多孔性的特殊固体电解质。土壤腐蚀的阴极过程主要是氧去极化作用，由于氧要透过固体的微孔电解质到达阴极，过程比较复杂，进行较慢，且土壤的结构和湿度对氧的流动有很大的影响。

随着石油工业的迅速发展，埋设在地下的油、气、水管道等日益增多。这些管道在土壤作用下常发生腐蚀，严重的腐蚀穿孔会造成油、气、水的跑、冒、滴、漏，不仅造成直接经济损失，而且可以引起爆炸、起火、污染环境等，产生巨大的间接经济损失。因此研究土壤的腐蚀规律，以寻找有效的防腐技术和措施，确保油气田正常生产，具有十分重要的意义。

14. 土壤腐蚀的特点是什么?

土壤是一种多相(气、液、固)多细孔系统，并且往往还是一种胶体系统，它与溶液电解质一样，依靠电子的定向移动来导电。土壤的腐蚀具有以下特点：

(1) 土壤电解质的不均匀性　土壤性质及其结构具有很大的不均匀性，这种不均匀性不仅表现在小块土壤内，更突出的是表现在大片土壤范围内，而溶液没有这样大的不均匀性。

(2) 相对静止性　除在土壤的细孔中含有气体和水分外，土壤电解质的组成主要是固体，它相对于埋在其中的金属是静止不动的，不像溶液由于机械搅拌或对流可以发生运动。

(3) 易形成氧浓差电池　氧在去极化腐蚀过程中是一种很重要的去极化剂，由于土壤的性质和结构的不均匀性很大，再加上土壤固体部分的相对静止性使氧的渗透在土壤各处差异很大，因此，在土壤腐蚀条件下特别容易形成氧浓差电池，它是地下管道最重要、最危险的腐蚀电池。

(4) 腐蚀过程受电阻控制　因为土壤电阻率一般比溶液的电阻率要大，而且不同的土壤其电阻率差异较大，这是由于土壤各部分的组成、结构、含水、含盐量不同造成的，因此土壤电阻率差异较大。

15. 什么是海水腐蚀？研究海水腐蚀的意义是什么？

海水腐蚀是金属在海水环境中遭受腐蚀而失效破坏的现象，如图1－16所示。

(a)海洋大气区

(b)海洋大气区

(c)金属表面生物附着

图1－16　海洋环境中金属构件的腐蚀

海洋约占地球面积的70%，海水中含有腐蚀性很强的天然电解质，从而为金属的电化学腐蚀创造了良好的条件。随着海洋石油工业的发展，海上采油平台、浮式生产设施（FPSO）、海底管线等不断增加，它们都有可能遭受海水的腐蚀。

我国海上油气资源丰富，建造海洋及滩涂石油开发设施的材料大多数是钢铁。导致这些设施破坏的原因是多种多样的，除了事故性的原因外，主要的破坏原因可以大致归纳为作用力和腐蚀。研究钢铁在海洋及滩涂环境中的腐蚀行为，对采取有效的防腐蚀措施，预防开发设施遭受意外破坏，具有重要意义。

16. 海水腐蚀有什么特点？

（1）海水腐蚀属于电化学腐蚀，由于海水呈中性，并含有大量的氯离子，故海水对于钢铁等大多数金属的腐蚀，其阳极极化程度很小，腐蚀速度主要是由阴极过程中氧去极化作用所控制。

（2）不同金属材料在海水中的自然电位与其标准电极电位差异较大。

（3）由于海水的电阻率很小，故其腐蚀速度比土壤大很多。

（4）大量Cl^-的存在，容易破坏金属的钝化膜而引起金属的严重孔蚀、缝隙腐蚀和应力腐蚀。即使是不锈钢，由于Cl^-的作用，也难以保证不受腐蚀。

（5）对于海洋采油平台和油气输送管道的防腐，要特别注意海洋大气带和飞溅带的特点。海洋大气湿度高，并含有盐雾，其腐蚀性要比内陆大气严重，但其腐蚀形成主要还是均匀腐蚀。飞溅带包括浪花飞溅区和潮差区，构筑物受浪花和海潮的冲击，不仅会发生均匀腐蚀，还有坑蚀和冲蚀，需要采取特殊保护。

（6）不同水深度，腐蚀速度不同，飞溅区和潮差区腐蚀最严重。在全浸区腐蚀速率随水深而减小，因为不同深度处，海水的含氧量不同。对于不同深度处互不连通的小构件及从海面之上一直伸到海底的钢桩，腐蚀速度情况有所不同。从海面伸入的构件在同样深度处，腐蚀速度比孤立构件要大些。这主要是因为氧浓差电池腐蚀占主导地位，氧去极化微电池腐蚀占次要地位。

17. 不同的腐蚀类型危害程度大小是怎样的？

统计调查结果表明，在所有的腐蚀中腐蚀疲劳、全面腐蚀和应力腐蚀引起的破坏事故所占比例较高，分别为23%、22%和19%，其他十余种形式腐蚀合计36%，如图1－17所示。由于应力腐蚀和氢脆的突发性，其危害性最大，常常造成灾难性事故，在实际生产和应用中

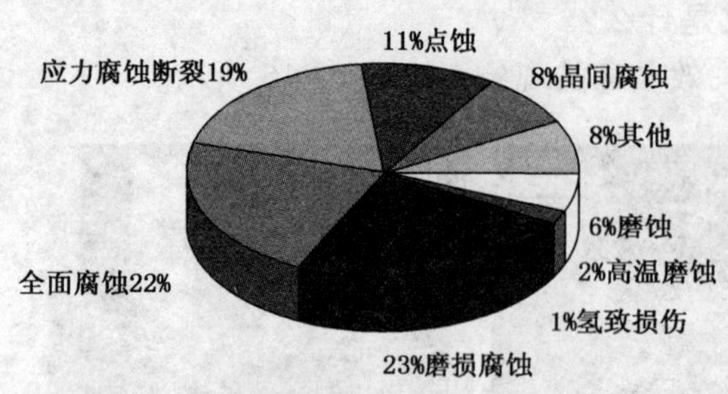

图1-17　腐蚀类型及引起的破坏事故所占比例

应引起足够的重视。

18. 如何表征金属的腐蚀速度?

金属被腐蚀后质量、厚度、机械性能、组织结构以及电极化过程发生变化，这些物理性能的变化率可以用来表示金属腐蚀的程度。在均匀腐蚀情况下通常采用质量、深度以及电流指标。

(1) 质量指标

金属腐蚀程度的大小可用腐蚀前后试样的质量变化来评定。

① 失重法

$$V^{-}=\frac{m_0-m_1}{S\cdot t} \tag{1-1}$$

式中　V^{-}——失重法的腐蚀速率，$g/(m^2\cdot h)$；

m_0——样品腐蚀前的质量，g；

m_1——样品清除了腐蚀产物后的质量，g；

S——样品的表面积，m^2；

t——腐蚀时间，h。

失重法适用于表面腐蚀产物易于脱离和清除的情况。腐蚀后质量增加且腐蚀产物完全牢固附着在试样表面时，可采用增重法。

② 增重法

$$V^{+}=\frac{m_2-m_0}{S\cdot t} \tag{1-2}$$

式中　V^{+}——增重时的腐蚀速率，$g/(m^2\cdot h)$；

m_2——带有腐蚀产物的样品质量，g。

采用失重法还是增重法，可根据腐蚀产物能否容易除去或能否完全牢固地附着在试样表面的情况来确定。

(2) 深度指标

工程上，材料的腐蚀深度或构件腐蚀变薄的程度均直接影响材料部件的寿命，因此对腐蚀深度测量更具有实际意义。用质量变化来表示腐蚀速率，没有考虑金属密度对腐蚀程度的影响。在评定不同密度金属腐蚀程度时，更适合采用这种方法。

金属腐蚀的深度变化率，即年腐蚀深度，用下式表示：

$$V_L=\frac{V^{-}}{\rho}\left(\frac{24\times 365}{1000}\right)=8.76\frac{V^{-}}{\rho} \tag{1-3}$$

式中　ρ——金属密度，g/cm^3。

(3) 电流指标

对于均匀腐蚀来说，整个金属表面积可以看作是阳极面积，可得到腐蚀速度 V^{-} 与腐蚀电流密度 i_{corr} 间的关系：

$$i_{corr}=\frac{V^{-}}{A}nF \tag{1-4}$$

式中　A——金属的相对原子质量；

n——价数，即金属阳极反应方程式中的电子数；

F——法拉第常数，$F=96500C/mol$。

可见，腐蚀速度与腐蚀电流密度成正比，因此可以用腐蚀电流密度 i_{corr} 表示金属的电化学腐蚀速度。

若 i_{corr} 的单位取 $\mu A/cm^2$，金属密度 ρ 取 g/cm^3，则腐蚀速度单位为 mm/a，其与腐蚀电流密度的关系为

$$V_L = 0.327\frac{A}{n\rho}i_{corr} \tag{1-5}$$

除上述单位以外，在不少文献中也经常用 mdd 即 mg/(dm² · d)、ipy(in/a)、mpy(mil/a)等作为质量指标和深度指标的单位，它们之间可以相互换算，具体换算方法见表 1－2。

表 1－2　腐蚀速度单位的相互换算系数

腐蚀速度换算单位	换算系数				
	$g/m^2 \cdot h$	$mg/(dm^2 \cdot d)$	mm/a	in/a	mil/a
$g/m^2 \cdot h$	1	240	$8.76/\rho$	$0.345/\rho$	$345/\rho$
$mg/(dm^2 \cdot d)$	4.17×10^{-3}	1	$3.65\times10^{-2}/\rho$	$1.44\times10^{-3}/\rho$	$1.44/\rho$
mm/a	$1.14\times10^{-1}\times\rho$	$27.4\times\rho$	1	3.94×10^{-2}	39.4
in/a	$2.9\times\rho$	$696\times\rho$	25.4	1	10^3
mil/a	$2.9\times10^{-3}\times\rho$	$0.696\times\rho$	2.54×10^{-2}	10^{-3}	1

注：1mil(密耳) = 10^{-3}in(英寸)；

1in(英寸) = 25.4mm(毫米)；

ρ——金属密度(g/cm^3)。

19. 腐蚀控制的含义是什么？

虽然腐蚀是一个不可避免的、自发的过程，但不是不可控制的。腐蚀控制(Corrosion Control)的目的正是为了保持(在一定时期内)材料(结构)的介稳定态或减缓变为不稳定态过程，使材料(结构)能达到所要求的寿命期，这也是腐蚀防护的重要而现实的意义。

对于钢材，若不加防护或防护不当，钢铁的寿命是不长的，如果对其实施腐蚀控制(采取有效防护措施)，则能延长它所处介稳定态的时间，从而达到预想的使用寿命。

20. 金属的耐蚀性等级如何划分？

按照金属的年腐蚀速率，可将金属划分为十级，见表 1－3；或按其耐用性将金属分为三级，见表 1－4。

表 1－3　金属耐蚀性的十级标准

耐蚀性评定	耐蚀性等级	腐蚀深度/(mm/a)	耐蚀性评定	耐蚀性等级	腐蚀深度/(mm/a)
Ⅰ完全耐蚀	1	<0.001	Ⅳ尚耐蚀	6	0.1～0.5
Ⅱ很耐蚀	2	0.001～0.005		7	0.5～1.0
	3	0.005～0.01	Ⅴ欠耐蚀	8	1.0～5.0
Ⅲ耐蚀	4	0.01～0.05		9	5～10
	5	0.05～0.1	Ⅵ不耐蚀	10	>10.0

表 1-4　金属耐蚀性的三级标准

耐蚀性评定	耐蚀性等级	腐蚀深度/(mm/a)	耐蚀性评定	耐蚀性等级	腐蚀深度/(mm/a)
耐用	1	<0.1	不可用	3	>1.0
可用	2	0.1~1.0			

21. 腐蚀研究的重要性是什么?

材料、能源和信息是现代文明的三大支柱。腐蚀是材料研究重要组成部分。一般说，材料在环境中服役时有三种失效形式，即腐蚀、磨损和断裂，其中腐蚀是较重要的一种。

腐蚀研究的重要性首先来自经济方面，这是腐蚀学科最初发展的原动力。英国 1969 年"Hoar"报告称腐蚀每年给英国造成至少 13.65 亿英镑损失，1975 年美国国家标准局(NBS)调查显示，由于金属腐蚀造成的经济损失为 700 亿美元，占当年国民经济生产总值的 4.2%。我国每年腐蚀造成的直接经济损失也十分可观，2003 年，我国腐蚀损失达 500 亿美元，腐蚀造成的直接经济损失大约占国民经济净产值(GPN)的 3%~4%，这和其他国家数据相仿。在腐蚀造成的损失中，资源浪费最为严重，全球每年生产钢材的 30% 是由于腐蚀而损失，其中 10% 变为铁锈而报废。至于金属腐蚀事故引起的停产、停电等间接损失就更无法计算，一般是直接损失的几倍。

腐蚀研究重要性的第二个领域来自安全和减少灾难性事故的考虑。在 1970~1984 年间，美国天然气长输及集输管道共发生了 5872 次事故，年平均事故 404 次。苏联在 1981~1990 年间发生管道事故 752 起，内腐蚀和外腐蚀、焊接和管材缺陷、外部干扰是排在前三位的失效原因。加拿大平均每年约发生管道失效事故 30~40 起，其中大部分为泄漏。1970~1992 年欧洲管道事故频率平均为 0.575/1000km/a，1988~1992 年为 0.381/1000km/a。1960 年美国 Transwestern 公司的一条 X56 钢质的、直径为 762mm 的输气管道破裂，破裂长度达 13km。1989 年 6 月苏联拉乌尔山隧道附近由于对天然气管道维护不当，造成天然气泄漏，随后引起大爆炸，烧毁了两列铁路列车，死伤 800 多人，成为 1989 年震惊世界的灾难性事故。由于腐蚀具有普遍性、隐蔽性和渐进性的特性，当腐蚀发展到一定程度，便会发生突发性灾害，引发安全事故及对环境的破坏。因此，采取各种技术措施进行防腐蚀，也是保证安全生产的必然选择。

腐蚀问题有时成为新材料、新技术应用的拦路虎。一项新技术、新产品的产生过程，往往会遇到需要克服的腐蚀问题，只有解决了这些问题，新技术、新产品、新工业才得以发展。例如，法国的拉克气田 1951 年因设备发生了应力腐蚀开裂得不到解决，不得不推迟到 1957 年才全面开发。在我国四川石油开发初期，如果没有我国腐蚀工作者的努力，及时解决钢材硫化氢应力开裂问题，我国的天然气工业不会如此迅速发展。同样，由于缺乏可靠技术(包括防腐技术)，我国有一批含硫 80%~90% 的高硫化氢气田至今仍静静地埋在地下，无法开采利用。

腐蚀现象也可以用来为人类造福。随着人们对腐蚀现象的认识不断深化，腐蚀也可以被人类利用，例如电池工业中利用活泼金属腐蚀获得携带方便的能源和半导体，又如利用腐蚀对材料表面进行间距只有 0.1mm 左右的精细蚀刻等。

22. 腐蚀科学的发展经历了哪些阶段?

腐蚀科学是在人类不断同腐蚀作斗争的过程中发展起来的。人类很早就知道采用措施来防止腐蚀对材料的危害。在我国湖北出土的春秋战国时期越王勾践用剑，表明 2000 多年前古人已掌握用铬酸盐进行金属表面防腐蚀；我国汉朝前就开始使用“大漆”，至今仍被公认为世界上最好的防腐涂料之一，称之为“中国漆”；许多出土的漆器历经数千年光泽不减，充分证明古人对控制腐蚀所作的贡献。

（1）理论发展阶段

1800 年，伏特(A. Volta)发现原电池理论，引起了原电池研究热；

1801 年，英国瓦尔顿(W. H. Wollaton)根据原电池原理提出了金属在酸中腐蚀的电化学腐蚀理论，他的论文《酸腐蚀的电化学理论》被认为是腐蚀科学的开端；

1827 年，贝克勒尔(A. C. Becquerel)和马列特(R. Mallet)先后提出了浓差腐蚀电池理论；

1847 年，艾德(R. Aido)发现了氧浓差电池腐蚀现象；

1887 年，阿贝斯(S. Arrbeius)提出离子化理论；

1903 年，美国腐蚀科学的先驱 W. R. Whitney 发表了《铁在水中腐蚀的电化学理论》一文，首先提出了在一个腐蚀金属表面建立的电池电动势控制着腐蚀速度的理论；

1933 年，英国著名腐蚀科学家 V. R. Evans 和 T. P. Hoar 发表了《铁腐蚀的电化学理论定量论证》一文，通过实验证明了这种电池，同时绘制了电位作为电流函数的局部腐蚀反应极化图——伊文斯极化图。这些工作为腐蚀作为一门独立学科奠定了理论基础。

（2）应用阶段

1957 年，M. Sten 和 Geary 提出了线性极化理论。从理论上导出，在靠近腐蚀电位的微小极化电位区间(10mV)，腐蚀电流 I_{corr} 与极化电阻($\Delta E/\Delta I$)成反比关系，从而使某些腐蚀过程达到能够自动控制的程度。

1966 年，比利时学者波尔贝(M. Pourbaix)利用电位 - pH 图，说明金属在介质体系中的电化学和腐蚀行为，为研究腐蚀动力学和腐蚀机理提供了依据。

其后，经美国尤里格、方坦纳，德国瓦格纳，前苏联阿基莫夫、费鲁姆金，比利时布拜等大批学者努力，使腐蚀成为一门发展极快的新兴学科，已初步形成系统的电化学腐蚀理论体系。

23. 腐蚀科学在我国的发展现状是怎样的？

我国的腐蚀科学发展较晚，与发达国家相比，我国的腐蚀研究还处于相对较低的水平。我国高校在 1960 年后开设腐蚀课程。1978 年专门成立了腐蚀学科组并组建了腐蚀学术委员会，制定了腐蚀学科发展规划，建立腐蚀研究机构，同时加快了科技人才的培养。

据中国工程院调查，我国由于腐蚀所导致的直接或间接损失中，80% 以上的损失是由于自然环境腐蚀造成的。在环境腐蚀网站的建设过程中也走过了一条曲折的道路。我国材料自然环境试验工作开始于 20 世纪 50 年代，1958 ~ 1959 年分别建立了全国大气、海水、土壤环境下材料腐蚀试验站网；1959 ~ 1961 年组织有关企业提供材料，制备试件，进行试验。20 世纪 60 年代中期至 70 年代试验中断，1983 年在国家科委的积极推动和组织下，11 个有关部门联合支持，全面恢复了材料环境腐蚀试验站的工作。2004 年的下半年，在科技部和国家材料环境腐蚀试验站的专家努力下，通过对原有 51 个试验站点的整合、改造，以及西部新的试验站地的建设，最终形成 28 个试验站点组成的新的国家材料环境腐蚀网站体系。

二、金属电化学腐蚀的基本原理

24. 怎样理解金属的腐蚀是一个电化学过程?

由钢铁转回氧化铁(铁锈)状态，大多不是直接的氧化过程，而是通过一个伴随电流现象的化学过程，简称电化学过程。更确切地说，腐蚀是以“电池”形式进行的。

电化学过程至少需要以下四个基本条件：

(1) 要有阴极、阳极两个独立、分离的区域；

(2) 两极间存在且保持电位差；

(3) 两极间存在电子通路(导线)；

(4) 两极间存在离子通路(电解质溶液)。

通常的化学反应不需要以上条件，是物质间直接接触就可以发生的，因此电化学反应不同于通常的化学反应，或者说它是伴有电流现象的化学反应。

在阳极区的铁，由原来的金属状态变成了离子状态，这种阳极离解现象就是“腐蚀”。它虽然发生在阳极，但如果没有阴极和电子、离子通路，这个“腐蚀”是不能发生的。这正是电化学腐蚀的特点，也是钢铁和其他金属腐蚀的主要途径。

25. 腐蚀原电池的工作过程包括哪些环节?

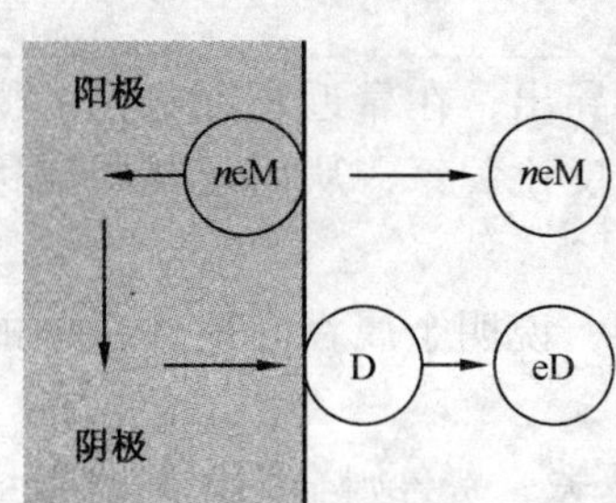

图1-18 腐蚀原电池工作过程

金属的电化学腐蚀实质是一个腐蚀原电池。腐蚀电池必须包括阴极、阳极、电解质溶液和导电通路四个不可分割的部分，它的工作过程主要由以下三个基本过程组成，如图1-18所示。

(1) 阳极过程

阳极过程即金属的溶解过程。金属溶解，以离子的形式进入溶液，并把当量的电子留在金属上：

$$Me \longrightarrow Me^{n+} + ne \qquad (1-6)$$

如果系统中不发生任何其他的电极过程，那么阳极反应会很快停止。这是因为金属中积累起来的电子和溶液中积累起来的阳离子将使金属的电极电位向负方向移动，从而使金属表面与金属离子的静电引力增加，阻碍了阳极反应的继续进行。

(2) 阴极过程

阴极过程为接受电子的还原过程。从阳极过来的电子被电解质溶液中能够吸收电子的氧化性物质接受：

$$D + ne \longrightarrow [D \cdot ne] \qquad (1-7)$$

单独的阴极反应也是难以持续的，在同时存在阳极氧化反应的条件下，阴极反应和阳极反应才能够不断地持续下去，故金属不断地遭受腐蚀。进入溶液中能接受电子的氧化性物质种类很多，其中 H^+ 和 O_2 是最为常见的氧化剂。

(3) 电流转移过程

电流的流动，金属中依靠电子从阳极流向阴极，而溶液中依靠离子的迁移，即阳离子从阳极区向阴极区移动以及阴离子从阴极区向阳极区迁移，这样整个电池系统电路构成通路。

腐蚀原电池工作所包含的上述三个基本过程既是相互独立、又是彼此联系的。只要其中一个过程受到阻滞不能进行，则其他两个过程也将停止，金属腐蚀过程也就终止了。

26. 腐蚀原电池中常见的化学反应是什么？

阳极电化学反应主要是金属失去电子的氧化反应，阳极（氧化）反应可以写成通式：

$$Me = Me^{n+} + ne \tag{1-8}$$

阴极反应就是消耗电子的还原反应，常见的阴极反应有：

（1）析氢

$$2H^{+} + 2e = H_2\uparrow \tag{1-9}$$

（2）吸氧

$$O_2 + 4H^{+} + 4e = 2H_2O\text{（在含氧、酸性介质中）} \tag{1-10}$$

$$O_2 + 2H_2O + 4e = 4OH^{-}\text{（在碱性或中性介质中）} \tag{1-11}$$

（3）金属离子的还原反应

$$Me^{n+} + e = Me^{(n-1)+} \tag{1-12}$$

（4）金属的沉积反应

$$Me^{n+} + ne = Me \tag{1-13}$$

在腐蚀过程中，还可能发生次生化学反应，生成次生过程产物，从而对腐蚀速度产生影响。例如，铁和铜接触后置入3%的硫化钠溶液中，在腐蚀过程中，阳极区产生大量的Fe^{2+}，阴极区产生大量的OH^{-}，由于扩散作用，亚铁离子和氢氧根离子可能相遇而发生如下反应：

$$Fe^{2+} + 2OH^{-} = Fe(OH)_2\downarrow \tag{1-14}$$

这种反应产物称为次生过程产物。当溶液呈碱性，$Fe(OH)_2$就会以沉淀的形式析出。如果阴阳极直接接触，会形成氢氧化物膜，若这层膜较致密，可起保护作用。

铁在中性介质中生成的腐蚀产物氢氧化亚铁进一步被氧化则转化为$Fe(OH)_3$，反应方程式如下：

$$4Fe(OH)_2 + O_2 + 2H_2O = 4Fe(OH)_3 \tag{1-15}$$

氢氧化铁部分脱水生成铁锈，它质地疏松起不到保护作用，而且还可能引发缝隙腐蚀。

27. 铁锈、废金属的主要成分是什么，它能不能回收再利用？

铁锈是多种铁的氧化物、水化物的混合体，是氢氧化铁被氧化的产物。当氧供应充分时，其成分以高价氧化物Fe_2O_3为主，通常显黄色；当氧供应不够充分时，可生成低价氧化物，如FeO、Fe_3O_4，通常显棕色。表1-5列出了铁锈成分及其体积膨胀的数据。

表1-5　铁锈成分及其体积膨胀

产　物	体积膨胀	产　物	体积膨胀
FeO	1.8	$Fe(OH)_2$	3.6
Fe_3O_4	2.1	$Fe(OH)_3$	4.2
Fe_2O_3	2.2	$Fe(OH)_2 \cdot H_2O$	6.4

注：金属铁的体积膨胀数为1.0。

通常铁锈是分散的、少量的，一般经过外部环境如雨水的冲刷以及内部介质的流动随即带走，很难对铁锈进行收集，所以将铁锈回收利用是不现实的。

虽然不能回收铁锈，但是我们可以回收利用废金属。据统计，目前我国可以回收而没有回收利用的再生资源价值达300~350亿元，每年约有500万吨左右的废钢铁、20多万吨废有色金属没有回收利用。我国铜的再生利用率在1992年、1994年和1996年间分别占当年精炼铜产量的36%、35.8%和61%，已与发达国家相近。但铝的平均回收率不足3%，锌的回收率不足5%。随着我国金属用量的不断增加，再生利用废旧金属对于缓解资源短缺将具有重要作用，意义深远。

28. 阴、阳极明显分开的“腐蚀电池”，在实际中会遇到吗？

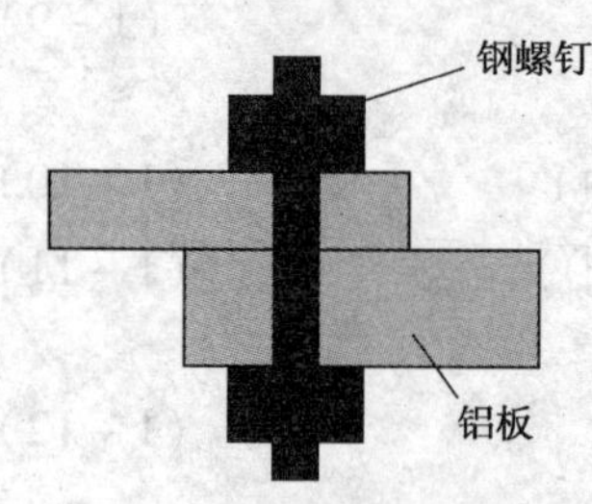

图1－19　电偶腐蚀

图1－19所示的是典型的腐蚀电池，称作“宏观电池”或“大电池”，这种“大电池”现象在实际中是经常碰到的。

例如，铝板与钢梁接触或采用钢螺钉进行连接等，都有可能构成电偶腐蚀，如图1－19所示。在潮湿空气或水中，钢(铁)与铝的电位不同(两极间存在并保持电位差)，但由于铝在大气中能生成保护能力好的氧化膜，则钢作为阳极就被腐蚀了。

表1－6给出了主要金属的电化学电位序。不同金属之间存在电位差，如果在介质中连接，都会形成电偶腐蚀，而电位低的一级，将作为阳极被腐蚀。

表1－6　主要金属的电化学电位序

活化方向	金属名称	电位(标准氢电位)/V
活化(贱金属) ↑	镁(Mg)	-2.38
	铝(Al)	-1.71
	锌(Zn)	-0.76
	铁(Fe)	-0.41
	铅(Pb)	-0.13
	氢(H_2)	0
	铜(Cu)	+0.34
	银(Ag)	+0.80
钝化(贵金属)	金(Au)	+1.42

29. “大电池”腐蚀的发生有哪些情况？

不同金属的接触，只是构成“大电池”的一种形式，称作电偶腐蚀或接触腐蚀。实际上“大电池”(宏观电池)有多种形式，常见的宏观电池有以下几种：

(1) 异金属接触形成的电偶电池

不同金属分别浸入同一种电解质溶液或不同的电解质溶液中。电位较负的材料为阳极，不断腐蚀，电位较正的材料为阴极而得到保护。工业设备中金属螺钉、焊接材料等若与基体金属材料不同，便会构成电偶腐蚀。

(2) 浓差电池和温差电池

同种金属浸于同种电解质溶液中，由于局部区域溶液的温度、浓度、流动状态以及pH值不同，造成不同区域的电位不同，可构成浓差或温差宏观腐蚀电池。

① 盐浓差电池

盐浓差电池是由构成原电池溶液中的不同区域里阴阳离子含量不同造成的。如果将铜电极分别放入浓硫酸铜溶液和稀硫酸铜溶液中，则形成盐浓差电池，如图1－20所示。铜电极电位高低可由能斯特方程判定。

$$E = E^0 + \frac{RT}{nF}\ln C \qquad (1-16)$$

式中　C——金属离子在溶液中的浓度；

n——交换的电子数或金属离子的价数；

T——绝对温度，K；

R——通用气体常数，8.314J/(mol·K)；

F——法拉第常数；

E^0——标准电动势。

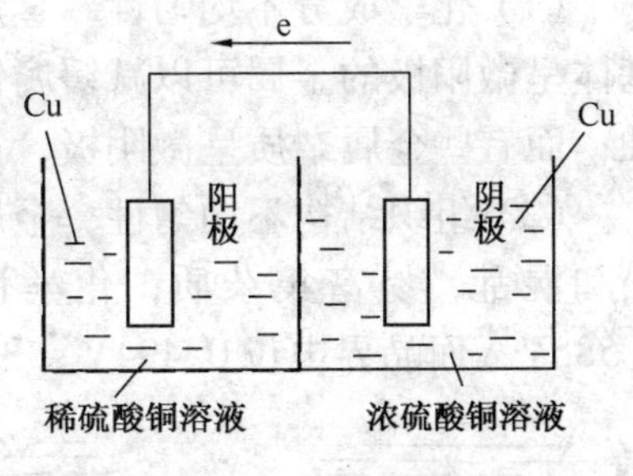

图 1－20　盐浓差电池

与较稀溶液接触的一端因其电极电位较负，作为电池的阳极将遭到腐蚀，而在较浓溶液的一端，由于其电位较正，构成电池阴极，将会有铜离子在该端表面析出。

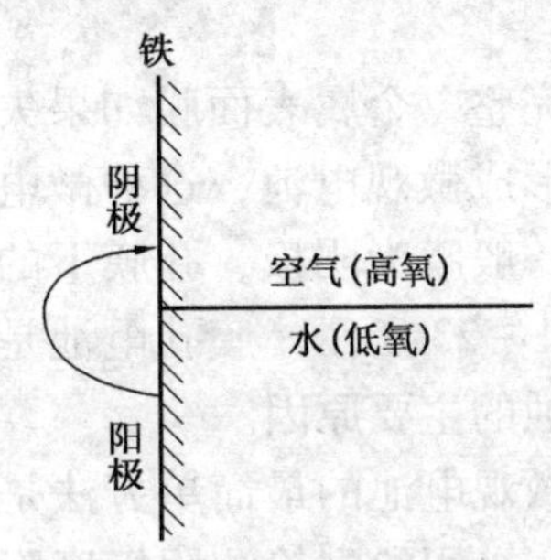

图 1－21　氧浓差电池

② 氧浓差电池

氧浓差电池是由构成原电池溶液中的不同区域里氧含量不同造成的。位于高氧浓度区域的金属为阴极，位于低氧浓度区域的金属为阳极，阳极金属将被溶解腐蚀，如图 1－21 所示。在大气和土壤中金属的生锈、船的水线腐蚀均属于氧浓差电池腐蚀。

③ 温差电池

当浸入电解质溶液的金属处于不同温度的条件下便会形成温差电池。它常发生在热交换器、锅炉、浸没式加热器及其他类似的设备中。例如，铁在稀 NaCl 溶液中，高温端为阳极，低温端为阴极；而铜电极浸在硫酸盐水溶液中形成的温差电池，低温端为阳极，高温端为阴极。

应当指出的是，在实际的腐蚀过程中，往往各种腐蚀电池是联合起作用的，如温差电池常与氧浓差电池联合起作用。

30. 什么是微观电池？

实际中，更多存在的是微观电池腐蚀。不能用肉眼分辨出阴极与阳极的电池叫做微观电池。微观电池与“大电池”在电化学原理上是一致的，只是微观电池发生在极小的范围内(如金属晶粒间)。一小块儿铁片上，可能存在成千上万个微观电池。

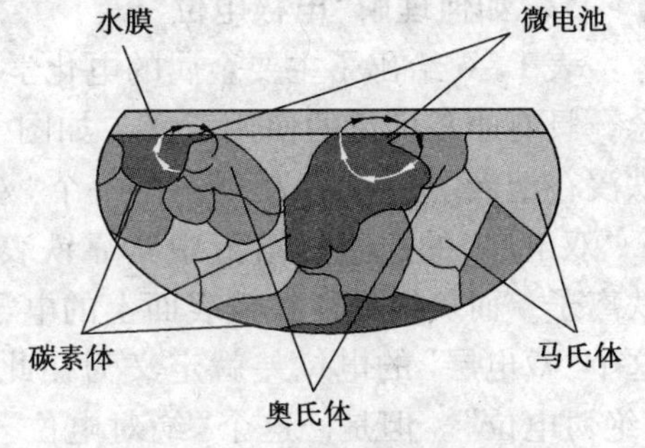

图 1－22　钢不同成分之间构成“微电池”腐蚀的示意图

处在潮湿大气中的钢铁，其表面很快就会生锈，这大多数是微观电池腐蚀的结果。图 1－22 显示了在显微镜放大情况下所观察到的微观电池腐蚀。钢中含有碳、锰、硅、磷、硫等有益成分与杂质元素，同时以碳素体、奥氏体、马氏体等不同形式的固溶体存在。当钢表面有水膜存在时，钢中不同组分之间表现出不同的电位，无数类似“微电池”运行，钢表面就“生锈”了。

31. 形成微观电池的原因是什么，如何检测是否发生微观腐蚀？

微观电池是造成潮湿大气中洁净金属表面腐蚀的主要原因，形成微观电池的原因有如下几种：

（1）化学成分不均匀性　金属中通常存在杂质，杂质的组成性质不同于基体金属，相对基体呈微阳极的金属可以减缓腐蚀，如金属锌中的铝等杂质会减缓金属锌在酸性介质中的腐蚀；而有些金属杂质呈微阴极，如锌中的铁、铜会加速基体金属锌的腐蚀。

（2）组织结构不均匀性　金属或合金普遍存在晶粒和晶界，通常晶界原子排列得比较疏松和混乱，易富集杂质，化学性质较活泼，其电位比晶粒负。如工业纯铝晶粒电位为0.585V，而晶界电位0.494V。

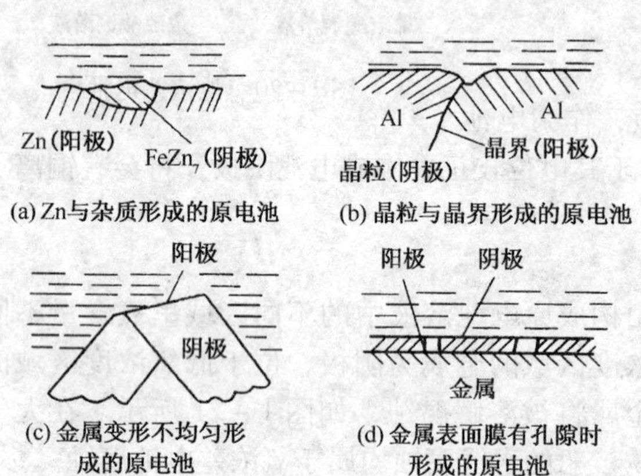

图1－23　金属组织、表面状态不均匀形成的微观腐蚀原电池

（3）物理状态不均匀性　机械加工造成局部材料变形或应力集中，一般来说应力集中和变形大的地方易形成阳极，例如铁板弯曲处及铆钉头部区域容易发生腐蚀。另外，温差、光照的不均匀性也会导致微观电池的形成。

（4）表面膜不完整　金属表面膜如果失去了完整性，也会形成微观电池，这种微电池又叫膜孔电池，一般膜为阴极，孔膜下的金属为阳极，如图1－23所示。膜孔电池是发生孔蚀和应力腐蚀的主要原因。

观察是否存在微观电池的最简单方法是采用显色剂。例如，采用酚酞检测阴极区附近因阴极反应积累的OH^-，用铁氰化钾溶液检测阳极区所积累的亚铁离子，用茜素酒精溶液检测铝阳极溶解的铝离子。

32. 如何理解“电极电位”？

表1－6给出了主要金属的电化学电位序，“电位”是涉及金属腐蚀时不可避免的重要概念，具有非常广泛的使用意义。如图1－24所示，铁浸在溶液中，铁的表面存在一个“双电层”，这个“双电层”的正极是溶液中紧靠铁表面带正电的铁离子，而负极是留在铁表面上的电子（带负电），这个“双电层”的电位差就定义为在此条件下铁的“绝对电位”。但是，这个“绝对电位”是无法测量的。在实际应用中，人们采用“相对电位”的办法。就是把氢与氢离子所构成的双电层的“绝对电位”定义为零值（在标准条件下，这个值是固定不变的），然后用氢的“绝对电位”与其他金属的“绝对电位”作“比较”，凡高于氢的“绝对电位”者（大于零）为正值，相反为负值。此相对比较值就是通常所说的某金属的电化学电位，简称电位。

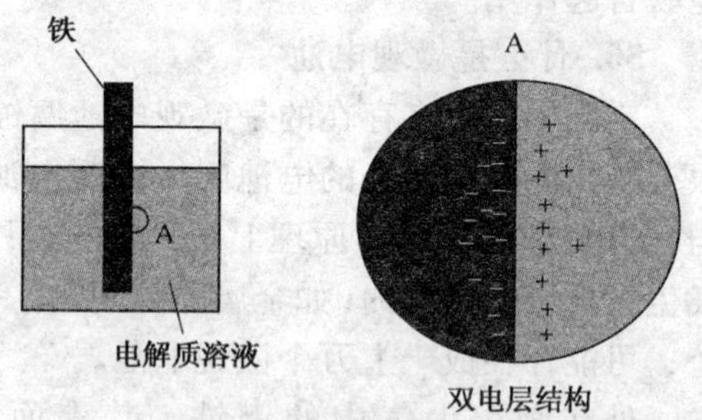

图1－24　双电层结构示意图

在实际测量时，由于受到种种条件的限制，氢电极的制作和使用很不方便，所以不直接采用，于是出现了许多类型的“参比电极”，以便于各种场合下测量不同金属的电位值。常见的有甘汞电极、氯化银电极、饱和硫酸铜电极、金属铂电极等。在标准条件下，这些电极都有固定的电位值（与氢电极比较，如表1－7所示），可以用这些参比电极进行测量，然后

换算成氢电极比较电位。通常不换算时，必须注明所用参比电极的种类。

表 1-7　常用参比电极的电位值

名　　称	结　构	电极电位/V
标准氢电极	$Pt[H_2]1atm \mid H^+(a=1)$	+0.000
甘汞电极(饱和)	$Hg[Hg_2Cl_2] \mid$ 饱和 KCl	+0.214
甘汞电极(1mol/L)	$Hg[Hg_2Cl_2] \mid$ 1mol/LKCl	+0.280
甘汞电极(0.1mol/L)	$Hg[Hg_2Cl_2] \mid$ 0.1mol/LKCl	+0.333
标准甘汞电极	$Hg[Hg_2Cl_2] \mid Cl^-(a=1)$	+0.268
银/氯化银电极	$Ag \mid AgCl \mid Cl^-$	+0.288
铜/氯化铜电极(饱和)	$Cu \mid$ 饱和 $CuSO_4 \cdot 5H_2O$	+0.3160

33. 常见的“双电层结构”种类有哪些?

(1) 金属表面带负电荷，溶液带正电荷

金属表面上的金属正离子，由于受到溶液中极性分子的水化作用，克服了金属晶体中原子间的结合力而进入溶液被水化，成为水化阳离子。

$$M^{n+} \cdot ne + nH_2O = M^{n+} \cdot nH_2O + ne \qquad (1-17)$$

产生的电子便积存在金属表面上成为剩余电荷。剩余电荷使金属带有负电性，而水化的金属正离子使溶液带有正电性。由于它们之间存在静电引力作用，金属水化阳离子只在金属表面附近移动，出现一个动平衡过程，构成了一个相对稳定的双电层，如图 1-25(a)所示。许多负电性强的金属，如锌、镉、镁、铁等在酸、碱、盐的溶液中都会形成这种类型的双电层，而且金属越活泼，这种趋势越大。

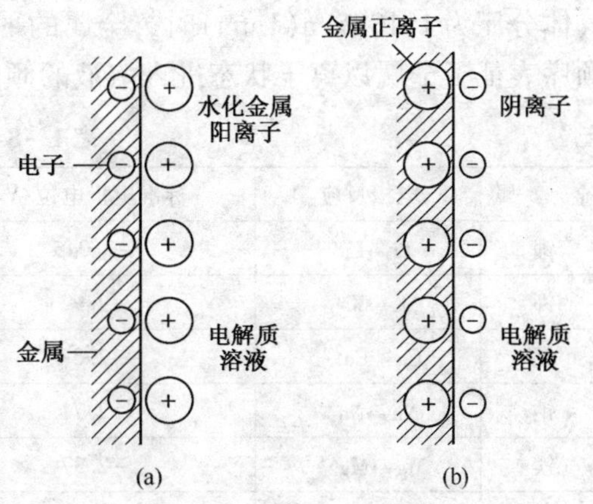

图 1-25　离子双电层

(2) 金属表面带正电荷，溶液带负电荷

电解质溶液与金属表面相互作用，如不能克服金属晶体原子间的结合力，就不能使金属离子脱离金属。相反，电解液中部分金属正离子却沉积在金属表面上，使金属带正电性，而紧靠金属的溶液层中积聚了过剩的阴离子，使溶液带负电性，这样就形成了双电层，如图 1-25(b)所示。

这类双电层是由正电性金属在含有正电性金属离子的溶液中形成的。如铜在铜盐溶液中、汞在汞盐溶液中形成的双电层均属于此种类型。

(3) 吸附双电层

另外，还有一些正电性金属或非金属(如石墨)在电解质溶液中，既不能被溶液水化成正离子，也没有金属离子能沉积在其上，此时将出现另外一种双电层。如铂(Pt)放入溶解有氧的水溶液中，铂上将吸附一层氧分子或氧原子，氧从铂上取得电子并与水作用，生成 OH^- 存在于水溶液中，使溶液带有负电性，而铂金属失去电子带正电性，这种电极称为氧电极。如果溶液中有足够的 H^+，也会夺取 Pt 上的电子，而使 H^+ 还原成氢，此时 Pt 电极上也带正电，该电极被称为氢电极。

34. 几个关于电位的常用概念分别是什么含义？

（1）绝对电极电位

金属/溶液界面附近总的电位跃迁是电极电位的基础。所谓电极电位是金属自动电离的氧化过程和溶液中阳离子的还原过程，在整个扩散中达到平衡时，金属表面和扩散末端的电位差。金属/溶液两相间总电位跃迁的绝对值叫绝对电位。

绝对电位取决于：

① 电极特性　金属的化学性质、金属的晶体结构、表面状态、温度等；

② 电解质溶液的性质　溶液的性质、金属离子的浓度、H^+浓度、氧的浓度等。

金属/溶液之间的电位差是无法测量的，所以单个电极的绝对电极电位就无法得知。实际中采用两个电极进行比较，得出相对的电极电位。

（2）平衡电极电位

金属浸入含有同种金属离子溶液中的电极反应，参与物质迁移的是同一种金属离子。当金属溶解速度与金属离子沉积的速度相等时，反应达到动态平衡。此时该电极上具有一个恒定的电位值，将这种电位称为平衡电极电位或可逆电位。

平衡电极电位主要决定于金属的本性，同时又与溶液的浓度、温度等因素有关。当参加电极反应的物质处于标准状态下，即溶液中含有该种金属的离子活度为1、温度为298K、气体分压为101325Pa(1atm)时，金属的平衡电极电位称为标准电极电位，见表1－8。电动顺序表征了金属以离子状态进入溶液的倾向的大小。

表1－8　金属的电动顺序

金　属	电极反应	标准电极电位/V	金　属	电极反应	标准电极电位/V
锂	$Li \rightarrow Li^+$	－3.045	镉	$Cd \rightarrow Cd^{2+}$	－0.40
钾	$K \rightarrow K^+$	－2.92	钴	$Co \rightarrow Co^{2+}$	－0.28
钙	$Ca \rightarrow Ca^{2+}$	－2.87	镍	$Ni \rightarrow Ni^{2+}$	－0.25
钠	$Na \rightarrow Na^+$	－2.71	锡	$Sn \rightarrow Sn^{2+}$	－0.136
镁	$Mg \rightarrow Mg^{2+}$	－2.37	铅	$Pb \rightarrow Pb^{2+}$	－0.126
铝	$Al \rightarrow Al^{3+}$	－1.66	铁	$Fe \rightarrow Fe^{3+}$	－0.036
钛	$Ti \rightarrow Ti^{2+}$	－1.63	氢	$H_2 \rightarrow 2H^+$	0
	$Ti \rightarrow Ti^{3+}$	－1.21	锑	$Sb \rightarrow Sb^{3+}$	＋0.20
锰	$Mn \rightarrow Mn^{3+}$	－1.18	铋	$Bi \rightarrow Bi^{3+}$	＋0.23
铌	$Nb \rightarrow Nb^{3+}$	－1.10	铜	$Cu \rightarrow Cu^{2+}$	＋0.34
铬	$Cr \rightarrow Cr^{2+}$	－0.913		$Cu \rightarrow Cu^{3+}$	＋0.521
锌	$Zn \rightarrow Zn^{2+}$	－0.76	银	$Ag \rightarrow Ag^+$	＋0.80
铬	$Cr \rightarrow Cr^{3+}$	－0.74	汞	$Hg \rightarrow Hg^+$	＋0.854
铁	$Fe \rightarrow Fe^{2+}$	－0.44	金	$Au \rightarrow Au^{3+}$	＋1.42

（3）非平衡电极电位

当金属浸入不含同种金属离子的溶液中时，例如锌浸入含有氧的中性溶液中，由于氧分子与电子有较强的亲和力，电子很容易在界面的强电场作用下穿过双电层同氧结合而形成OH^-。此时，金属锌的表面将有两个电极反应同时进行，即

$$O_2 + 4e + 2H_2O = 4OH^- \quad (1-18)$$

$$Zn = Zn^{2+} + 2e \quad (1-19)$$

电极上同时存在两种或两种以上不同物质参与的电化学反应，正逆过程的物质始终不能达到平衡，这种电极电位称为非平衡电极电位或不可逆电位。

油气管线在绝大多数情况下都不是与含有自身金属离子的溶液接触，所以金属与溶液界面处形成的大多是非平衡电极电位。同样，非平衡电极电位也与金属的本性、电解液组成、温度等有关。由于其电极反应不可逆，不能达到动态平衡，故非平衡电极电位的数值不能用能斯特方程计算，只能用实验方法测定。

35. 如何计算平衡电极电位?

平衡电极电位是可逆反应建立起的电位，可用能斯特(Nernst)方程计算：

$$E = E^0 + \frac{RT}{nF}\ln\frac{a_{氧化态}}{a_{还原态}} \quad (1-20)$$

式中　E——金属在给定溶液中的平衡电极电位，V；

E^0——金属的标准电极电位，V；

R——气体状态常数，8.314J/(K·mol)；

F——法拉第常数，96500C/mol；

T——绝对温度，K；

n——电极反应中得失的电子数，即金属离子的价位数；

$a_{氧化态}$——氧化态物质(金属离子)在溶液中的活度；

$a_{还原态}$——还原态物质(金属)在溶液中的活度。

对于电极反应，因$a_{还原态}=1$，所以上式可以简化为

$$E = E^0 + \frac{RT}{nF}\ln a_{氧化态} \quad (1-21)$$

当温度为25℃时，T、R、F均为常数，上式可简化为常用对数表达的方程式，即

$$E = E^0 + \frac{0.059}{n}\ln a_{氧化态} \quad (1-22)$$

36. 什么样的情况下金属才发生腐蚀，金属腐蚀倾向的判据是什么?

任何自发过程都是有方向性的，且不能自动恢复原状。对于不同的条件，热力学提出了根据自由能的变化(ΔG)来判断化学反应进行的方向和限度。

在恒温、恒压条件下，对于自发反应，$(\Delta G)_{T,P}<0$；若$(\Delta G)_{T,P}>0$，则反应不能自发进行。

从热力学观点上来看，腐蚀过程是由于金属与其周围介质构成一个热力学不稳定的体系，此体系有从不稳定转向稳定的倾向。若$(\Delta G)_{T,P}<0$，则腐蚀可能发生，自由能越负，表明金属越不稳定；若$(\Delta G)_{T,P}>0$，则表明腐蚀不可能发生，自由能越正，表明金属越稳定。

需要指出的是，通过计算(ΔG)虽然可以判断金属腐蚀倾向的大小，但是不能判断腐蚀速度的大小。

37. 什么是极化作用?

当金属浸入电解质溶液时，金属/溶液界面处就会建立起双电层，双电层两侧的电位差称为金属在该电解质溶液中的电极电位。对于金属/电解质溶液腐蚀体系，在没有外电流作用时，金属上建立的电极电位就称为自然腐蚀电位，又称为稳定电位，有时也称为开路电位；在有外电流作用时，将使金属的电极电位偏离稳定电位，这种使金属电极电位偏离稳定电位的现象称为极化作用。

当通过电流时阳极电位向正的方向移动的现象，称为阳极极化；阴极电位向负的方向移动的现象，称为阴极极化。

极化作用大大阻滞了腐蚀原电池的工作，使腐蚀电流降低，从而减缓了电化学腐蚀速度。假若没有极化作用，金属的电化学腐蚀速度将会大得多，对金属设备和材料的破坏将更为严重。所以对减缓金属的电化学腐蚀来说，极化是一种有益的作用。

38. 阳极极化作用产生的原因是什么?

阳极极化作用产生的原因有：

(1) 阳极过程进行缓慢

在腐蚀电池中，阳极过程是金属失去电子而溶解成水化离子的过程(即氧化过程)，如果金属离子进入溶液的速度比电子由阳极迁移到阴极的速度慢，即 $V_{电子} > V_{金属溶解}$，就会破坏双电层的平衡，阳极表面就会积累正电荷，所以原来电极电位较负的阳极电位就会向正的方向移动。

这种因阳极反应过程进行缓慢而引起的极化称为金属的活化极化，又称电化学极化，极化后的电位偏离初始电位的差值用过电位 η_a 表示。

(2) 阳极表面的金属离子浓度升高，阻碍金属的继续溶解

阳极表面溶解下来的金属离子，在溶液中迁移速度慢，而电子转移速度快，在一定的电流密度下，阳极附近的正离子浓度能达到一个稳定值，如果近似认为它是一个平衡电极的话，则由能斯特公式可知，离子浓度的增加必然使金属的电位向正的方向移动，从而产生阳极极化，这种极化称之为浓差极化，其极化后的电位偏离初始电位的差值用过电位 η_c 表示。

(3) 金属表面生成保护膜

在腐蚀过程中，由于金属表面生成的保护膜，阻滞了阳极过程的溶解速度，结果使阳极电位向正方向剧烈变化，这种现象称之为钝化。铝和不锈钢等金属在硝酸、浓硫酸中就是借助于钝化而耐蚀的。

由于金属表面膜的产生，使得电池系统中的内电阻随之增大，这种现象称为电阻极化，极化后的电位偏离初始电位的差值用过电位 η_r 表示。

39. 阴极极化作用产生的原因是什么?

阴极极化作用产生的原因有：

(1) 阴极过程进行缓慢　腐蚀电池的阴极过程是得电子的还原过程。如果从阳极传递过来的电子不能及时被阴极附近能接收电子的物质接收，就会使得阴极上有负电荷积累，从而使阴极电位向负的方向移动。这种由于阴极消耗电子过程缓慢所引起的极化称为阴极活化极化，极化后的电位偏离初始电位的差值用过电位 η_a 表示。

(2) 阴极附近反应物或反应生成物扩散缓慢　由于阴极附近反应物或反应生成物扩散较慢引起的，如氧或氢离子到达阴极不够迅速，或阴极的反应产物 OH^-，或氢气由于扩散速

度缓慢阻止了阴极过程的进行，而使阴极电位向负的方向移动，这种极化称为浓差极化，极化后的电位偏离初始电位的差值用过电位 η_c 表示。

在实际腐蚀中，因条件不同，可能由上述某种或几种极化同时对腐蚀起控制作用。因此总过电位用下式表示：

$$\eta = \eta_a + \eta_c + \eta_r \tag{1-23}$$

40. 极化作用遵循什么规律？

对于单电极而言，当电极上有正电流通过时(阳极电流，电流从溶液流向金属或电子从金属流向溶液)，电极金属/溶液界面上必伴随有氧化反应，此时电极称为阳极，则过电位为正值。当电极上有负电流通过(阴极电流，电流从电极流向溶液或电子从溶液流向金属)，电极金属/溶液界面上必伴随有还原反应，此时电极称为阴极，过电位为负值。

当过电位为正值时，电极上只能发生氧化反应，即通过阳极电流，i 为正值；当过电位为负值时，电极上只能发生还原反应，即通过阴极电流，i 为负值。这表明，推动电极反应的动力方向与电极反应方向具有一致性，称之为极化规律，用数学式表达为

$$\eta \cdot i \geqslant 0 \tag{1-24}$$

该极化规律不仅适用于平衡电极，还适应于非平衡电极，极化规律控制着每个反应方向。

41. 什么是极化曲线，极化曲线对研究腐蚀有何意义？

极化曲线(Polarization Curve)是表示电极电位与极化电流或极化电流密度之间关系的曲线。表示阳极电位和电流之间关系的叫做阳极极化曲线，表示阴极电位和电流之间关系的曲线叫做阴极极化曲线。极化曲线可用实验方法测得。分析研究极化曲线，是解释金属腐蚀的基本规律、揭示金属腐蚀机理和探讨控制腐蚀途径的基本方法之一。

42. 如何测定极化曲线？

极化曲线又可分为表观极化曲线和理论极化曲线两种。表观极化曲线表示通过外电流时的电位与电流关系，亦称实测的极化曲线，它可借助参比电极实测出。理论极化曲线表示在腐蚀原电池中，局部阴极和局部阳极的电流和电位变化关系。在实际腐蚀中，有时局部阴极和局部阳极很难分开，所以理论极化曲线有时是无法得到的。

(1) 恒电位法

恒电位法就是将研究电极依次恒定在不同的数值上，然后测量对应于各电位下的电流。极化曲线的测量应尽可能接近稳态体系。稳态体系指被研究体系的极化电流、电极电势、电极表面状态等基本上不随时间而改变。

(2) 恒电流法

恒电流法就是控制研究电极上的电流密度依次恒定在不同的数值下，同时测定相应的稳定电极电势值。采用恒电流法测定极化曲线时，由于种种原因，给定电流后，电极电势往往不能立即达到稳态，不同的体系电势趋于稳态所需要的时间也不相同，因此在实际测量时一般电势接近稳定(如 1～3min 内无大的变化)即可读值，或人为自行规定每次电流恒定的时间。

43. 什么是塔菲尔方程？

无论是阳极极化曲线还是阴极极化曲线，在远离腐蚀电位(E_{corr})(即超过约 50mV 以上)均呈现与实测的极化曲线相重合，其超电压与通过电极电流 i 之间呈直线关系：

$$\eta = a + b\lg i \qquad (1-25)$$

此直线关系称为塔菲尔(Tafel)关系。可以借助实测得到的阴极极化曲线或阳极极化曲线，通过 Tafel 关系外推预测出腐蚀电流(I_{corr})和腐蚀电压(E_{corr})。

对于活化极化控制的腐蚀体系，当极化程度较大时($|E - E_{corr}| > \frac{100}{n}$mV，$n$ 为阳极反应中金属原子失电子数)，其计划规律服从 Tafel 方程。因此，如果将实测的阴阳极极化曲线的数据在半对数坐标上作图，从极化曲线上呈直线关系的 Tafel 区外推到腐蚀电位 E_{corr} 处，得到交点所对应的横坐标就是 $\lg i_{corr}$，如图 1－26(a)所示。对于一些腐蚀金属体系，因阳极极化曲线不易测定，也可以只由一条阴极极化曲线和 E_{corr}(即 $|\Delta E|=0$ 直线)相交，就可得到腐蚀电流密度 i_{corr}，如图 1－26(b)所示。上述测定腐蚀电流的方法，通常称为 Tafel 直线外推法。

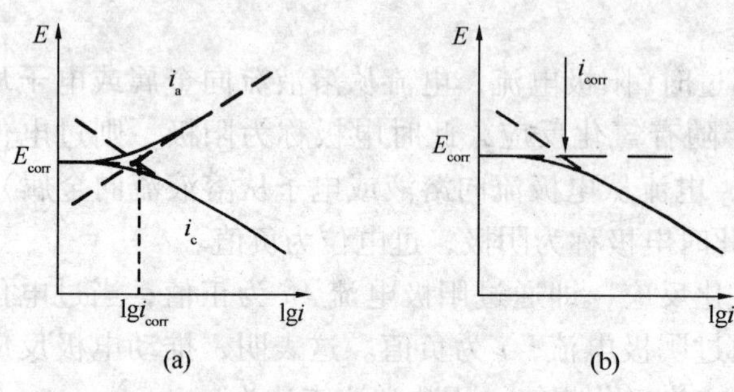

图 1－26　阴、阳极极化曲线上的塔菲尔直线

44. 如何解读腐蚀极化图?

图 1－27 为腐蚀电池的极化图。其纵坐标为电极电位 E，向上为负；横坐标为腐蚀电流强度 I，当两个电极的电极面积相同时，表示方法是等同的。E_a^0 是阳极的平衡电极电位，曲线 E_a^0S 是阳极极化曲线。E_c^0 是阴极的平衡电极电位，曲线 E_c^0S 是阴极极化曲线。如果该腐蚀电池的回路电阻是 R，则斜线 OB 表示该电池的欧姆电位降与电流的关系。将 OB 与 E_c^0S 叠加得 E_c^0D 与 E_a^0S 交于点 M，则该点的横坐标 I 就是该电池的腐蚀电流强度。此时，M 点的纵坐标为阳极电位 E_a，E_a^0 与 E_a 的差值 ΔE_a 是阳极在电流 I 下的极化电位。N 点的纵坐标是阴极电位 E_c，E_c^0 与 E_c 的差值 ΔE_c 是阴极极化电位，$MN = IR$ 是电流为 I 时电池的欧姆电位降。两条极化曲线的交点 S 的横坐标表示当电池的回路电阻 R 等于零时电池的电流，也就是电池所能达到的腐蚀电流的最大限度 I_{max}，此时两极的电极电位相等。

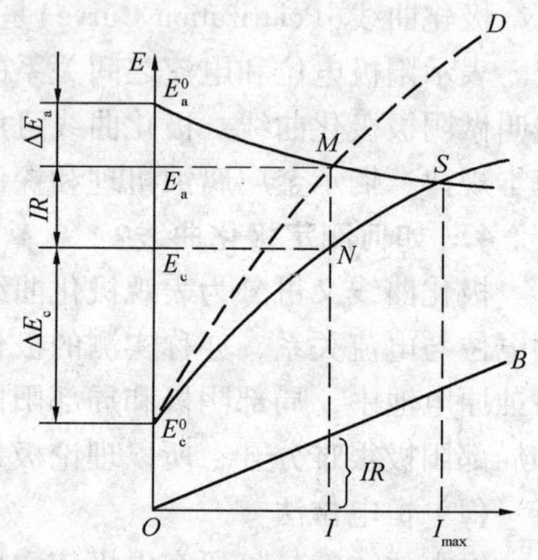

图 1－27　腐蚀电池的极化图解

如前所述，腐蚀电池的工作过程都是由阳极过程、阴极过程和电子转移三个步骤构成的。其中阻力最大的步骤对腐蚀速度起主要影响，称为腐蚀的控制因素。通过观察腐蚀极化图，可以判断腐蚀电流受哪一因素控制，如图 1－28 所示。

45. 在金属腐蚀研究中，腐蚀极化图有何实际应用?

通过腐蚀极化图可以分析金属在不同情况下的腐蚀速度等状况：

(1) 初始电位差对最大腐蚀电流的影响；

(2) 极化性能的影响；

(3) 过电位的影响；

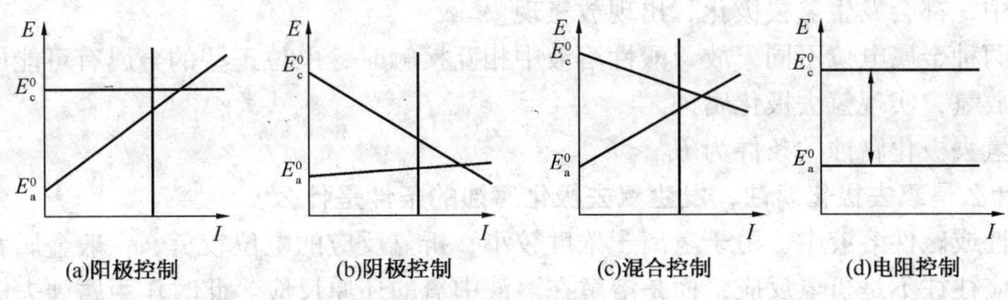

图 1-28 腐蚀控制方式

(4) 含氧量及络合离子对腐蚀的影响。

46. 什么是金属的去极化?

与极化相反，凡是能消除或降低极化所造成原电池阻滞作用的过程均叫去极化。能够起到去极化作用的物质叫去极化剂，去极化剂是活化剂，它起到加速腐蚀的作用。例如，在原电池中，由于氧扩散缓慢造成浓差极化的现象，可通过搅拌增加氧的扩散速度，产生去极化作用，此时氧就是一种去极化剂；又如，为使干电池在使用过程中保持其1.5V恒压，不因极化而降低电压，需添加 MnO_2 去极化剂。

对腐蚀电池阳极极化起去极化作用的过程叫阳极去极化，对阴极极化起去极化作用的过程叫阴极去极化。

47. 产生去极化的原因是什么?

(1) 阳极去极化的原因

① 阳极钝化膜被破坏。例如，Cl^- 能穿透钝化膜，引起钝化的破坏和活化的增加，实现阳极去极化。

② 阳极产物(金属离子)加速离开金属/溶液界面、一些物质与金属离子形成络合物，均会使金属表面离子浓度降低。由于浓度降低，加速了金属的进一步溶解。如铜及铜合金的铜氨络离子 $[Cu(NH_3)_4]^{2+}$ 促进了铜的溶解，从而使腐蚀加速。

(2) 阴极去极化的原因

① 阴极上积累的负电荷得到释放。所有能在阴极上获得电子的过程，都能使阴极去极化，使阴极电位向正方向变化。阴极上的还原反应是去极化反应，是消耗阴极电荷的反应。主要有离子还原、中性分子的还原、不溶性(氧化物)的还原。

② 使去极化剂容易达到阴极以及使阴极反应产物容易迅速离开阴极，如搅拌、加络合剂可使阴极过程进行得更快。阴极区极化作用对腐蚀影响极大，往往比阳极去极化作用更为突出。在实际中，阴极去极化反应绝大多数属于氢去极化和氧去极化，并起控制作用。例如，Fe、Zn、Pt 等在稀盐酸中的腐蚀，其微电池的阴极过程就是氢离子去极化反应。然而 Fe、Zn、Cu 在海水、大气、土壤或中性盐溶液中的腐蚀，其阴极过程就是氧的去极化反应，称为氧去极化腐蚀或吸氧腐蚀。

48. 什么是氢去极化腐蚀，发生氢去极化腐蚀的条件是什么?

阴极反应 $2H^+ + 2e = H_2\uparrow$ 的电极过程，在金属腐蚀学中称为氢离子去极化过程，简称氢去极化。以氢离子还原反应为阴极过程的腐蚀，称为氢去极化腐蚀，即析氢腐蚀。阴极放氢是氢去极化腐蚀的标志。常见的析氢腐蚀如下：

(1) 一般负电性金属，如 Fe、Al 在酸性介质中，电位更负的 Mg 及镁合金在水或中性盐类溶液中，都会发生氢去极化，出现放氢现象。

（2）两种金属电位不同，放入酸性溶液中相互接触时，电位正些的金属有可能成为氢电极，发生放氢，实现氢去极化腐蚀。

发生氢去极化腐蚀的条件为 $E_{阳} < E_{氢}$。

49. 什么是氧去极化腐蚀，发生氧去极化腐蚀的条件是什么？

在中性或碱性溶液中，由于氢离子浓度较小，析氢反应的电位较负，一般金属腐蚀过程的阴极反应往往不是析氢反应，而是溶解在溶液中氧的还原反应。此时作为腐蚀去极化剂的是氧分子，故这类腐蚀称为氧去极化腐蚀，即吸氧腐蚀。

当腐蚀电解质溶液中有氧气存在时，在原电池的印记上进行氧的离子化反应。

在中性或碱性溶液中：$O_2 + 2H_2O + 4e = 4OH^-$ （1－26）

在弱酸性溶液中：$O_2 + 4H^+ + 4e = 2H_2O$ （1－27）

氧在阴极上吸收电子起到消减阴极极化作用，即所谓的氧去极化作用。发生氧去极化腐蚀的条件为 $E_{阳} < E_{氧}$。

50. 通常采用什么方法降低氢/氧去极化作用，控制金属的腐蚀？

对氢去极化腐蚀，可以通过提高金属的纯度，消除或减少杂质；加缓蚀剂，减少阴极面积，增加过电位；增加过电位大的合金成分，如汞、锌、铂等；降低活性阴离子成分等方法来提高氢过电位，降低氢去极化作用，从而控制金属的腐蚀速度。

对氧去极化腐蚀，减少阴极面积对阳极面积比、增大电流密度、增大过电位均可以降低金属的腐蚀速度。在防腐学上，严格避免大阴极、小阳极的结构形式。

51. 什么是电位－pH 图？

由于大多数金属腐蚀过程的本质是电化学的氧化还原反应，所以它不仅与溶液中离子的浓度有关，而且还与溶液中的 pH 值有关。因此，电极电位与溶液的浓度和酸度存在着一定的函数关系。

所谓电位－pH 图就是反映金属在某种腐蚀体系中的电极电位和溶液 pH 值变化的关系曲线。该图是以金属的氧化还原电位作纵坐标，用溶液的 pH 值作横坐标绘制的。借助电位－pH 图，可以从理论上初步预测金属的腐蚀倾向和选择控制腐蚀的途径。

图 1－29 为 $Fe-H_2O$ 的电位－pH 图。图中铁的电位－pH 图有三个区域：腐蚀区、稳定区和钝化区。

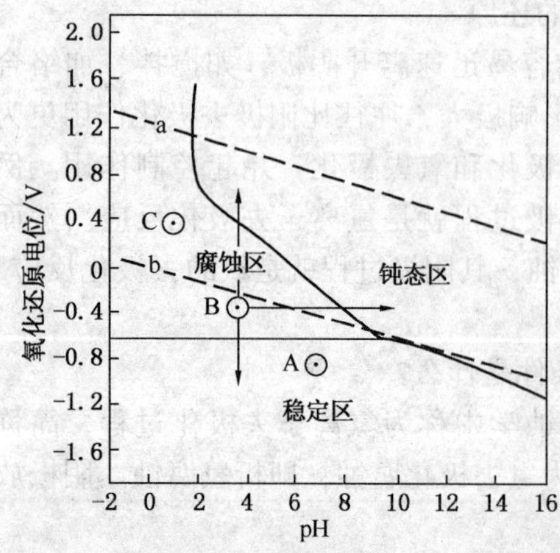

图 1－29　$Fe-H_2O$ 的电位－pH 图

（1）腐蚀区　在该区域内未定状态的是可溶性的 Fe^{2+}、Fe^{3+}、FeO_4^{2-} 和 FeO_2^- 等离子，对金属而言处于不稳定的状态，可能发生腐蚀。

（2）稳定区　在该区域内金属处于热力学稳定状态，故金属不发生腐蚀。

（3）钝化区　在该区域内由于金属表面具有保护性的氧化膜而处于热力学稳定状态，故金属腐蚀不明显。

52. 电位－pH 图在金属腐蚀中有何应用？

根据电位－pH 图，为避免金属腐蚀可以采取如下防腐措施：

（1）把铁的电极电位降低至非腐蚀区，通常采用阴极保护法；

（2）把铁的电极电位上升，使它进入钝化区，通常采用阳极保护，或者加入阳极缓蚀剂或氧化剂，使金属表面生成一层钝化膜；

（3）使溶液的 pH 值升高，如 pH 在 9.4～12.5 范围内，可以使金属表面生成 $Fe(OH)_2$ 或 $Fe(OH)_3$ 的钝化膜。

外加电流阳极保护的应用相当有限。它主要适用于强氧化性介质，并且在这个系统中金属趋向钝化，而电解质不含有使金属在阳极极化时活化的离子。作为电解质的土壤和海水则不能满足这些要求（一般土壤和海水中都含有活化离子 Cl^-）。所以地下或水下碳钢，多采用阴极保护而不采用阳极保护。但应用阳极缓蚀剂来控制管道内壁腐蚀的方法，近几年来发展迅速，并取得了明显效果。

53. 什么是金属的钝化，金属钝化的标志是什么？

在一定条件下，当金属的电位由于外加阳极电流或局部阳极电流而向正方向移动时，使原本活性溶解的金属表面状态发生某种突变，会导致金属的溶解速度急剧下降。金属表面状态的这种突变过程称为金属的钝化。

以日常生活中常见的 Al 与 Fe 为例，Al 的平衡电极电位比氢负得多，在水溶液中应迅速腐蚀，但实际上 Al 却耐水和潮湿大气的腐蚀，这是由于 Al 很容易被氧钝化，在表面形成一层氧化膜（保护膜）所致。如图 1－30 所示，把铁片放在稀硝酸中，它会剧烈地溶解，且 Fe 的溶解速度随硝酸浓度的增加而迅速增大，当硝酸浓度增加到 30%～40%，溶解速度达到最大，然后随着硝酸浓度（>40%）的继续增大，Fe 的溶解度却突然急剧下降。以上这种现象就是铁的钝化现象。

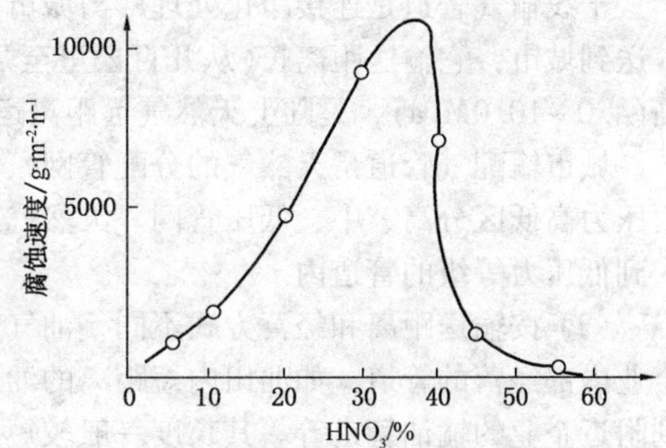

图 1－30　工业纯铁的溶解速度与硝酸浓度的变化关系

在特定的环境中金属变得稳定，以至于放入较强的酸中也不溶解，这种高耐蚀状态称为钝态。金属钝化后所获得的耐腐蚀性质称为钝性。腐蚀速率大幅度下降和电位强烈正移是金属钝化的两个显著标志。

需要注意的是金属发生钝化只是金属表面状态发生某种突然的变化，而不是金属整体性质的变化。

54. 引起金属钝化的因素有哪些？

金属钝化后，其电极电位向正方向偏移，几乎接近贵金属的电位正值。引起金属钝化的因素有化学因素和电化学因素两种。

（1）化学因素引起的钝化

一般是由强氧化剂引起的，如硝酸、硝酸银、重铬酸钾、氯酸、氯酸钾、高锰酸钾及氧等，这些强氧化剂也称为钝化剂。

（2）电化学因素引起的钝化（外加阳极电流引起的钝化）

将铁置于硫酸溶液中，一般情况下，铁的溶解腐蚀服从 Tafel 关系。把铁作为阳极，用外加电流使其阳极钝化，当电位达到某一值后，阳极电流会突然降低到一个很低的程度

(10^{-4}~10^{-6}A)，从而使其钝化。

阳极钝化与化学钝化无本质区别，两种因素都使溶解金属的表面发生某种突变，使金属的溶解速度急剧下降。

三、油气管道的腐蚀

55. 油气管道的种类有哪些，它们是如何分类的？

管道运输是石油及天然气最主要的运输方式，与铁路、公路、水运相比，它具有运输量大、密闭安全、便于管理、易于实现远程集中监控等优点，在全世界得到了广泛应用和迅速发展。天然气由于密度小、体积大，陆上运输时管道是惟一的运输方式。

(1) 按管输的介质不同，油气管道可分为输油管道、输气管道、油气混输管道等。输油管道又可分为原油管道与成品油管道两类。

输气管道可分为油气田内部的输气管道、干线输气管道及城市输配气管道(通常称矿场天然气集输管线)、长距离输气管道和城市输配气管网。天然气从气井开采出来后，通过矿场集输—净化处理—长输管道—城市输配气管网，供用户使用。

干线输气管道是连接净化处理厂与城市门站之间的输气管道，把经过净化处理后的天然气送到城市，它输送距离长(从几百公里至几千公里)、管径大(一般在400mm以上)、压力高(4.0~10.0MPa)，是陆上天然气远距离运输的主要工具。

城市输配气管道是天然气的分配管网，它遍布整个城市和近郊，一般成环形布置，且根据压力高低区分高、中、低压管网。天然气从高压力管网经过调压装置降低压力后，方可输入到低压力等级的管道内。

(2) 按输送距离和经营方式不同，油气管道可分为两大类：一类是输送距离较短，属于企业内部经营的管道，如油田内短距离的油气集输管道，炼厂、油库内部管道，油田、炼厂到附近企业的输油管道等。其长度一般较短，不是独立的经营系统。另一类是长距离输送油气的、独立经营的长输管道，如油田将原油送至较远的炼厂或码头、转运油库的外输管道等。长距离输油管道一般管径大、运输距离长，有各种辅助配套工程。这种输油管道一般隶属于独立经营的企业，有自己完整的组织机构，进行独立的经营管理。

值得特别指出的是，目前国内大部分传统主力油田都进入了开发中后期，通过注水提高油层压力是各油田提高采收率普遍采用的方法之一，同时油井采出液经三相分离后，分离出的污水也需管道输送。与油气采输过程相关的注水管道与污水管道，虽不属于油气集输管道范畴，但其腐蚀机理和特点与油气集输管道相同，且在相同工况条件下，由于介质作用，其内腐蚀程度甚至远远高于输油及输气管道，因此本书介绍的油气管道腐蚀监检测技术及腐蚀防护技术均将注水及污水管道考虑在内。

56. 油气金属管道的腐蚀如何分类？

由于金属管道腐蚀的现象与机理比较复杂，因此腐蚀分类方法多种多样。常用的分类方法有：

(1) 按照腐蚀环境分类，可分为化学介质腐蚀、大气腐蚀、海水腐蚀、土壤腐蚀等。

(2) 根据腐蚀过程的特点和机理分类，可分为化学腐蚀、电化学腐蚀、物理腐蚀。

① 化学腐蚀　金属管道与非电解质直接发生纯化学作用而遭受破坏，特点是反应过程中没有电流产生，单纯化学腐蚀的过程是非常少的。

② 电化学腐蚀　金属管道与介质发生反应的过程中有电流产生，腐蚀反应有一个阳极反应和一个阴极反应。电化学腐蚀是最普遍和常见的腐蚀，金属在各种化学介质、大气、海水中的腐蚀皆属此类。

③ 物理腐蚀　是指金属由于单纯的物理溶解作用而引起的腐蚀，如许多金属在高温熔盐、熔碱及液态金属中可发生物理腐蚀。

(3) 按照管道的空间结构分类，可分为内腐蚀和外腐蚀。外腐蚀主要是管体外部遭受的土壤腐蚀和地下水腐蚀，以及杂散电流腐蚀和宏观电池腐蚀等，过去研究较多；内腐蚀主要是管体内部由于介质所导致的腐蚀，近年来日趋成为研究的热点。

57. 目前油气管道的腐蚀现状是怎样的?

随着我国石油、天然气的勘探开发进展，含硫化氢、二氧化碳、氯离子及含水等多种腐蚀介质的油气田出现，油气管道腐蚀问题日益严重。腐蚀造成了大量能源浪费和经济损失，降低了油气田的综合经济效益。目前我国油气田开发已进入中、高含水期，集输管网的腐蚀越来越严重，腐蚀穿孔次数越来越多。腐蚀干扰油气田的正常生产，阻碍工艺技术发展和开发水平的提高。因此，要保证油气田安全生产和提高经济效益，必须做好油气田集输管道的腐蚀防护工作。

58. 油气管道内腐蚀的环境介质有何特点?

油气管道内腐蚀的介质环境有三个显著特点：气、水、烃、固共存的多相流腐蚀介质；高温和(或)高压环境；H_2S、CO_2、O_2、Cl^-和水分是主要腐蚀介质。

(1) 多相流

石油工业的多相流指气相、液相(包括水相和烃相)和固相(固体砂粒)多相共存且流动的多相流。与单相介质腐蚀相比，多相介质腐蚀情况比较复杂，以水烃两相存在的情况为例，当油水比大于70%时，一般存在油包水的情况，腐蚀速率较低；但当油水比小于30%时，则会出现水包油的情况，腐蚀速率较高。水包油时，会出现两种情况：一是油中含有可起缓蚀剂作用的物质，这时油水两相介质腐蚀由于受到缓蚀作用，其腐蚀速率比单相水介质的腐蚀速率要低；另一种情况是当油中不含缓蚀作用物质时，由于各相间的互相促进，其腐蚀性有时会比单相介质强得多。

多相流的腐蚀行为不同于单相介质，而且流动会造成多相流冲刷腐蚀，而多相流冲刷腐蚀的行为又与液体流型、流速以及腐蚀反应物质和腐蚀产物在流体中的传质过程有关。

(2) 高温和(或)高压环境

在油气生产中，油气管道多在高温高压的环境中服役。随着石油工业的发展，打井的深度越来越深，例如塔里木油气田的井深达到6000~7000m，井下温度多在120~140℃，压力多在1000atm以上。地面集输管线和油气长输管线往往都在较高压力下工作。高温高压条件下材料的腐蚀规律和机理往往不同于常温常压下的情况。温度和压力是影响材料腐蚀行为的重要因素，例如对于CO_2腐蚀，由于腐蚀产物膜对材料的保护性与温度和压力有关，因此在一定温度和CO_2分压下，材料的腐蚀速率将达到最大值，如图1-31所示。尽管多数情况下，高温高压容易导致材料更严重的腐蚀，但有时高温状况对材料抗介质腐蚀是有利的，例如大于100℃时材料不会发生硫化物应力腐蚀破裂。

(3) H_2S、CO_2、O_2、Cl^-和水是主要腐蚀介质

H_2S和CO_2溶于水中，产生对金属具有腐蚀性的H^+。O_2腐蚀是氧去极化腐蚀。

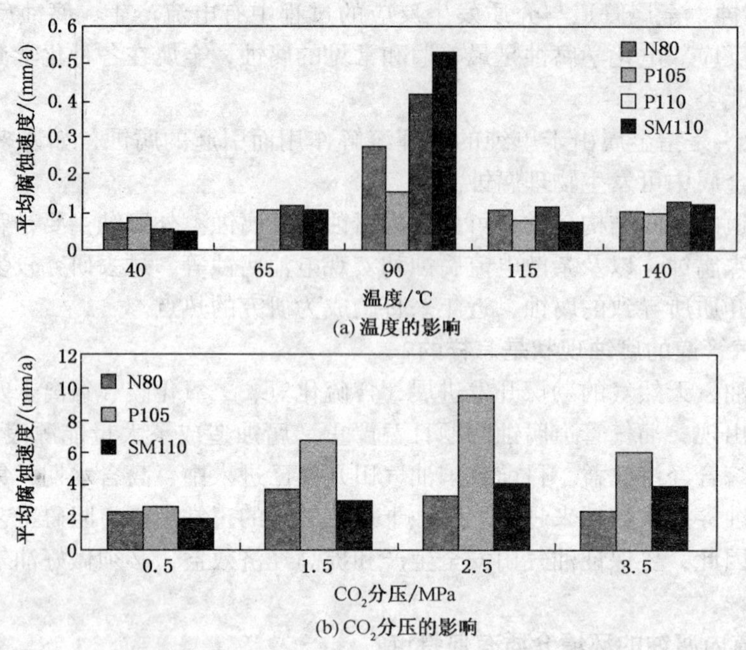

图 1－31　温度和 CO_2 分压对腐蚀速率的影响

H_2S 和 CO_2 一般来自于地下油气之中，CO_2 也可来自于二次采油时注入的 CO_2。O_2 一般来自于注入的液体，以及污水处理工艺流程如泥浆、回注水等。

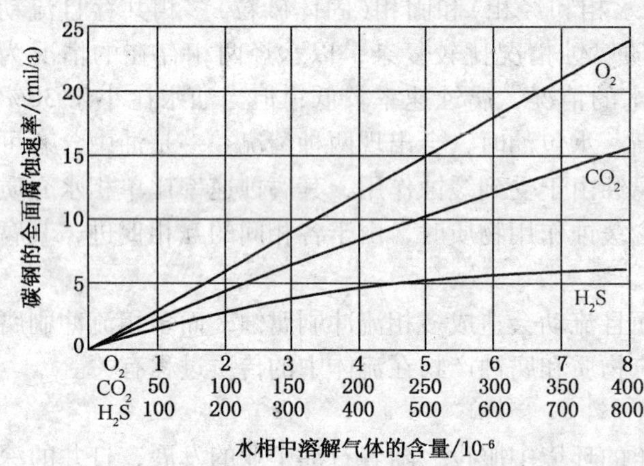

图 1－32　各种气体含量对碳钢腐蚀速率的影响

在含量相同的情况下，O_2 的腐蚀性 > CO_2 的腐蚀性 > H_2S 的腐蚀性，如图 1－32 所示。

$$CR_{O_2} \approx 80CR_{CO_2} \approx 400CR_{H_2S} \tag{1-28}$$

Cl^- 本身不产生腐蚀，但其迁移率很高，作为催化剂可大大促进腐蚀，尤其是明显促进 O_2 腐蚀。

当金属表面绝对干燥时，不会产生电化学腐蚀。然而，绝对干燥的油气井几乎是不存在的，只要有少量的水，便会产生电化学腐蚀。所以可以将上述几种腐蚀介质成分概括为：H_2S、CO_2 和 O_2 是腐蚀剂，Cl^- 是催化剂，水分是反应载体。

59. 油气管道内腐蚀有哪几种典型的腐蚀类型？

基于油气管道内腐蚀环境的特点，油气管道的内腐蚀主要包括溶解氧腐蚀、H_2S 腐蚀、CO_2 腐蚀、多相流冲刷腐蚀和硫酸盐还原菌(SRB)腐蚀等几种类型。其中溶解氧腐蚀主要指对钻柱系统的腐蚀，H_2S 腐蚀、CO_2 腐蚀、多相流冲刷腐蚀和 SRB 腐蚀则主要发生在油套管、集输管线和长输管线上。

60. 油气管道中的溶解氧腐蚀有何危害？

氧在水中的溶解度是压力、温度和氯化物含量的函数。如果存在溶解的 H_2S 和 CO_2，即使微量的溶解氧也会使其腐蚀性急剧增加。产出水中不含溶解氧，但是当水带到地面时会与氧接触而使溶解氧进入。地表水一般含氧量很高，浅井中的水也可能含有部分溶解氧。只要可能，氧都需要严格排除。

在多数情况下，氧因其去极化的作用而剧烈地加速腐蚀。当氧存在时，氧的去极化反应消耗了更多的电子，从而能够加速腐蚀。在达到某一临界含量之前，纯水的腐蚀性随溶解氧含量的增加而增加。如果水中有足够的氧，$Fe^{2+} \rightarrow Fe^{3+}$ 的反应可能在 Fe^{2+} 扩散离开金属表面前迅速进行，这种情况下 $Fe(OH)_3$ 可以在金属表面形成，从而使金属具有保护性。然而，油田水中存在的足够的氯离子阻止了表面保护膜的形成，从而使腐蚀随着氧含量的提高而继续增强。氧腐蚀在自然界中通常是点蚀。

61. 硫化氢腐蚀对油气管道有何损坏?

油气生产过程中，H_2S 腐蚀是一种常见的、较为严重的腐蚀破坏现象，往往造成油气储罐的开裂及输油和输气管道泄漏的严重事故。世界油气田中大约1/3 含有硫化氢气体。我国许多油气田如四川、长庆、华北、新疆、江汉、胜利等油田的油气层中都含有硫化氢，其中四川油气田是世界上富含硫化氢最严重的油气田之一。近年来随着国内一些油田原油品质进一步劣化和进口高硫原油加工量的不断增加，湿硫化氢环境下服役的一些碳钢和低合金钢设备及管道上的开裂事故率呈上升的趋势。

H_2S 在水中溶解度很高，从而使水显现出弱酸性。H_2S 的离解度是 pH 值的函数，在常规 pH 值的油田生产环境中，酸性水中含有 H_2S 和 HS^-。在水中溶解的 H_2S 所造成的腐蚀被称为酸性腐蚀，通常的腐蚀行为为点蚀。腐蚀反应为

$$Fe + H_2S = FeS + H_2 \tag{1-29}$$

硫化亚铁腐蚀产物的溶解度非常低，通常黏着于金属表面成为产物膜。当生成的硫化亚铁致密且与基体结合良好时，对腐蚀有一定的减缓作用；但当生成的硫化亚铁不致密时，对钢铁而言，硫化亚铁为阴极，它在钢表面沉积，并与钢表面构成电偶，反而促使钢表面继续被腐蚀，造成很深的点蚀。因此，许多学者认为，在 H_2S 腐蚀过程中，硫化铁产物膜的结构和性质将成为控制最终腐蚀速率与破坏形状的主要因素。

研究表明，H_2S 和 CO_2 共存时腐蚀性比 H_2S 单独存在时更强。此外，微量氧的存在可以使 H_2S 的腐蚀更具灾难性。但目前为止，国内对于油田高温、高盐及多种腐蚀剂共存条件下管道和设备的腐蚀行为的研究和了解很有限。

62. 氢损伤包含哪些形式?

H_2S 作为阴极去极化剂，不仅因电化学腐蚀造成点蚀，还经常因氢原子进入金属而导致硫化物应力开裂(SSC)和氢致开裂(HIC)。在酸性气体造成腐蚀的过程中，氢原子会在金属表面生成。对于 CO_2 腐蚀，氢原子会在金属表面结合成氢分子而随后溶入液体中。但在含硫系统中，硫化物离子将会减慢金属表面氢原子结合成氢分子的速率，这样会造成金属表面氢分子的积累，从而为氢原子扩散进入金属提供了足够的驱动力。原子氢扩散进入金属可以导致四种类型的损伤：氢鼓泡(HB)、氢致开裂(HIC)、硫化氢应力腐蚀开裂(SSC)、应力导向氢致开裂(SOHIC)。

(1) 氢鼓泡

H_2S 腐蚀过程中析出的氢原子向钢中扩散，在钢材的非金属夹杂物、分层和其他不连续处易聚集形成氢分子，由于氢分子较大难以从钢组织内部逸出，从而形成巨大内压导致其周

围组织屈服，形成表面层下的平面孔穴结构称为氢鼓泡(见图 1－33)。氢鼓泡的发生无需外加应力，一般在低强度钢中发生(拉伸强度 410～470MPa、硬度低于 HRC22)，高强度钢通常发生开裂而不是鼓泡。氢鼓泡主要与钢的纯度有关，而纯度又与钢中的杂质含量和制造工艺有关。

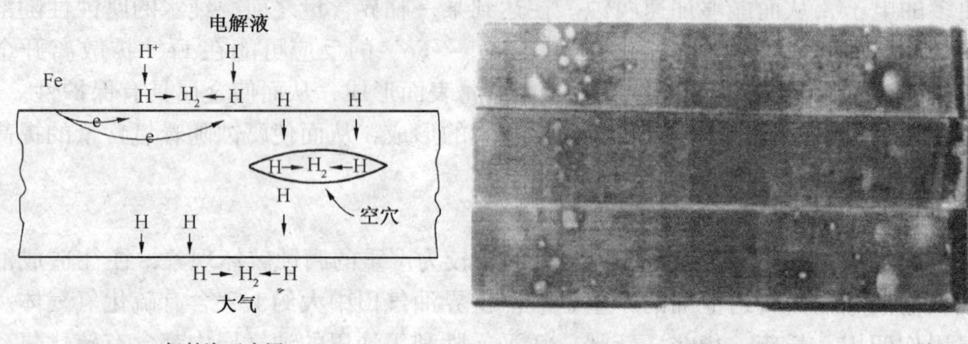

(a) 氢鼓泡示意图　(b) 氢鼓泡照片

图 1－33　氢鼓泡的机制

(2) 氢致开裂

在氢气压力的作用下，不同层面上的相邻氢鼓泡裂纹相互连接，形成阶梯状特征的内部裂纹称为氢致开裂，有时又称为阶梯型开裂或鼓泡开裂。氢致开裂是氢鼓泡的一种。当钢中含有大量平行于表面的拉长的缺陷时，易于发生氢鼓泡。氢分子沿着缺陷聚集并造成微型鼓泡或裂纹，当一个平面上的裂纹倾向于与相邻平面的裂纹在厚度方向相连接时，就会形成如图 1－34 所示的阶梯。裂纹可以减小有效壁厚，直到管体过载和破裂。

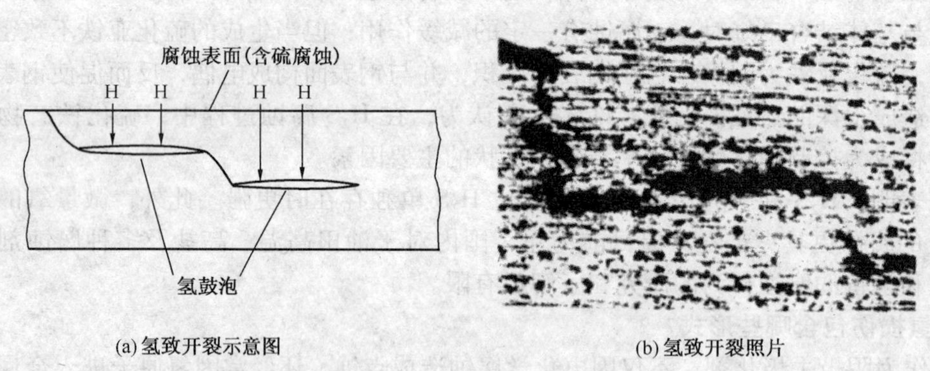

(a) 氢致开裂示意图　(b) 氢致开裂照片

图 1－34　氢致开裂的机制

(3) 硫化氢应力腐蚀开裂(SSC)

氢脆是指暴露于原子氢的氛围中使钢的脆性增加，从而在应力水平低于材料屈服强度时发生的脆性破坏。硫化物应力腐蚀开裂是硫化氢腐蚀导致氢原子进入金属所造成的氢脆的一种特殊形式。硫化物应力腐蚀开裂只有同时满足以下条件时才会发生：

① 湿 H_2S 环境；

② 高强度钢或焊缝及其热影响区等硬度较高的区域；

③ 有拉伸应力和拉伸载荷。

应力可能是残余的或外加的，如果上述条件都满足，经过几小时、几天或几年的服役，硫化物应力腐蚀开裂就有可能发生。图 1－35 所示为四川南干线嘛嘴形成的附加应力与 H_2S 协同作用造成的管道硫化氢应力腐蚀开裂的取样照片。

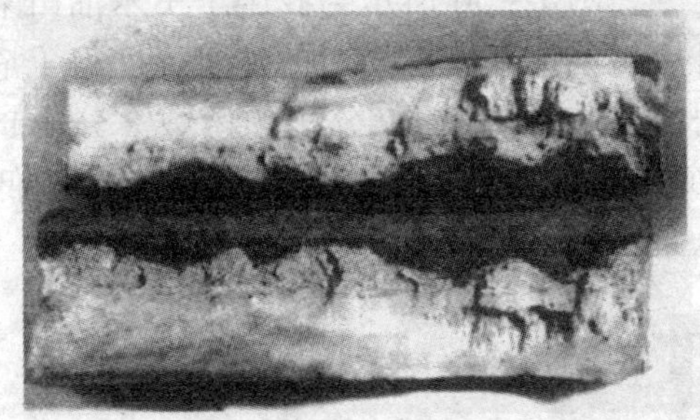

(a) 应力腐蚀裂纹

(b) 裂纹从起裂

图 1－35　附加应力与 H_2S 协同作用造成的管道应力腐蚀开裂取样照片

（4）应力导向氢致开裂（SOHIC）

在应力引导下，夹杂物或缺陷处因氢聚集而形成的小裂纹迭加沿着垂直于应力的方向（即钢板的壁厚方向）发展导致的开裂，称为应力导向氢致开裂，其典型特征是裂纹沿之字形扩展。SOHIC 也常发生在焊缝热影响区及其他高应力集中区，与通常所说的 SSC 不同的是它对钢中的夹杂物比较敏感。应力集中常由裂纹状缺陷或应力腐蚀裂纹所引起。据报道，在多个开裂案例中都曾观测到 SSC 和 SOHIC 并存的情况。

以上四种氢损伤形式中，SSC 和 SOHIC 是最具危害性的开裂形式。

63. 硫化氢腐蚀导致材料失效的敏感性由哪些参数决定?

硫化氢腐蚀导致材料失效的敏感性主要由以下参数决定：

（1）屈服强度和硬度　对于普通碳钢，当屈服强度低于 620～690MPa 时，通常认为不会发生硫化物开裂。这个强度对应的硬度大约是 HRC22，高于这个强度的钢对开裂敏感。强度越高，破裂的时间越短。如果钢中含有合金元素，例如镍，可以使发生硫化物开裂的硬度水平降低到低于 HRC22。采取一定的热处理也可以提高发生硫化物应力开裂的硬度水平。

（2）应力水平　破裂时间随着应力水平的提高而减小。在大多数情况下，应力来源于拉伸载荷或管体压力，而残余应力和硬度往往来源于焊接或材料的冷加工。

（3）硫化氢浓度　氢的渗透量随着溶液中硫化氢浓度的增加而增加，在应力一定的情况下，当硬度值相同时，硫化氢的含量愈高，钢材断裂所需的时间愈短；也就是说，应力水平一定时，硫化氢浓度升高，材料的强度、硬度就要相应降低，以避免设备发生应力腐蚀失效。

（4）溶液的 pH 值　由于碱性溶液中有硫化铁膜的保护作用，通常在 pH＞6 的情况下，设备不会发生疏化氢应力腐蚀失效，只有在其他有害杂质的作用下才可能发生。而在 pH 值＜4.5 的酸性溶液中，就较容易发生硫化氢应力腐蚀失效，且 pH 值越低，应力腐蚀开裂的可能性就越大。

（5）温度　绝大多数的硫化氢应力腐蚀失效是在常温下发生的（国内外报道的实例大都是在常温下运行的液化石油气储运设备）。开裂的敏感性随着温度升高而降低，当温度高于 65℃后，硫化氢腐蚀失效的几率急剧下降。

64. 什么是二氧化碳腐蚀，二氧化碳腐蚀有何危害?

当二氧化碳溶于水时形成碳酸，可降低溶液的 pH 值，增加溶液的腐蚀性。二氧化碳的腐蚀性没有氧那么强，通常造成点蚀。

由于高含 CO_2 油气田的开发，以及注 CO_2 采油技术的应用，二氧化碳腐蚀近年来越来越成为我国油气采集过程中的主要腐蚀形式之一。图 1－36 所示为我国塔里木油田某一油井油管的腐蚀状况，该油管在使用 1 年零 9 个月后腐蚀掉井，打捞出的油管已变得千疮百孔。

像其他气体一样，水中 CO_2 的溶解度是水上部气体中 CO_2 分压的函数。分压越大，溶解度越大。因此，在两相系统(气＋水)中，腐蚀速率随着 CO_2 分压增加而升高。低碳钢在蒸馏水中时 CO_2 分压对腐蚀速率的影响如图 1－37 所示。

图 1－36　我国塔里木油田某一油井油管的腐蚀状况

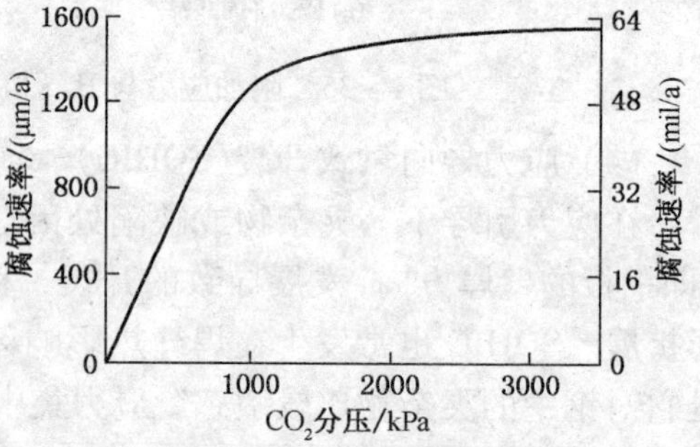

图 1－37　CO_2 分压对腐蚀速率的影响

高 CO_2 分压下测得的腐蚀速率相当高。随着腐蚀产物层的形成，均匀腐蚀将减弱，点蚀便成为非常严重的问题。多数情况下，碳酸亚铁膜是没有保护性的，并且在垢下促进腐蚀。在含有碳酸氢盐的水系统中，造成腐蚀的 CO_2 量将服从有关碳酸氢盐－碳酸盐的平衡关系，而成为 pH 值的函数。

65. 什么是多相流腐蚀?

从广义上讲，多相流冲刷腐蚀包括多相流在力学和化学的协同作用下所发生的所有的腐蚀行为。根据力学和化学的相对支配作用的强弱程度，可将多相流腐蚀划分为三种不同类型：

(1) 冲刷腐蚀　主要是因多相流体的力学作用导致金属表面材料的损失和减薄；

(2) 流动促进腐蚀　主要是流动促进反应介质或腐蚀产物传质速率加快或金属表面反应速率加快等导致材料表面的快速腐蚀；

(3) 冲蚀腐蚀　主要是多相流力学冲刷作用造成腐蚀产物膜的破坏，从而促进材料表面快速腐蚀。

66. 影响多相流腐蚀的因素有哪些?

流型和流速是影响多相流冲刷腐蚀的最重要的因素。当油、气、水、固多相共存时，其流型组合是非常复杂的。流型往往与各相的流速和流动的方向有关。如对气液两相流而言，根据气液两相比的不同和气液相对流速的不同，水平流动和垂直流动会分别出现如图 1－38 所示的各种流型。

当流动的方向改变时，流型往往会发生变化，图 1－39 所示为一种气液流型随流动方向改变的示意图。由于管线内部不同部位的流型不同，严重的多相流腐蚀往往发生在管线中某

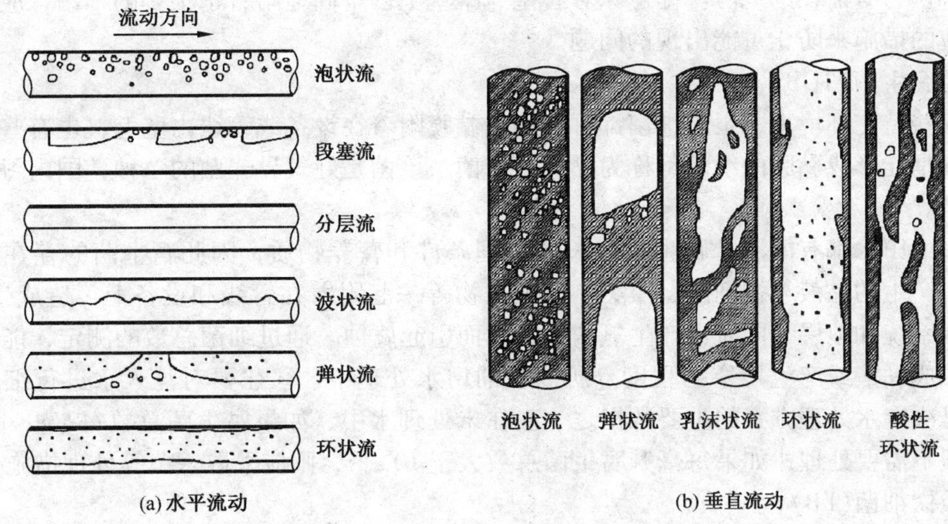

图 1-38　几种典型流型示意图

些特定的部位。

随着流速增加，腐蚀介质到达管壁表面的速度增加，腐蚀产物离开金属表面的速度增加，因而腐蚀速率加快。另一方面，当流速增加促使液体达到湍流状态时，湍流液体能击穿紧贴金属表面的几乎静止的边界层，并对金属表面产生很高的切应力。冲刷腐蚀速率与流速具有下述关系：

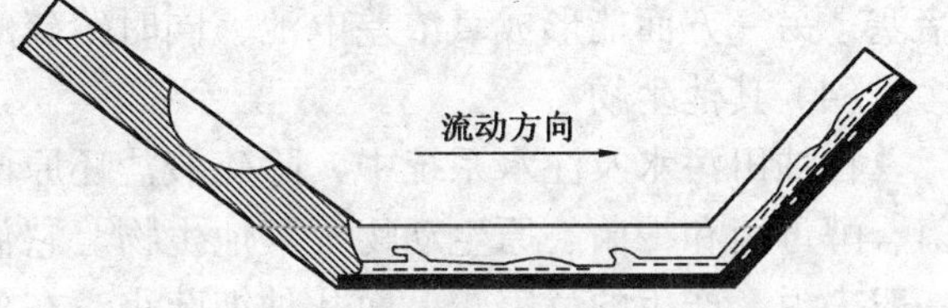

图 1-39　流型随流动方向变化的过程

$$V_{corr} = AV^4 \qquad (1-30)$$

式中　V_{corr}——冲刷腐蚀速率，mm/a；

V——流速，m/s；

A——系数。

由于冲刷腐蚀速率和流速呈四次方的幂函数关系，因此流速微小的变化便能引起冲刷腐蚀速率巨大的变化。在油气生产过程中，对于产出流体往往有一个临界极限速率，超出这个临界速率，就会出现严重的冲刷腐蚀。

67. 油田污水及注水系统中常见的细菌有哪些，其危害是什么？

油田污水及注水系统中的细菌主要有：

（1）硫酸盐还原菌（SRB）

硫酸盐还原菌是一种在厌氧条件下可使硫酸盐还原成硫化物，并以有机物为营养的细菌。硫酸盐还原菌的生长温度随菌种不同而异，分为中温及高温两类。油田中最常见的细菌属中温性，最适宜的生长温度范围为20～40℃。该菌生长 pH 值范围很广，一般在5.5～9.0之间都可生长，最适宜的 pH 值为7.0～7.5。该菌在自然界中普遍存在，凡是在厌氧环境中，在适宜的温度下都有可能存在。

硫酸盐还原菌是成群或成菌落地附着在管壁上，在流动的液体中不易找到。测定出的硫酸盐还原菌只表示了在水中细菌的存在情况。有可能注入水中的硫酸盐还原菌含量很低，但在管线某处表面却有大量的细菌生长繁殖。所以一旦在流动的水里发现这种菌，不论数量的多少，都认为有潜在的危险。即意味着管壁、罐壁上已牢固地附着了很多的细菌，应当马上采取相应的措施来防止可能出现的问题。

(2) 腐生菌(TGB)

在某些特定环境下，很多细菌都可以形成黏膜附着在设备或管线内壁上，也有些悬浮在水中。凡是能形成黏膜的细菌都称为黏泥形成菌。该菌是好气异养菌的一种，国内习惯称之为腐生菌。

许多油田水都有能满足腐生菌生长的物理条件和营养物质，因此腐生菌的存在极其普遍。它们产生的黏液与铁细菌、藻类、原生动物等一起附着在管线和设备上，造成生物垢，堵塞注水系统和地层，同时也产生氧浓差电池而引起腐蚀。通过细菌总数的测定，能够方便地表示形成黏液或产生堵塞的程度。所以在油田水处理中，往往要对注入水进行细菌的监测，这是决定水处理方案的重要数据之一。在未处理水中，如果腐生菌总数每毫升小于 10^4 个，一般不需要处理；如果每毫升腐生菌总数大于 10^4 个，则应采取杀菌等处理措施。

(3) 铁细菌(FB)

凡是具有以下生理特征的细菌均为典型的铁细菌，即：能在氧化亚铁或高铁化合物中起催化作用；可以利用铁氧化过程中释放出来的能量来满足其生命的需要；能大量分泌氢氧化铁并形成某种特定结构。

铁细菌是一种好气异养菌，是在与水接触的结瘤腐蚀中常见的一种菌。它一方面像其他许多菌一样具有附着在金属表面的能力，能分泌大量的黏性物质从而造成注水井和过滤器的堵塞；另一方面能形成氧浓差电池，同时给硫酸盐还原菌提供局部的厌氧区，使腐蚀加剧。

(4) 其他生物

在油田污水及注水系统中，除硫酸盐还原菌、腐生菌和铁细菌外，还存在着藻类、硫细菌、酵母菌和霉菌、原生动物等其他生物。它们也可能造成堵塞和产生浓差腐蚀电池等，但一般来说，产生的危害较上面几种细菌小。在各类细菌中危害最严重的还是硫酸盐还原菌。

68. 硫酸盐还原菌的主要繁殖部位有哪些，如何判定其存在?

在油田水系统中，SRB 存在的主要部位有：

(1) 水管线的滞流点，也存在于垢下或管底沉积物中能够局部形成厌氧的环境中；

(2) 各种水罐罐壁垢下及罐底淤泥中；

(3) 滤罐滤料及垫层中；

(4) 回注污水的注水井油管与套管环形空间中。

硫酸盐还原菌在厌氧环境下将水中无机硫酸盐还原成硫化氢，从而对系统形成腐蚀。其产生的腐蚀产物 FeS 随水注入地层引起堵塞，该菌菌体也可堵塞地层，因此，具有极大的危害性。在油田中可以从以下几个方面来判断硫酸盐还原菌的存在：

(1) 注入水逐渐变为酸性，或通过系统中的可溶性硫化物含量增加，在较严重的情况下，注入水变成黑色；

(2) 注水井酸化处理频繁及注水量下降；

(3) 任何停滞或水流不急的区域，金属设施和部件迅速损坏；

(4) 注水井反洗或反吐时，可以看到大量的黑水和黑色黏液。

69. 硫酸盐还原菌是如何对油气管道造成腐蚀的?

SRB 是一种以有机物为营养的厌氧菌，仅在缺乏游离氧或几乎不含游离氧的环境中生存，而在含氧环境中反而不能繁殖生存，SRB 能使硫酸盐还原成硫化物。

$$Na_2SO_4 + H_2 \xrightarrow{SRB} Na_2S + H_2O \tag{1-31}$$

硫化物与介质中的碳酸等作用生成硫化氢，进而与铁反应形成硫化铁，加速了管道的腐蚀，即

$$Na_2S + 2H_2CO_3 = 2NaHCO_3 + H_2S\uparrow \tag{1-32}$$

$$Fe + H_2S = FeS + H_2 \tag{1-33}$$

同时它阻止阴极上析氢反应所生成的氢原子的复合，促进氢向金属的渗入，增加设备氢脆破坏的危险性。

随着我国二次采油技术的发展，在绝大多数的油田集输系统的油井和注水井中都发现有大量的 SRB 存在。SRB 的繁殖可使系统 H_2S 含量增加，腐蚀产物中有黑色的 FeS 等存在，导致水质明显恶化，水变黑、发臭，不仅使设备、管道遭受严重腐蚀，而且还可能把杂质引入油品中，使其性能变差。同时 FeS、$Fe(OH)_2$ 等腐蚀产物还会与水中成垢离子共同沉积成污垢而造成管道的堵塞。此外，SRB 菌体聚集物和腐蚀产物随注水进入地层还可能引起地层堵塞，造成注水压力上升及注水量减少，直接影响原油产量。

70. 影响硫酸盐还原菌生长繁殖的环境因素有哪些?

SRB 与其他生物一样受环境因素的制约，有利的环境可刺激细菌生长繁殖，而不利的环境则抑制其生长，或引起变异，甚至死亡。影响 SRB 生长的环境因素很多，现将主要因素简述如下。

(1) 温度　与大多数化学反应随温度升高而加速一样，细菌的生长速度在一定温度范围内也随温度的升高而加速，通常温度升高 10℃，细菌的生长速度增加 1.5～2.5 倍。在最低和最高生长温度范围内，细菌能正常生长，超过此范围细菌的生长将受到抑制甚至死亡。

SRB 的生长温度随菌种不同分为高温型和中温型两类，油田最常见的细菌属于中温型。中温型最适宜温度为 30～35℃；高温型最适应温度为 55～60℃。

(2) 盐浓度　大多数细菌最适宜生长的盐浓度为 0.85%～0.9%，海洋微生物必须在 3%～5% 的盐浓度中才能良好地生长，而极端嗜盐菌可以在饱和食盐溶液中正常生长。

油田水系统中的 SRB 通常对盐浓度的适应性较强，尽管各油田 SRB 长期生活在盐浓度有很大差异的环境中，但它们均可在较大的盐浓度范围内生存。

(3) 氧　根据细菌对氧的生理反应，可将细菌分为好氧菌、兼性厌氧菌和厌氧菌三类。厌氧菌又可分为专性厌氧菌和耐氧厌氧菌。氧对专性厌氧菌有毒，如果将此类菌置于空气中就会死亡；耐氧厌氧菌置于空气中则不会死亡，但它的生长会受到抑制。

一般认为 SRB 属专性厌氧菌，需要在严格的无氧条件下生长，SRB 在空气中暴露会逐渐死亡，然而在未严格除氧的培养液中它们可以存活。尤其是它们能在一个实际有氧而局部无氧的环境中迅速繁殖。

(4) pH 值　pH 值对细菌的生命活动影响很大，细菌在一定酸碱度的环境中才能正常生长繁殖。每一种细菌生长繁殖所能适应的 pH 值都有一定的范围，即最低 pH 值、最适宜 pH 值和最高 pH 值。在最低和最高 pH 值环境中，细菌尚能生存和生长，但速度缓慢且容易死亡。SRB 生长活动的 pH 值范围较宽，一般在 5.5～9.0 之间，最适宜 pH 值为 7.0～7.5。

71. 油气管道的外腐蚀形式有哪些?

油气管道由于所处空间不同，接触的环境介质不同，外腐蚀形式是多种多样的。例如地上管道外腐蚀的主要形式是大气腐蚀；埋地管道的外腐蚀形式主要是土壤腐蚀；海底管道主要受海洋环境的影响，其外腐蚀的主要形式是海洋腐蚀。

钢铁在大气、土壤以及海水中的腐蚀速度见表1－9。

表1－9　钢铁的自然腐蚀速度

环　境	平均腐蚀深度/(mm/a)	孔蚀倍数(最深孔/平均腐蚀)
大气(低碳钢)	0.25	2～10
土壤(低碳钢)	0.01	2～25
海水(低碳钢)	0.12	2～30
海水(铸铁)	0.10	2～15

72. 大气腐蚀的机理是什么?

大气腐蚀是金属处于表面薄层电解液下的腐蚀过程，因而与浸没在电解液内的腐蚀过程不同。金属表面含饱和氧的电解液膜，使大气腐蚀的电化学过程中氧去极化过程变得容易进行。在工业大气中，液膜常呈酸性，这时可能产生氢去极化腐蚀。但由于氧极易到达阴极，所以氧的去极化作用仍然是主要的。

在薄液膜层下，腐蚀微电池的电阻显著增大，微电池作用变小。阳极区反应产物的金属离子和阴极区生成的离子，将在与金属表面紧密连接的电解液薄层中相互作用，生成不溶性腐蚀产物，并附着于金属表面，成为具有一定保护性能的腐蚀产物层。因此，大气腐蚀的腐蚀形态较为均匀一致。

在大气腐蚀条件下，腐蚀产物的成分和结构往往很复杂。

在一定条件下，腐蚀产物还会影响大气腐蚀的电极反应。伊文思认为，钢和铁的锈层处在湿润的条件下，当氧的通路被限制时，它可以作为氧化剂，即发生阴极去极化反应：

$$4Fe_2O_3 + Fe^{2+} + 2e = 3Fe_3O_4 \tag{1-34}$$

而当锈层干燥时是透氧的，具有磁性的黑色的 Fe_3O_4 又被渗入锈层的氧重新氧化变成 Fe_2O_3，即

$$4Fe_3O_4 + O_2 = 6Fe_2O_3 \tag{1-35}$$

由此可见，在干湿交替的情况下，带有锈层的钢能加速腐蚀的进行。

一般说来，在大气中长期暴露的钢的腐蚀速率会逐渐减慢，这是因为一方面锈层的逐步变化会导致其电阻增加和氧渗入困难，另一方面锈层的内层附着性好，将减少活性的阳极面积，增加了阳极极化，最终使腐蚀速率减慢。

73. 大气腐蚀的影响因素有哪些?

大气腐蚀的程度取决于气候条件(湿度、温度、温差等)和大气中的污染物质(SO_2、盐粒、尘粒等)，而腐蚀程度最大的是潮湿、污染严重的工业大气，腐蚀程度最小的是干燥、洁净的农村大气。

(1) 气候条件

① 湿度　湿度是决定大气腐蚀类型和速度的基本因素。各种金属都有一个腐蚀速率开始急剧增加的湿度范围，铁、铜、镍、锌等金属的临界湿度值为50%～70%。在该湿度下

金属表面形成完整的液膜，使电化学腐蚀过程得以顺利进行。一般来说，湿度越大，大气的腐蚀性越强。

② 雨水　雨水淋湿金属表面，甚至冲刷掉腐蚀产物的锈层，有促进腐蚀的作用。另一方面，雨水能洗掉金属表面的尘埃盐粒或其他附着在金属表面上的腐蚀性物质，在某种程度上又起到减缓腐蚀的作用。一般情况下，后者的作用远远小于前者。

③ 温度及温差　在其他条件相同的情况下，平均气温高的地区比气温低的地区大气腐蚀程度严重。温差的剧烈变化也有影响，昼夜之间的温差变化而导致的结露现象，也有加速腐蚀的作用。

(2) 大气中的污染物质

因自然界的变化和工业气体的排放，大气中常含有一些杂质，它们也被称为大气污染物质。根据大气中污染物质的情况，大气可分为工业大气、海洋大气、农村大气。对腐蚀来讲，大气的污染程度是重要的因素。

① 大气中有害气体的影响

在大气污染物质中，SO_2 的影响最为严重。大气中 SO_2 的来源有两个：一是硫化氢产物在空气中的氧化；二是含硫燃料的燃烧，在工业城市中这个因素是主要的。以石油、天然气、煤为燃料的废气中都含有大量的 SO_2，由于冬季大气中 SO_2 含量比夏季多，SO_2 的污染以及对大气腐蚀的影响也更严重。SO_2 污染的大气中，铁、锌等金属生成易溶的硫酸盐化合物，进一步氧化并由于强烈的水解作用生成硫酸，同铁起反应，整个过程具有自催化反应的特点，反应式为

$$Fe + SO_2 + O_2 = FeSO_4 \tag{1-36}$$

$$4FeSO_4 + O_2 + 6H_2O = 4FeOOH + 4H_2SO_4 \tag{1-37}$$

$$2H_2SO_4 + 2Fe + 2H_2O = 2FeSO_4 + 2H_2O \tag{1-38}$$

其腐蚀速率随大气中 SO_2 含量的增加而直线上升，如图 1-40 所示。

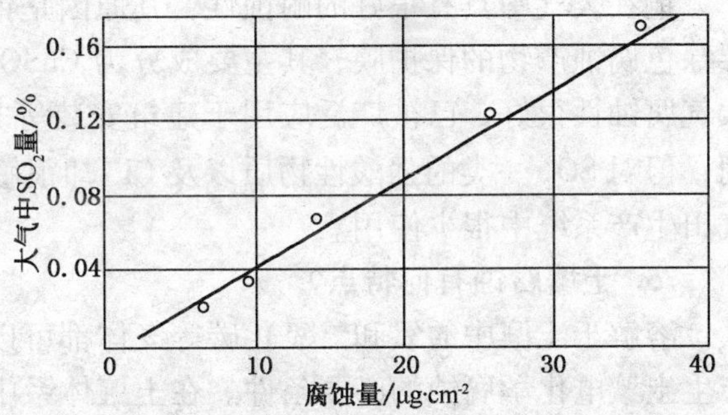

图 1-40　大气中的 SO_2 含量对碳钢腐蚀的影图

HCl 也是腐蚀性较强的一种气体，溶于水膜中生成盐酸，对金属的腐蚀破坏甚大。H_2S 气体在潮湿大气中会加速铜、黄铜、镍特别是铁和镁的腐蚀。H_2S 溶于水中使水膜酸化，使水膜的导电性增加，进而加速腐蚀。NH_3 易溶于水膜中，使 pH 值增加，对钢铁起到缓蚀作用，但对有色金属不利。

② 盐粒的影响

在海洋附近的大气中，含有较多的海盐颗粒，主要成分是 NaCl，因它具有吸湿性及增大表面液膜的导电作用，且 Cl^- 本身又有极强的侵蚀性，因而它可加剧腐蚀，海洋大气环境中的金属就很容易产生严重的孔蚀。离海洋越远，大气中的海盐粒子越少，腐蚀量也变小。离海岸距离与大气中海盐的含量及钢腐蚀量的关系如图 1-41 所示。

③ 固体尘粒的影响

大气中的固体尘粒也能加速腐蚀。它的成分比较复杂，除海盐颗粒外，还有碳化物、铵盐、氮化物等固体颗粒。

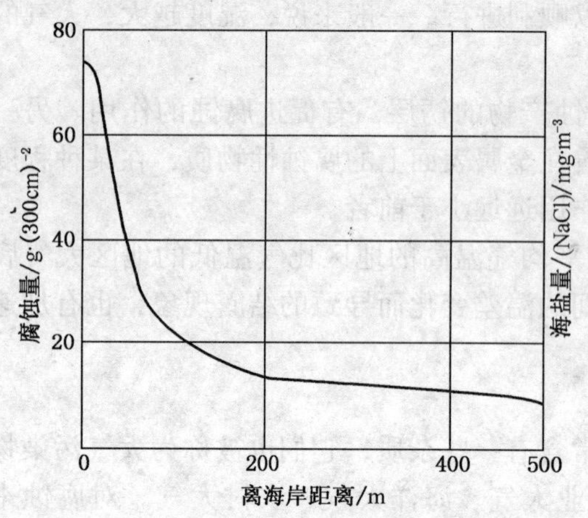

图1-41　离海岸距离与大气中海盐含量及钢腐蚀量的关系

固体尘粒对大气腐蚀的影响可分为三类：一是尘粒本身是腐蚀性的，如重工业地区的铵盐颗粒，它溶于金属表面水膜，提高了电导率或酸度，起促进腐蚀的作用；二是尘粒本身没有腐蚀性，但它能吸附腐蚀性物质，如炭粒吸附 SO_2 和水汽后，生成腐蚀性的酸性溶液；三是尘粒本身即无腐蚀性又不吸收腐蚀活性物质，但是它们落在金属表面能形成缝隙而凝聚水分，如沙粒形成的缝隙处较易吸收水分而形成氧浓差的局部腐蚀。

除以上几种污染物质外，在石化工业区的大气环境中，还可能有大量的 Cl_2、NH_3 和 H_2S 等有害杂质，它们也将对处于大气环境中的管道、设备等造成腐蚀破坏。

74. 金属材料在大气环境中的耐蚀性是怎样的？

金属的材质不同，其耐蚀性也各不相同。碳钢的大气腐蚀速率较高，所以在碳钢的表面常涂以油漆、涂料一类的保护层，以防止腐蚀。含有铜、磷、铬、镍等合金组分的低合金钢，其耐大气腐蚀能力较碳钢有很大提高，甚至可以裸露使用。此类钢耐蚀的原因是在大气中能生成一层具有良好保护性能的锈层。但这类钢若在浸没于溶液的条件下，并不比碳钢耐蚀。

锌在大气中的耐腐蚀性优于碳钢，它在湿度高的大气中生成碱式碳酸锌的白色腐蚀产物，也称为“白锈”。所以镀锌铁皮常被用于管线、容器的防腐保温的外保护层。

铜在大气中具有很好的耐蚀性，其原因是铜的热力学稳定性，以及它在大气中能形成一层绿色腐蚀产物的保护膜，其主要成分为 $CuSO_4 \cdot 3Cu(OH)_2$，通常被称为“铜绿”。铝的耐大气腐蚀性很好，已被广泛应用于建筑安装等方面。它在工业大气中不受 H_2S 和 CO_2 的作用，但对 SO_2 一类的强酸性物质以及 Cl^- 却很敏感，易产生孔蚀等局部腐蚀。这类材料在油气田生产系统中很少使用。

75. 土壤腐蚀有何特点？

溶解于土壤中的氧和二氧化碳等气体都可以成为土壤腐蚀的腐蚀剂。但电解质的存在是产生土壤电化学腐蚀的必要条件。在土壤体系中，土壤胶体往往带有电荷，并吸附一定数量的负离子，当土壤中存在水分时，土壤即成为一个带电胶体与离子组成的导体，因此可认为土壤是一个腐蚀性多相电解质体系。这种电解质不同于水溶液和大气等腐蚀介质，有其自身的特点，主要表现在以下几个方面：

(1) 土壤的多相性　土壤是一个由固、液、气三相组成的多相体系。其中固相主要由含多种无机矿物质以及有机物的土壤颗粒组成，液相主要指土壤中的水分，气相即为空气。土壤的多相性还在于不同时间、不同地点各相的组成与含量也是不同的，同时土壤颗粒还具有不同的形状和不同大小。土壤的这种多相性决定了土壤腐蚀的复杂性。

(2) 土壤的不均一性　土壤性质和结构的不均一性是土壤电解质的最显著特征。这种不均一性使得土壤的各种理化性质，尤其是与腐蚀有关的电化学性质也随之不同，导致土壤腐蚀性的差异。钢铁在理化性质较一致的土壤中平均腐蚀速率是很小的，美国国家标准局(NBS)进行的长期土壤埋件的试验结果表明，较均一的土壤中金属的平均腐蚀速率仅为0.02mm/a，最大为0.064mm/a。而在差异较大的土壤中，腐蚀速率可达0.46mm/a。

(3) 土壤的多孔性　在土壤的颗粒间存在着许多微小孔隙，这些毛细管孔隙就成为土壤中气液两相的载体。其中水分可直接填满孔隙或在孔壁上形成水膜，也可以溶解和吸附一些固体成分形成一种带电胶体。正是由于水的这种胶体形成作用，使土壤成为一种由各种有机物、无机物胶凝物质颗粒组成的聚集体。土壤为离子导体正是水的存在所致，因而可把土壤看作腐蚀性电解质。土壤的孔隙度和含水量，又影响着土壤的透气性和电导率的大小。

(4) 土壤的相对稳定性　土壤的固体部分对于埋设在土壤中的管道，可以认为是固定不动的，仅有土壤中的气相和液相作有限的运动。例如，土壤孔隙中气体的扩散和地下水的移动等。

以上所述腐蚀性介质土壤的特点，使土壤腐蚀和其他电化学腐蚀过程具有不同的特征，就是氧的传递。土壤中氧的传递速度，取决于土壤的结构和湿度。在不同的土壤中，氧的渗透率会有很大差别，幅度可达3~5个数量级。土壤腐蚀时氧浓差电池将起很大作用。

76. 土壤腐蚀的影响因素有哪些?

土壤腐蚀速率的大小与土壤的各种物理、化学性质及环境因素有关，这些因素间的相互作用，使得土壤腐蚀性比其他介质更为复杂。在众多的因素中，以土壤的含水量、含氧量、含盐量、孔隙率、酸碱度及电阻率等因素影响最大。

(1) 含水量

土壤中含水量对腐蚀的影响很大。含水量不同，造成的腐蚀速率也不一样。一般而言，土壤含水量高，腐蚀电流增加；但含水量过高时，空气中氧不能充分扩散到金属表面，去极化作用因此降低，腐蚀速率反而会减小。土壤中的水分还影响到土壤的透气性、离子活度、电阻率以及细菌的活动等。

(2) 含氧量

氧不仅作为腐蚀剂成为影响土壤腐蚀的一个重要因素，而且它还在不同的土壤与管道接触部位形成氧浓差电池而导致腐蚀。就管道材料而言，土壤含氧量愈高，腐蚀速率愈大，因为氧的去极化作用是随着到达阴极的氧量增加而加快的。土壤中氧的来源主要是空气的渗透，另外雨水及地下水中的溶解也会带来少量的氧。

(3) 含盐量

通常土壤中可溶盐含量在2%以内，它是形成土壤电解液的主要因素。含盐量愈高，土壤电阻率愈小，腐蚀速率愈大。土壤中可溶盐的种类很多，与腐蚀关系密切的阴离子类型主要有CO_3^{2-}、Cl^-、SO_4^{2-}，阳离子主要有K^+、Na^+、Ca^{2+}、Mg^{2+}，一般来说对腐蚀的影响不大，只是通过增加土壤溶液的导电性来影响土壤的腐蚀性。

我国各油田的土壤多半是盐碱地，pH值在7~9之间，含可溶盐的情况见表1-10所示。比较这几个地区，以含氯化物盐的土壤腐蚀性最强。胜利油田地区含量最高达5225.6mg/L。据调查，胜利油田含氯化物盐地区的腐蚀速率比大庆油田含碳酸盐地区大8倍。

表 1-10　国内部分油田土壤含可溶盐的情况

地　名	胜利油田、青海	大　庆	玉门、新疆	四　川	中　原
含盐主要成分	氯化物盐	碳酸盐	硫化物盐	硫酸盐、氯化物盐	氯化物盐

（4）酸碱度

土壤的酸碱度取决于土壤中 H^+ 浓度的高低。H^+ 来源较多，主要来源还是空气中的 CO_2 溶于水后电离产生的 H^+。土壤酸碱度对腐蚀的影响非常复杂，随着土壤 pH 值降低，金属腐蚀速率增加。我国大部分土壤的 pH 值在 6~8 之间，属于中性，部分土壤为 pH 值为 8~10 的碱性土壤及 pH 值为 3~6 的酸性土壤。

（5）孔隙度

较大的孔隙度有利于氧渗透和水分的保存，而它们都是腐蚀发生的促进因素。透气性良好的土壤会加速腐蚀过程，但在透气性良好的土壤中也更易生成具有保护能力的腐蚀产物层，阻碍金属的阳极溶解，使腐蚀速率减慢下来。

（6）电阻率

土壤电阻率是表征土壤导电能力的指标，在土壤电化学腐蚀机理研究过程中是一个很重要的因素。在长输地下金属管道的宏电池腐蚀过程中，土壤电阻率起主导作用。在其他条件相同的情况下，土壤电阻率愈小，腐蚀电流愈大，土壤腐蚀性愈强。一般来说，电阻率在数十 Ω·m 以上，土壤对管道金属的腐蚀较轻微，而当电阻率低至 10Ω·m 甚至以下时，其腐蚀性相当强。

另外，土壤电阻率对阴极保护电流的分布影响很大，当土壤电阻率均匀，管道电阻忽略不计时，与阳极距离最近点的电流密度最大，距阳极愈远，电流愈小。如果沿管道土壤电阻率分布不均，则对管道电流分布产生较大影响，电阻率小的部位，保护电流较大，从而使保护电位下降，造成腐蚀。

77. 油气管道土壤腐蚀的典型腐蚀类型有哪些？

土壤腐蚀除了由于氧和二氧化碳等腐蚀性气体在土壤电解质中造成的一般均匀腐蚀和点腐蚀外，还由于外部服役环境的特点而造成下述几种特有的腐蚀类型。

（1）土壤电池腐蚀

土壤腐蚀和其他介质中电化学腐蚀一样，金属和介质的电化学不均匀性会产生微电池而导致腐蚀。但由于土壤介质的多相性，土壤介质还会因宏观不均匀性形成电池而导致腐蚀，而且后者往往起更大的作用。土壤介质在不同的透气条件下，氧的渗透率变化幅度很大，直接影响着和土壤相接触的金属各部分的电位，这是形成氧浓差电池的基本因素。此外，土壤的 pH 值、含盐量等性质的变化也会形成腐蚀电池。

（2）微生物腐蚀

微生物（如细菌）对管道金属的腐蚀基本上是由其产物及其活动直接或间接地影响到腐蚀的电化学历程，或者是改变了土壤的理化性质而导致浓差腐蚀电池所致。如比较典型的硫酸盐还原菌引起的腐蚀，就是通过硫酸盐还原菌的作用，直接影响腐蚀反应过程，它能破坏沿原电池阴极表面正常聚集的保护性氢离子膜，使阴极去极化过程更加容易。

（3）杂散电流腐蚀

通常称在非指定回路上流动的电流为杂散电流。这种电流流到管道的哪个部位，该部位就成为腐蚀电池的阴极而受到保护，而电流流出的部位，就成为电池的阳极而受到腐蚀。杂散电流引起的腐蚀要比一般的土壤腐蚀激烈得多。埋地管道在没有杂散电流时，腐蚀电池电极电位差只有零点几伏，而有杂散电流存在时，管道上的管地电位可高达8~9V，通过的电流能达几百安培。

（4）土壤应力腐蚀破裂

土壤应力腐蚀破裂（SCC）是管道服役所遇到的另一类腐蚀问题。管道在土壤中的应力腐蚀破裂是由于埋地管道外表面的小裂纹扩展造成的。这些小裂纹最初是以肉眼看不见的处于同一方向排列的许多独立的小裂纹组成的，经过几年的时间，这些独立的小裂纹可能增长和加深，一个裂纹丛中的裂纹可能连接形成较长裂纹。管道土壤应力腐蚀破裂的形成、发展到失效的过程如图1－42所示。由于土壤应力腐蚀破裂发展很慢，它可以在管道上存在若干年而不造成问题。如果裂纹扩展到足够大，管线最终会失效，导致泄漏或爆裂。

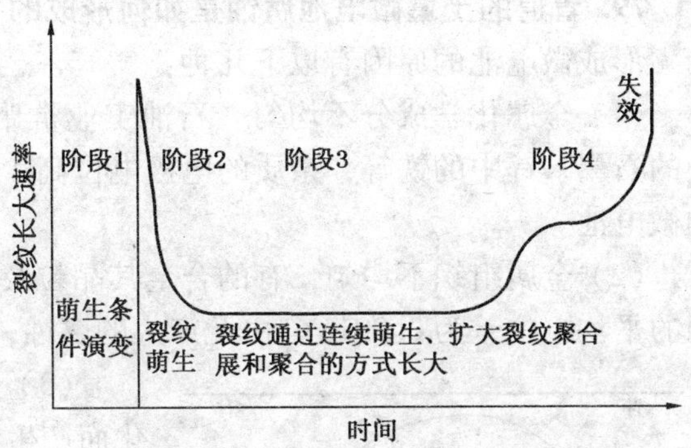

图1－42　土壤应力腐蚀破裂裂纹形成、扩展到破裂的机制

我国现有油气输送管线七万多公里，因此，管线的外腐蚀问题，尤其是碱性和近中性土壤中的碳酸盐应力腐蚀破裂问题应该引起足够的重视。

78. 管道的土壤宏电池腐蚀有哪几种类型？

（1）长距离管道穿越不同土壤形成的宏电池　在管线从一种土壤进入另一种土壤的地方，因土壤组成、结构不同形成的电池，如图1－43(a)所示。若是因氧的渗透性不同造成氧浓差电池，那么埋在密实、潮湿的土壤中的管线将作为阳极而遭受腐蚀。若其中一种土壤中含有硫化物、有机酸或工业污水，因土壤性质的变化，也能形成宏观腐蚀电池。长距离腐蚀宏电池能产生相当可观的腐蚀电流。显然，土壤的电导率越高，腐蚀电流值也越大。

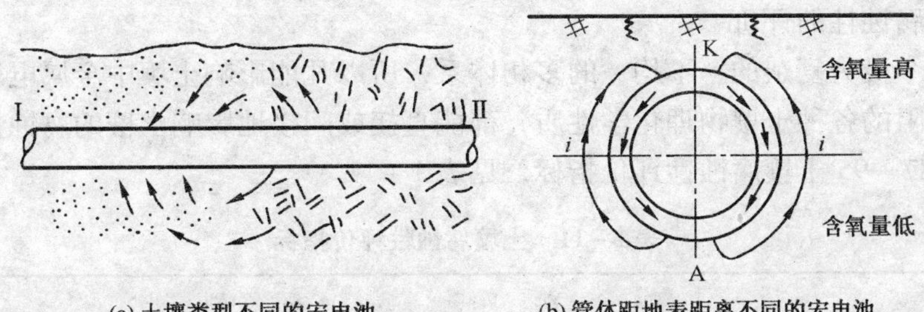

(a) 土壤类型不同的宏电池　(b) 管体距地表距离不同的宏电池

图1－43　土壤腐蚀的两种典型宏电池类型

（2）管体距地表距离不同引起的腐蚀宏电池　如图1－43(b)所示，管体不同部分距地表距离不同，氧含量不同，因此上、下部分电极电位不同，底部的电极电位低，容易遭受腐蚀。图上箭头表示腐蚀电流的方向。埋地管道最常见的外腐蚀现象就是由于氧浓差电池所造成的。氧浓度大的部位金属的电极电位高，是腐蚀电池的阴极；氧浓度小的部位金属电极电

位低，是腐蚀电池的阳极，遭受腐蚀。

(3) 两种不同金属与土壤接触产生的宏电池　例如钢管本体金属和焊缝金属成分不一样，两者的电位差有的可达0.275V，因此埋入地下后，电位低的部位遭受腐蚀。油田常见的管线的焊口部位、新旧管线连接部位的腐蚀穿孔就属于这种情况。

79. 管道的土壤微电池腐蚀是如何形成的?

形成微电池的原因有以下几种：

(1) 金属化学成分不均匀　石油工业常用的钢材含有杂质，例如碳钢中的Fe_3C、铸铁中的石墨、锌中的铁等，杂质的电极电位高，形成许多微阴极，与土壤接触后形成许多短路的微电池。

(2) 金属组织不均匀　有的合金其晶粒及晶界的电位不同，如工业钝铝，其晶粒及晶界间的平均电位差为0.091V，由此产生的腐蚀，其中晶粒是阴极，晶界为阳极。

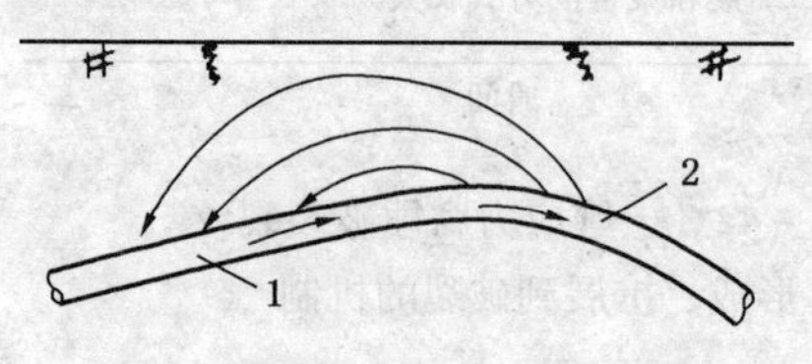

图1-44　钢管在受冷弯的部位被腐蚀
1—阴极区；2—阳极区

(3) 金属物理状态不均匀　金属由于变形和应力变化而产生的腐蚀，如钢管在冷弯后发生的腐蚀现象如图1-44所示。变化大即应力大的部位是阳极，被腐蚀。

(4) 金属表面膜不完整　金属表面膜有孔隙，则孔隙下的金属表面电位较低，是阳极。如果金属管道表面形成钝化膜不连续，也会发生这类腐蚀。

(5) 土壤微结构的差异　这种情况的腐蚀原理类似同一种金属放在不同的电解质溶液中而形成的微电池。

对于埋地管线，宏电池与微电池的作用是同时存在的。从腐蚀的表面形式看，微电池作用时具有腐蚀坑点分布均匀的特征，而在宏观电池作用下引起的腐蚀则具有明显的局部穿孔的特征。对于埋地管线，宏电池产生的腐蚀穿孔危害性更大，应引起高度重视。

80. 如何评价土壤的腐蚀性?

在油田生产系统中，遇到最多最普遍的外腐蚀就是土壤腐蚀，因此，对土壤的腐蚀性进行测定和评价，根据腐蚀等级，有针对性地采取相应的防护措施，保证油田正常生产是非常必要的。

(1) 土壤腐蚀性的评价

土壤是一个极为复杂的、不均一的多相体系，所以凡能影响土壤中金属电极电位、土壤电阻和极化电阻的各种土壤物理化学性质，都能直接或间接地影响土壤的腐蚀性，因此建议采用SY/T 0087—95土壤腐蚀性评价指标，见表1-11。

表1-11　土壤腐蚀性评价指标

指　标	级　别				
	极　轻	较　轻	轻	中	强
电流密度/$\mu A \cdot cm^{-2}$(原位极化法)	<0.1	0.1~3	3~6	6~9	>9
平均腐蚀速率/$g \cdot (dm^2 \cdot a)^{-1}$	<1	1~3	3~5	5~7	>7

(2) 土壤细菌腐蚀性评价

土壤细菌腐蚀性评价标准见表1-12。

表1－12　土壤细菌腐蚀性评价指标

腐蚀级别	强	较　强	中	小
氧化还原电位/mV	<100	100~200	200~400	>400

81. 金属材料在土壤中的耐蚀性是怎样的？

金属材料在土壤中的耐蚀性各不相同，应根据不同的土壤条件选择相适应的金属材料。在油田常用于埋地管道的钢铁材料，铸铁、碳钢、低合金钢的土壤腐蚀情况差别不大。这与大气腐蚀不同，因为土壤腐蚀主要受阴极供氧状态所控制。

铅在土壤中的耐蚀性比碳钢高几倍，它在含碳酸盐、硅酸盐、硫酸盐土壤中能生成铅盐保护层，耐蚀性要更好一些，但在酸性沼泽地带耐蚀性就稍差一些。铜和铜合金的耐蚀性较好，但价格昂贵，从经济角度考虑，不常使用。

锌的平均腐蚀率比钢铁小。钢铁上的镀锌层在土壤中有很好的保护效果，镀锌层起了阴极保护作用。铝在土壤中耐蚀性变化很大，对酸性或碱性土壤都不耐蚀。

82. 目前我国海底管道的现状是怎样的？

海底油气管道是海上油气田开发生产系统的主要组成部分，是连续输送大量油气最快捷、最安全和经济可靠的运输方式。通过海底管道能把海上油气田的生产技术和储运系统联系起来，也使海上油气田和路上石油工业系统联系起来。近几十年来，随着海上油气田的不断开发，海底油气管道实际上已经成为广泛应用于海洋石油工业的一种有效运输手段。图1－45为某海上油田技术管线图。

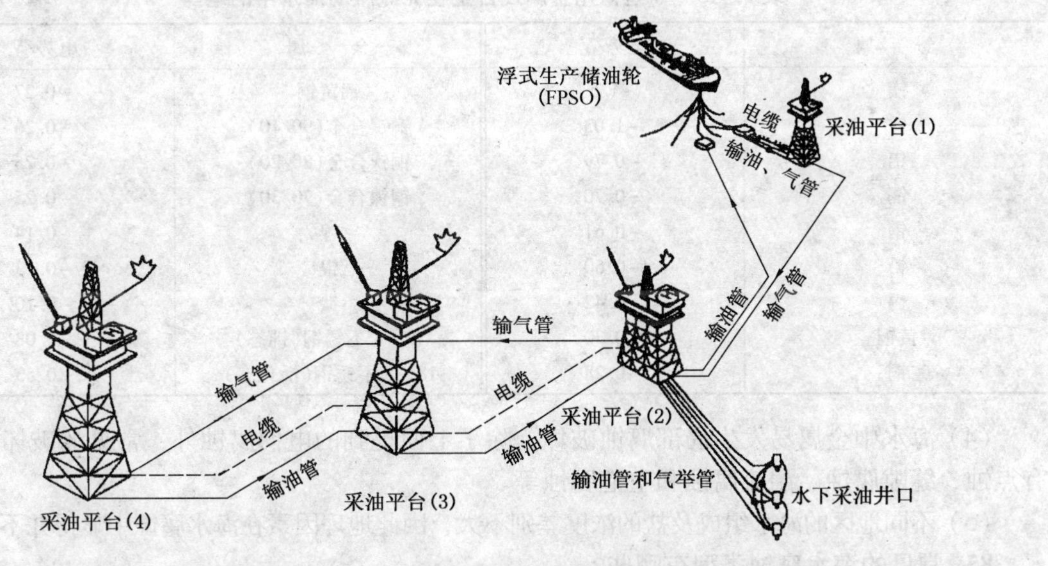

图1－45　我国南海某油田群的油气集输管道

我国海洋石油经过20多年的开发，据统计到目前为止，已建成的海底管道约2000km，其中渤海8个油气田建成的海底管道累计约为186km。南海13个油气田铺设的海底管道累计超过1000km，其中从海南岛近海某气田至香港的一条直径711mm的海底输气管道长达800km左右，是我国目前最长的一条海底管道。另外，东海某气田到上海附近铺设的一条输油、输气海底管道共751km，也于1999年投入使用。

83. 影响海水腐蚀性的因素有哪些?

海水是丰富的天然电解质，海水中几乎含有地球上所有化学元素的化合物，成分非常复杂。除了含有大量盐类外，海水中还含有溶解氧、海洋生物和腐败的有机物。影响海水腐蚀性的因素主要有：盐含量、溶解氧、温度、pH 值、流速、海洋生物等。

84. 海水腐蚀有何特点?

海水是典型的电解质溶液，有关电化学腐蚀的基本规律对于海水中金属的腐蚀都适用。海水腐蚀时的电化学过程具有自己的特征，可归纳为以下几个方面：

(1) 海水接近中性，并含有大量溶解氧，因此除了特别活泼的金属(如 Mg 及其合金)外，大多数金属与合金在海水中的腐蚀过程都是氧去极化过程，腐蚀速度由阴极极化控制。

(2) 海水中的 Cl^- 浓度高，对于钢、铁、锌、镉等金属来说，它们在海水中将更快发生电化学腐蚀，而不锈钢在海水中易发生点蚀从而遭到破坏。只有通过提高合金表面钝化膜的稳定性(例如添加合金元素铝)，才能减轻 Cl^- 对钝化膜的破坏作用，从而加强材料在海水中的耐蚀性。另外，以金属钛、锗、钽、铌等为基础的合金也能在海水中保持稳定的钝态。

(3) 海水是良好的导电介质，电阻比较小，因此在海水中不仅有微观腐蚀电池的作用，还有宏观腐蚀电池的作用。因此由于异种金属在海水中相接触会引起电偶腐蚀。大多数金属或合金在海水中的电极电势不是一个恒定的值，而是随着水中溶解氧含量、海水流速、温度以及金属的结构与表面状态等多种因素的变化而变化。表 1－13 为一些常用金属及合金在充气流动海水中的电势(相对饱和甘汞电极)。

表 1－13　一些常用金属及合金在充气流动海水中的电势

金　　属	电势/V	金　　属	电势/V
镁	－1.5	铝黄铜	－0.27
锌	－1.03	铜镍合金(90/10)	－0.26
铝	－0.79	铜镍合金(80/20)	－0.25
镉	－0.70	铜镍合金(70/30)	－0.25
钢	－0.61	镍	－0.14
铅	－0.50	银	－0.13
锡	－0.42	钛	－0.10
黄铜	－0.30	18－8 不锈钢(钝态)	－0.08
铜	－0.28	18－8 不锈钢(活化态)	－0.53

(4) 海水中金属易发生局部腐蚀破坏，除了上面提到的电偶腐蚀外，常见的破坏形式还有点蚀、缝隙腐蚀、湍流腐蚀和空泡腐蚀等。

(5) 不同地区的海水组成及盐的浓度差别不大，因此地理因素在海水腐蚀中显得并不重要。

85. 常见的海水腐蚀类型有哪些?

在海水环境中，最常见的腐蚀类型是电偶腐蚀、缝隙腐蚀、点蚀、冲击腐蚀和空泡腐蚀。

(1) 电偶腐蚀

在海水中，不同金属之间的接触，将导致电位较负的金属腐蚀加速，而电位较正的金属腐蚀速度将降低。海水的流动速度、金属的种类以及阴阳极电极面积的大小都是影响电偶腐蚀的因素。

(2) 缝隙腐蚀

缝隙腐蚀的驱动力来自氧浓差电池。缝隙外侧同含氧海水接触的表面起阴极作用，缝隙下的金属表面起阳极作用，形成大阴极小阳极的电化学腐蚀结构，因此缝隙下的金属的腐蚀速度很大。缝隙腐蚀通常在全浸条件下或者在飞溅区最严重，在海洋大气中也发现有缝隙腐蚀。

从图 1-46 所示的各种金属对缝隙腐蚀的相对敏感性可以看出，不锈钢和铝及其合金对缝隙腐蚀最敏感。

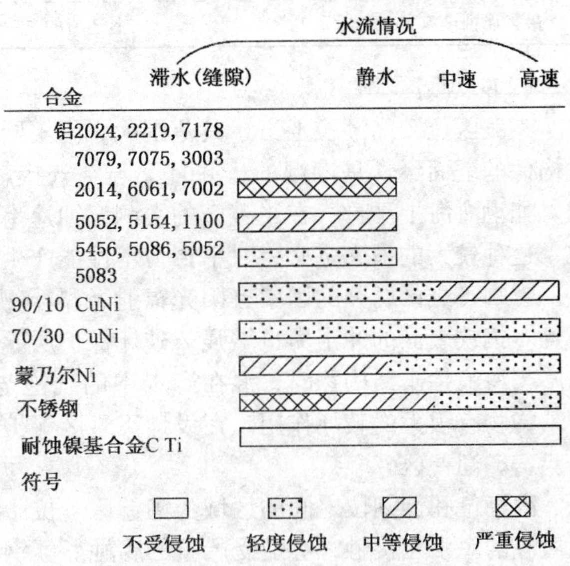

图 1-46 几种重要合金对缝隙腐蚀的相对敏感性

(3) 点蚀

暴露在海洋大气中金属的点蚀，可能是由分散的盐粒或大气污染物引起的，表面特性或冶金因素如夹杂物、保护膜的破裂、偏析和表面缺陷都可能引起点蚀。

(4) 冲击腐蚀

在涡流情况下，常有空气泡卷入海水中，夹带气泡的快速流动的海水冲击金属表面时，保护膜可能遭到破坏，从而产生局部腐蚀。

(5) 空泡腐蚀

在海水温度下，如周围的压力低于海水的蒸汽压，海水就会沸腾，产生蒸汽泡，这些蒸汽泡反复冲击金属的表面而发生破裂，从而使金属表面受到破坏。金属碎片掉落后，新的活化金属便暴露在腐蚀性的海水中，如此反复，造成金属局部严重腐蚀。空泡腐蚀常用增加海水压力的方法加以控制。

86. 海水腐蚀的机理是什么?

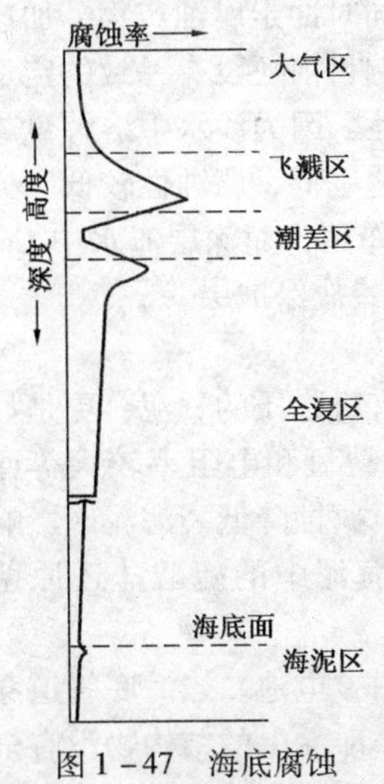

图 1-47 海底腐蚀性示意图

一般情况下，根据环境介质的差异以及钢铁在相应介质中的腐蚀作用不同，将海洋腐蚀环境划分为海洋大气区、飞溅区、潮差区、全浸区和海泥区 5 个区域，如图 1-47 所示。

(1) 海洋大气区

海洋大气湿度大，容易在物体表面形成水膜，而且其中含有一定数量的盐分，使钢铁表面凝结的水膜和溶解在其中的盐分组成导电性良好的液膜，提供了电化学腐蚀的条件。因此，海洋大气中的腐蚀速度(见表 1-14)，比内陆地区高 4~5 倍。

影响海洋大气中钢铁腐蚀的主要因素是大气中盐分的含量和大气的湿度、温度。日晒、雨淋以及微生物活动也是影响腐蚀的重要因素。阳光辐射促进钢表面的光能腐蚀反应，但有时阴面比阳面腐蚀更为严重，这是由于霉菌在阴面活性更强，它们会保持水分和盐分，从而增强腐蚀性。在不同海域，由于温度不同，大气含盐量不一样，腐蚀会有很大差异。例如，我国南海的海洋平台，其大气腐蚀比渤海要严重得多。

表1－14　钢构造物在海洋环境下的腐蚀度

钢腐蚀度＼腐蚀环境	海洋大气区	飞溅区	潮差区	全浸区	海泥区
腐蚀度平均值/(mm/a)	0.05～0.15	0.1～0.3	0.05～0.15	0.05～0.1	0.03～0.2
最大腐蚀度/(mm/a)		上述值的2～3倍	上述值的2～3倍	上述值的2～3倍	

(2) 飞溅区

飞溅区位于高潮位上方，其范围大小因不同海域的条件不同而有很大差别。飞溅区中钢铁构件的表面经常是潮湿的，并且又与空气接触，供氧充足，因此成为腐蚀最为严重的区域。如渤海海上平台，在飞溅区的实测腐蚀速率为0.45mm/a，并有很多深度2mm以上的蚀坑，这种较大的损失量必将对平台力学性能产生巨大影响。

影响飞溅区腐蚀的因素有阳光辐射、漂浮物等。恶劣的海况，不仅使飞溅区范围增大，而且对钢铁表面的冲击力也增强，破坏保护层。水中漂浮物随波浪拍击结构物，引起机械损伤。当海浪拍击结构物时，混在海水中的气泡与结构物表面撞击而破裂形成“空泡”现象，对结构物有很大的破坏作用。在设计飞溅区保护层时，应该引起注意。

(3) 潮差区

高潮位和低潮位之间的区域为潮差区。位于潮差区的海洋结构物构件由于经常和含有饱和氧气的海水相接触，会遭受严重的腐蚀。碳钢在潮差区的腐蚀速度受海洋生物附着以及温度等因素的影响。在高潮位附近，腐蚀类似于飞溅区，要特别注意防护。通常情况下立管结构潮差区受到的腐蚀比全浸区轻，这是因为在连续的钢表面上，潮差区的水膜富氧，全浸区相对地缺氧，形成氧浓差电池所致。

(4) 全浸区

长期浸没在海水中的钢铁，比在淡水中腐蚀要严重，其腐蚀速度为0.07～0.18mm/a。海水中的溶解氧、盐度、pH值、流速、海生物对全浸区的腐蚀都有影响，尤其以溶解氧和盐度的影响程度最大。较大的海洋流速，不断地给钢铁表面供氧，同时冲走腐蚀产物，加速钢铁的腐蚀。海水的温度对钢铁腐蚀的影响是相当复杂的，这些影响目前还没有一致的定量评价。一般来说，20m水深以内的海水较深层海水具有较强的腐蚀性，因为浅水中溶解氧趋于饱和，而且温度高、流速大。深层海水温度较低，含氧量少，流速也低，腐蚀性较低。另一方面，浅层海水中附着的生物和石灰质垢，对钢铁有一定的保护作用，而深层海水中$CaCO_3$未达到饱和，pH值又较低，在阴极保护状态下，也不易形成碳酸盐保护层。

(5) 海泥区

海底泥沙和滩涂泥沙是很复杂的沉积物，尤其是有污染和大量有机物质的软泥，更是如此。截至目前，对海泥区的腐蚀研究还很不充分。一般认为，由于缺氧和电阻率较大等原因，海泥区中钢铁的腐蚀速度要比海水中低一些，随着深度的增加，腐蚀降低。海泥区影响钢铁腐蚀的主要因素有微生物、电阻率、沉积物类型、温度等，海泥中的硫酸盐还原菌(SRB)也对腐蚀起着极其重要的作用。

如同潮差区和全浸区一样，在全浸区与海泥区之间也会形成氧浓差电池。当海底管道穿过海水和海泥时，泥线以下的钢铁由于缺氧而成为阳极会加速腐蚀。滩涂上的结构物没有全浸区，只有潮水上涨时，被海水浸泡的结构才会与海泥中的结构部分形成腐蚀大电池。

87. 海水含盐量与海水腐蚀性之间的关系是怎样的?

海水区别于其他腐蚀环境的一个显著特征是含盐量大。水中的含盐量直接影响到水的导电率和含氧量，因此必然对腐蚀产生影响。随着水中含盐量的增加，水的导电率增加，含氧量降低，所以在某一含盐量时将存在一个腐蚀速度的最大值，而海水的含盐量刚好接近腐蚀速度最大时所对应的含盐量。

88. 溶解氧含量在海水中是如何分布的?

海水中含有的溶解氧是海水腐蚀的重要因素，因为绝大多数金属在海水中的腐蚀受氧去极化作用控制。海水表面始终与大气接触，海水还不断受到波浪的搅拌作用并有剧烈的自然对流，所以，通常表层海水中含氧量比较高。可以认为，海水的表层氧已饱和，随着海水中盐浓度增大和温度的升高，海水中溶解氧的含量将下降。盐的浓度和温度越高，氧的溶解度越小。

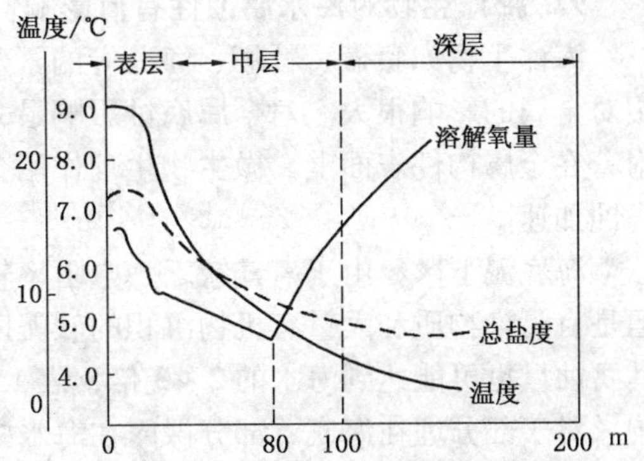

图 1－48　海水盐度、温度以及溶解氧随深度变化的关系曲线

图 1－48 表示了盐的浓度、温度以及溶解氧随海水深度的变化关系。自海平面至 80m 深，含氧量逐渐减少并达到最低值。这是因为海洋动物要消耗氧气，从海水上层下降的动物尸体发生分解时也需要消耗氧气。然而通过对流形式补充的氧不足以抵消消耗的氧，所以出现了缺氧层。从 80m 再降至 100m 深，溶解氧量又开始上升，并接近海水表层的氧浓度，这是深海海水温度较低、压力较高的缘故。

89. 温度对海水腐蚀性有什么影响?

海水温度随纬度、季节和深度的不同而发生变化。愈靠近赤道海水的温度愈高，金属腐蚀速度也愈大。而海水愈深、温度愈低，则腐蚀速度愈小。海水温度每升高 10℃，化学反应速度提高大约 14%，海水中的金属腐蚀速度将增大一倍。但是，温度升高后氧在海水中的溶解度下降，温度每升高 10℃，氧的溶解度约降低 20%，引起金属腐蚀速度的减小。此外，温度变化还给海水的生物活性和石灰质水垢沉积层带来影响。由于温度的季节性变化，铁、铜和它们的多种合金在炎热的季节里腐蚀速度较大。

90. 海水的 pH 值对其腐蚀性有什么影响?

海水的 pH 值在 7.2～8.6 之间，接近中性。海水深度增加，pH 值逐渐降低。海水的 pH 值远没有含氧量对腐蚀速度的影响大。海水中的 pH 值主要影响钙质水垢沉积，从而影响到海水的腐蚀性。尽管表层海水 pH 值比深处海水高，但由于表层海水含氧量比深处海水高，所以表层海水对钢的腐蚀性比深处海水大。

深海区海水压力增加，反应 $CaCO_3 \longrightarrow CaO + CO_2\uparrow$ 的平衡向生成 CO_2 的方向进行，因而 pH 值减小，不易生成保护性碳酸盐水垢，使金属腐蚀速度增大。

91. 海水流速对海水腐蚀性的影响是怎样的?

许多金属发生腐蚀时与海水流速有较大关系，尤其是铁、铜等常用金属存在一个临界流速，超过此流速时金属腐蚀明显较快，海水运动易溶入空气，并且促使溶解氧扩散到金属表面，所以流速增大后氧的去极化作用加强，使金属腐蚀速度加快。但钝态金属在高速海水中更能抗腐蚀。海水的流速与碳钢的腐蚀速度之间的关系见表1-15。

表1-15　碳钢腐蚀速率与海水流速的关系

海水流速/$m \cdot s^{-1}$	0	1.5	3.0	4.5	6.0	7.5
腐蚀速率/$mg \cdot (cm^2 \cdot d)^{-1}$	0.3	1.1	1.6	1.8	1.9	1.95

浸泡在海水中的钢桩，其各部位的腐蚀速度是不同的。水线附近，特别是在水面以上0.3~1.0m的地方由于受到海浪的冲击，供氧特别充分而且腐蚀产物不断被带走，因此该处的腐蚀速度要比全浸部位大3~4倍。

92. 海洋生物对海水腐蚀性有何影响?

海洋生物如藤壶、牡蛎、海藻等的繁殖和其附着于金属表面以及硫酸盐还原菌的生理作用对金属的影响很大。对金属腐蚀影响最大的是固着生物，它们以黏泥覆盖表面，并牢牢地附着在金属构件表面上。微生物生理作用会产生氨、二氧化碳、硫化氢等，这些产物都能使腐蚀加速。

海底泥下区，由于氧气缺乏、电阻率较大等原因，腐蚀速率一般是各种环境中最小的。但是有污染物质和大量有机物沉积的软泥区，由于微生物存在、硫酸盐还原菌繁殖等原因，其腐蚀量也可能达到海水的2~3倍，表1-16说明了海泥中硫酸盐还原菌对钢铁腐蚀的影响。对于部分埋在海底、部分裸露在海水中的金属结构，由于氧浓差电池作用，加快了埋在海底中那部分金属的腐蚀。

表1-16　硫酸盐还原菌对海泥中钢铁腐蚀速率的影响(35℃)

细　菌	碳　钢	铸　铁	不锈钢(1Cr18Ni9Ti)
无菌	1.7	2.0	微量
有菌	37.0	47.5	微量

注：腐蚀速率单位为$mg/(dm^2 \cdot d)$。

四、腐蚀的危害及其防治

93. 腐蚀的危害有哪些?

金属腐蚀现象遍及国民经济和国防建设各个领域，其危害十分严重。

(1) 腐蚀会造成重大的经济损失

腐蚀给国民经济带来巨大损失。据估计，全世界每年因腐蚀报废的钢铁产品约相当于年产量的30%。腐蚀除材料本身的价值外，还包括设备的造价；为控制腐蚀而采用的合金元素、防腐涂层、镀层、衬层等；为调节外部环境而加入的缓蚀剂、中和剂；进行电化学保护、监测试验费用等。

我国每年腐蚀造成的经济损失也十分可观。我国钢铁年产量5×10^8t，每年因腐蚀而损耗6×10^6t，腐蚀造成的直接经济损失每年高达2800亿元。除上述直接损失外，因腐蚀造成的停车、效率降低、成本增高、原料产品跑冒滴漏、环境的污染和人身事故等间接损失就更为惊人了。腐蚀造成的间接损失较难计算，一般是直接损失的几倍。

(2) 腐蚀易引发安全问题和环境问题

腐蚀极易造成设备的跑冒滴漏，污染环境而引起公害，甚至发生中毒、火灾、爆炸等恶性事故。例如1976年12月，美国West. Virginia与Ohio州之间的Ohio桥突然塌入河中，死亡46人，坍塌原因是钢梁因应力腐蚀开裂加上腐蚀疲劳产生裂缝所致；1965年3月4日，美国Lousiana州输气管线因应力腐蚀破裂而失火，造成17人死亡；1979年，吉林市液化气罐因应力腐蚀发生穿孔而引起火灾；1980年8月，北海油田采油平台发生腐蚀疲劳破坏，造成123人丧生的惨痛结果等。

（3）自然资源的巨大消耗

腐蚀造成资源和能源的大量消耗。腐蚀使金属变成无法回收的氧化物而浪费。例如，每年花费大量资源和能源生产的钢铁有30%左右被腐蚀，而腐蚀后完全变成铁锈不能再利用的约为10%。按此计算，我国每年腐蚀掉的不能回收利用的钢铁达1000多万吨，大致相当于宝山钢铁厂一年的产量。因而腐蚀会加速自然资源的损耗，是不可逆转的。全世界金属资源日趋枯竭，有人统计，即使按10倍现有储量再加上50%再生利用的乐观估计，可维持年代也不会太长。

94. 腐蚀产物对环境造成哪些危害？

金属材料在生产和使用过程中，原材料、矿石、原油等与介质发生化学、电化学等反应，不可避免地要向环境排放大量的各种污染物。这些污染物主要包括废气、废水和固体污染物，它们对环境产生很大的影响，造成大气、水以及土壤的污染。反之，被污染的环境中的有害气体、液体、固体颗粒又加速了新的材料、设备的腐蚀，如此循环往复。人们必须足够重视氧化、腐蚀－污染－氧化、腐蚀、污染这一危害，以最大限度地减小它们给人类带来的危害。

95. 腐蚀对钢铁工业造成的危害程度是怎样的？

钢铁工业是一个生产原材料的工业部门，产品处于恶劣环境时存在大量腐蚀问题，同时，在生产过程中冶金装备自身也存在着腐蚀问题。钢铁工业的腐蚀与防护研究工作，在国民经济中占有突出的地位。

现代钢铁工业是一个庞杂的、多专业的组合体，设备繁杂，工艺门类很多。钢铁工业的每个系统、每道工序、每个设备都有腐蚀问题，特别是长年处在各种腐蚀环境中的设备和产品，其腐蚀问题就更为严重。

钢铁材料的内在本质决定，它的抗蚀性能是有一定限度的，而且考虑到经济因素，有些装备不可能使用贵重的不锈钢。因此，大力开发廉价、耐蚀的钢材表面防护技术，发展复合产品，是当前国内外腐蚀防护的一个重要研究领域。

96. 腐蚀对石油化工行业造成什么样的危害？

石油化工行业由于经常与腐蚀性介质接触，且生产经常在高温、高压以及高流速工况下进行，因此，相对来说，它的腐蚀问题比其他部门严重得多。中国腐蚀与防护学会、中国石油学会和中国化工学会联合调查的数据表明：对于各行各业来说，腐蚀造成的损失平均约占国民生产总值的3%，对于石油与石化行业尤其严重，约占产值的6%。根据中国科学院对全国腐蚀调查提供的典型事例资料：中原油田1993～1999年腐蚀穿孔28012次，直接经济损失5.7亿元；四川天然气管线一次腐蚀爆裂着火经济损失7000万元；新疆某天然气井由于管线腐蚀开裂，井喷着火76天，直接经济损失7000多万元；胜利油田因腐蚀问题造成的金属管道提前报废更换率为2.5%，每年至少需要更换或大修400km左右的管线，才能确保安全生产，因腐蚀提前更换管线造成年少产原油1.6万吨，因原油减产和更换管线增加的生产成本近亿元；在注水方面，因腐蚀穿孔原因造成的经济损失也在亿元左右。随着原油开发进入中后期，越来越多的腐蚀问题已显现出来，因此，腐蚀已成为制约油田安全生产、降本增效的重要问题之一。

97. 油气管道腐蚀与防护基本思路是什么？

金属材料腐蚀的原因是表面形成工作着的腐蚀电池，即存在不同电位的电极及电极间的电子通道和离子通道。金属腐蚀防护技术主要是破坏其条件，使腐蚀电池无法工作。目前工程上主要有四类防腐蚀技术，他们分别是选材和材料表面改性、缓蚀剂技术、覆盖层技术和电化学保护技术。

98. 目前常见的管线防腐措施有哪几种？

为了防止腐蚀，人们创造了各种各样的防腐蚀办法，其中涂层防腐应用最为广泛。人们致力于防腐技术研究，所追求的目标不是消除腐蚀，而在于选择付出较小的代价，保护高出金属本身价值许多倍的设备、构筑屋或工程设施。大致可从以下五个方面来防止腐蚀的发生和降低腐蚀的程度：

(1) 采用耐腐蚀的管材，如不锈钢、有色金属及合金以及玻璃钢、塑料、橡胶等其他非金属管道；

(2) 采用防腐绝缘层使埋地钢管和土壤之间的过度电阻增大，减小腐蚀电流，达到减小腐蚀的目的；

(3) 采用电保护法，一般有外加电流阴极保护、牺牲阳极阴极保护、直流杂散电流排流保护、交流杂散电流排流保护等；

(4) 对管道实施表面处理，使之具有足够的强度和稳定性，并与防腐层具有一定的附着和黏结力；

(5) 在腐蚀介质中添加缓蚀剂、阻垢剂、杀菌剂等，减小腐蚀。

99. 常用的油气管道外防腐技术有哪些？

除了选用耐蚀性较好的材料降低油气管道的外腐蚀损失外，还可以采用防腐蚀涂层、阴极保护和排流保护来减轻油气管道的外腐蚀。

(1) 防腐蚀涂层

防腐层通过以下三个方面对金属起保护作用：

① 隔离作用　将金属与腐蚀性介质隔离；

② 缓蚀作用　借助涂料的内部组分(如铬锌黄等阻蚀性颜料)与金属反应，使金属表面钝化或生成保护性物质，提高防腐层的保护作用；

③ 电化学保护作用　在涂料中使用比铁活性高的金属作填料(如锌等)，起到牺牲阳极保护作用，减轻腐蚀。

(2) 阴极保护

要想在管道上得到完美无瑕的涂层几乎是不可能的。一般总会有一些缺陷或保护不到的点，这些点上的腐蚀还会导致涂层失效。因此，阴极保护与涂层联合使用是目前管道建设的通行做法。阴极保护费用通常是涂层费用的10%。

阴极保护通常有两种类型，即外加电流阴极保护和牺牲阳极阴极保护。

(3) 杂散电流排流保护

对于杂散电流，通常采用排流保护的办法对管道进行保护。所谓排流保护，就是将管道中流动的直流或交流杂散电流排出管道，以避免管道遭受腐蚀或避免管道上施工作业的人员遭受电击的方法。直流排流保护最常用的方法有直接排流、极性排流、强制排流和接地排流四种方法；交流排流保护常用方法有直接排流、隔直排流、负电位排流等方法。

100. 常用的油气管道内腐蚀的防护技术有哪些，各有何特点？

油气管道的内腐蚀防护技术主要有：选用耐蚀材料或非金属材料、加注缓蚀剂、使用内涂层或衬里。

（1）选用耐蚀金属材料或非金属材料

油气管道的防腐蚀首先应考虑从选材和材料开发方面解决问题。由于金属材料具有良好的机械强度和易加工性，在控制油气管道内腐蚀问题时首先考虑耐蚀金属。

（2）加注缓蚀剂

缓蚀剂可以在金属表面形成一层非金属膜，隔离溶液和金属，使金属材料免遭腐蚀。由于可在油气管道投入使用以后加注缓蚀剂，不必改变原有材料结构，所以在油田得到广泛应用。

（3）管材的内涂层和内衬里

内涂层和内衬里是解决集输系统和注水系统管材腐蚀问题的又一种有效的方法。通常使用的有塑料涂层、水泥衬里和塑料衬里、耐蚀合金衬里等。

101. 为什么可以通过选材和材料表面改性减少腐蚀？

选材和材料表面改性技术着眼于材料本身，通过合理选择材料、研制更耐腐蚀新材料或者改变材料工作表面性质来达到克服或减缓材料腐蚀问题。这项技术依靠材料科学家配合，某种程度上以材料科学家为主力进行开发。例如石油化工、炼油工业不断提出新的耐腐蚀要求，促使新的耐腐蚀材料发展。所谓“三束改性”技术是利用电子束、离子束、激光束等高能粒子对材料表面局部加工，获得耐腐蚀性更好的表面层。

102. 油气生产中通常使用哪些非金属管道？

在油气生产中，通常采用的耐腐蚀非金属管材有以下三种：

（1）挤压热塑性管　适用于含水系统，主要包括：聚氯乙烯（PVC）、氯化聚氯乙烯（CPVC）、聚乙烯、聚丙烯、丙烯腈－丁二烯－苯乙烯（ABS）。其中应用最广的是PVC。

（2）玻璃纤维增强热固塑料管（FRP）　通常使用的有两种：玻璃纤维增强环氧树脂和玻璃纤维增强聚酯。玻璃纤维增强环氧树脂，是强度最高的非金属管材，也是最贵的。它具有其他非金属管不具备的特色，即在断裂或是爆裂前发生渗漏。由于具有高强度和相对高的耐热性（300°F），玻璃纤维增强环氧树脂已经用在高压注水系统中。

（3）水泥石棉　水泥石棉由普通水泥、石棉纤维和石英组成，是三种非金属材料中最老的一种。这种材料的最大工作压力可达1035kPa（150psi），但相对易碎，必须小心使用。

上述三种非金属管材的连接可以用加热熔接、熔剂黏接和螺纹连接三种办法，加热熔接方法适用于聚乙烯、聚丙烯和ABS；溶剂黏接方法适用于PVC、CPVC、ABS、玻璃纤维增强环氧树脂和玻璃纤维增强聚酯；除玻璃纤维增强聚酯外，上述非金属材料管道均可采用螺纹连接；水泥石棉除可采用螺纹连接外也可用橡胶环密封。

103. 非金属管道在选用时应注意什么？

非金属管具有耐水腐蚀，质量轻，易于连接和安装，不需外部防护，流体模差损失小等优点。但它也有以下缺点，应根据使用条件选用合适的管材：

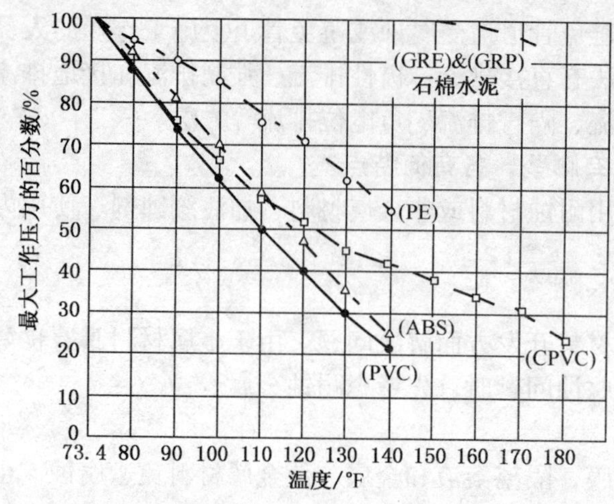

图 1－49　非金属管最大工作压力随温度的变化

（1）工作温度和工作压力极限低；

（2）工作温度和工作压力极限难以准确预测，且温度越高，许用工作压力越低，二者的关系如图 1－49 所示，另外，非金属管的物理性能还会随时间而改变；

（3）由于容易碰伤，在装载、卸载和安装时要仔细操作；

（4）塑料管要埋地，以免阳光辐射、机械损伤、冷冻和燃火的冲击；

（5）玻璃纤维增强环氧树脂管会发生渗漏；

（6）对振动和压力波动的抗力低；

（7）破坏后临时修补相对困难较大。

104. 缓蚀剂技术有什么优点？

由于缓蚀剂技术具有良好的减缓金属腐蚀的效果和突出的经济效应，因此已成为防腐蚀技术中应用最广泛的技术之一。使用缓蚀剂有以下明显的优点：

(1)基本上不改变腐蚀环境，就可以获得良好的缓蚀效果；

(2)基本不增加设备投资，见效快；

(3)对于腐蚀环境的变化，可以通过相应改变缓蚀剂的种类或浓度来保证防腐蚀效果；

(4)同一配方的缓蚀组分有时可以同时防止多种金属在不同腐蚀环境中的腐蚀破环。

105. 覆盖层技术对管道腐蚀防护有什么作用？

对于埋地管道来说，覆盖层使腐蚀电池的回路电阻增大，或保持金属表面钝化的状态，或使金属与外部介质隔离出来，从而减缓金属的腐蚀速度。管道覆盖层可分为外部覆盖层和内部覆盖层。外部覆盖层，也称防腐绝缘层(简称防腐层)，内部覆盖层主要是防腐涂料。

106. 油田生产中通常使用何种材料的内涂层和内衬里？

通常使用的有塑料涂层、水泥衬里和塑料衬里、耐蚀合金衬里等。

（1）塑料涂层

在涂层和衬里上使用的塑料有两类：热塑性塑料和热固性塑料。热塑性塑料在加热时变软，但它可以在冷却后重新获得它原来的物理性能，例如 PVC 和聚乙烯。热固性塑料加热时变得更硬和更脆，冷却时不能恢复原来状态，例如酚醛塑料和环氧树脂。

塑料涂层也按照厚度来进行分类。厚度在 5 ~ 9mils(127 ~ 178μm)涂层称为薄膜涂层，厚度超过 9mils(178μm)的涂层称之为厚膜涂层。尽管薄膜涂层也常常使用，但在注水系统中，优先推荐使用厚膜涂层，这是因为厚膜材料更易得到 100% 的无缺陷涂层。涂层通常由液体涂敷和烧结两种途径形成。

（2）水泥衬里

水泥衬里油管和管线管在注水系统中普遍使用，最广泛使用的衬里的成分是水泥和砂子。管子用离心浇注法将衬里做到平均厚度 6.35 ~ 9.5mm，具体厚度取决于管子的尺寸。所用普通水泥中三钙铝酸盐的含量应不大于 3%，以便它可以抵抗水中的硫酸盐离子的侵蚀。三钙铝酸盐和硫酸盐离子之间的反应会导致水泥膨胀和开裂。ASTMIII 型和 APIB 型水泥可以抵御硫酸盐侵蚀。

水泥衬里的优点是：价格低；新旧管材都可用；即使有一定量的裂纹也具有腐蚀保护作用，这是因为管壁的 pH 值通常足够高，从而可以防止一定侵蚀。

水泥衬里的缺点是：水泥衬里会增加管子质量和减小管子内径；不能通过水泥衬里管材进行酸化，因为酸会熔解水泥；难以进行焊接连接，但可用石棉垫片和水硬性水泥进行连接；过分的压力波动会导致衬里严重开裂甚至失效。

(3) 塑料衬里

塑料管可以插进管线管或油管以提供内腐蚀保护。目前有三种塑料衬里在油田广泛使用：

① 水泥灌浆衬里　塑料管插入油管或管线管特殊接头，并将普通水泥泵入两个管之间的环形空间。典型的塑料衬管为 PVC 和 FBE。PVC 的使用温度可达 71℃，超过 71℃可用 FBE，FBE 的最大使用温度可达 121℃。较长的塑料管插入实际运行的管线并可用普通水泥浇灌，较短长度的玻璃纤维管也已作为衬里使用。玻璃纤维除增加玻璃纤维-水泥浆-钢复合系统的强度外，还增加其爆破压力。

② 膨胀衬里　比聚乙烯具有更高韧性和延展性的高相对分子质量高密度聚乙烯塑料制造的衬管在管线中已得到广泛使用。这种衬管通常以 2500 ~ 5000ft 的长度插入管线，被衬里的管段用特种法兰连接。对衬里施压使塑料衬里膨胀直到衬里贴紧钢管的内壁。其最大操作温度可达 82℃。

③ 黏接衬里　对管线管和油管，也可以用热固黏结剂将 PVC 黏结到管体上的方法来施加衬里。黏接剂施加在油管内表面和 PVC 衬里的外表面，并使其晾干。然后将衬里插入管体，加热、加压。被热软化的塑料膨胀并黏结到油管的内壁。

④ 耐蚀合金衬里　石化生产中，为防止苛刻环境下集输管道的腐蚀，或满足某些特殊工况条件下单一金属难于满足的技术要求(如要求较高的强度和刚度，较高的传热率)，同时出于经济性考虑，可采用在碳钢和低合金钢上衬耐蚀合金衬里，如不锈钢、镍基合金、钛合金等，制造双金属复合管。目前国内不锈钢衬里技术应用较为成熟，钛衬里技术也在氯碱工业中得到应用。

107. 如何控制硫酸盐还原菌腐蚀？

在油田生产系统中，为了防止微生物对管道、设备的腐蚀以及产生污泥堵塞等问题，必须采取相应的措施。人们在控制 SRB 的腐蚀方面做了大量的工作，概括起来有以下几种：

(1) 改变介质条件　突然改变 SRB 所处的环境条件，使细菌无法适应变化较大的某种环境，就能杀死细菌或使其生长繁殖受到抑制。例如在注水系统中，周期性地注入 60℃的高温水和高矿化度水或适当调节 pH 值都可以抑制 SRB 的生长繁殖甚至导致其死亡。

(2) 投加化学杀菌剂　防止微生物生长，最容易实行且行之有效的方法是投加化学杀菌剂。对 SRB 有较好杀灭作用的几类杀菌剂有：醛类化合物、季铵盐化合物、氰基类化合物和杂环类化合物。

值得注意的是，在使用某种杀菌剂时，除了通常考虑的药效、毒性、价格、原料来源、安全性和储存稳定性等因素外，还应结合油田水质、SRB 生长环境以及油田所用缓蚀剂、阻垢剂、破乳剂等药剂的配伍性。此外，还应考虑现场使用时，药剂被介质中各种悬浮物、沉淀物等吸附的可能性。

(3) 实施阴极保护　对于钢材来说，在 SRB 存在的条件下，控制其电位比普通保护电位低 0.10V，就有较明显的保护效果。

(4) 涂层保护　选用合适的耐腐蚀的金属或非金属材料，涂覆钢铁表面使其与介质隔离，尽管这一方法不能控制介质中 SRB 的生长繁殖(除非在涂料中添加缓释型杀菌剂)，但只要涂层完整就能使钢铁设备免遭 SRB 腐蚀。

108. 什么是电化学保护?

金属在自然环境和工业生产过程中的腐蚀损坏，大部分是由于电解质溶液的作用而引起的电化学腐蚀。电化学保护就是利用外部电流使金属电位发生改变从而达到减缓或防止金属腐蚀的一种方法。电化学保护分为阴极保护和阳极保护两种。其中，阴极保护又分为外加电流阴极保护和牺牲阳极阴极保护两种，阳极保护作为防腐蚀措施在油气田应用极少。

109. 如何防止海水腐蚀?

防止海水腐蚀主要有以下几种措施：

(1) 合理选材　选用在海水中耐蚀性能好的金属。在海水中，钛及镍铬铝合金的耐蚀性最好，铸铁和碳钢较差，铜基合金如铝青铜、铜镍合金也较耐蚀。不锈钢虽耐均匀腐蚀，但易产生点蚀。

(2) 电化学保护　阴极保护是防止海水腐蚀常用的方法之一，但只是在全浸区才有效。可在海水中金属结构上安装牺牲阳极，也可采用外加电流的阴极保护法。

(3) 涂层保护　防止海水腐蚀最普通的方法是采用油漆层，或采用防止生物沾污的防污涂层。这种防污涂层是一种含有 Cu_2O、HgO、有机锡及有机铅等毒性物质的涂料。涂在金属表面后，在海水中能溶解扩散，以散发毒性来抵抗并杀死停留在金属表面上的海洋生物，这样可减少或防止海洋生物造成的缝隙腐蚀。

(4) 腐蚀区域的特殊保护　根据滩海的不同腐蚀环境，在每个区域可采用一种或多种防腐蚀方法来达到最佳的保护效果。

① 滩涂区　应采用阴极保护与涂层联合保护。

② 海洋大气区　多采用涂层保护，也可采用镀层保护或喷涂金属层保护。在结构设计时，应尽量采用无缝、光滑的管形构件。选材时，应选用耐大气腐蚀的材料。

③ 飞溅区　可采用增加结构壁厚或附加“防腐结构钢板”进行防腐，含有玻璃鳞片或玻璃纤维的有机防腐层可以用来对飞溅区进行保护，另外包覆耐蚀合金、包覆硫化氯丁橡胶、热涂层等也有不错效果。

④ 全浸区　应采用阴极保护与涂层联合保护或单独采用阴极保护。在结构设计上，形状应尽量简单，宜选用环形断面，避免 L 形、T 形断面，不要设螺栓或铆钉。焊接要采用连续焊，焊缝质量要特别重视。结构设计时，还应尽量避免产生电流屏蔽现象。

110. 什么是管线完整性管理，管线完整性管理包含哪几个组成部分?

管线完整性管理是维护管线完整性，将管线的风险降低到安全水平上的重要管理部分。

管道完整性管理是一个与时俱进的连续过程，管道的失效模式是一种时间依赖的模式。管道的腐蚀、老化、疲劳、自然灾害、机械损伤等能够引起管道失效的多种过程随着时间的流逝不断地侵害管道，就必须不断地随管道进行风险分析、检测、完整性评价、维护维修等完整性管理。

管线完整性管理包含管线检测、管段评价、选择性修复和管材选用。

管线检测是了解管线的必要手段，是管线完整性管理的基础，是进行直接安全评估的前提，是制定修复方案的依据，是完整性管理的重点，是硬件。

管段评价是软件，回答该管段在现实缺陷下运行的安全性问题，内容包括承压能力评价、剩余寿命预测、阴极保护有效性评价和防腐层等级评价。

选择性修复是在管线检测的基础上和管段评价的指导下，为降低管线风险、延长管线寿命、恢复管线完整性而采取的最终手段，选择性修复能使维修达到安全性与经济性的统一。

检测、评价、修复是完整性管理的有机组成部分，检测是三者中最重要、技术含量最高的部分，而基于腐蚀管理的管道完整性管理则是检测、评价、修复、管材选用的最高形式，可以给决策者提供提高经济效益的管理。

111. 管道完整性评价包含哪些主要内容？

管道完整性评价主要包含：

（1）对管道设备进行检测分析，评价检测结果；

（2）评价故障类型及严重程度，分析确定管道的承载能力，既管道允许的最大操作压力；

（3）根据缺陷的性质和严重程度，评价该管道能否继续使用及如何使用（例如能否降压使用，即降压后的剩余寿命有多长），并确定再次评价的周期。

112. 管道检测技术在管道完整性评价中的重要地位是什么？

管道检测技术是完整性评价的重要组成部分，也是获取管道有关信息的最佳手段。管道检测可以监测管道受到的危害或潜在危害，在管道未发生事故前进行有计划的维护管理，可以避免大量的不必要维修，节约资金。同时也是现役管道制定维修计划和方案，进行提压增输改造的依据。

113. 为什么说腐蚀是一把“双刃剑”？

腐蚀现象虽然会给人们的生产和生活带来诸多不便，能够造成重大的经济损失，但是腐蚀现象也可以用来为人类造福。随着人们对腐蚀现象认识的不断深化，腐蚀不再是总和人类作对的捣乱者，被人类有目的的应用于各个生产领域。

（1）推动钢铁行业的发展　人们通过对腐蚀现象的研究，研制出不同环境下所适宜的钢铁产品，从而推动了钢铁行业的发展。如我国四川油气含硫量高，这就要求钢铁生产企业研制钢铁的抗硫配方从而解决钢材的硫化氢应力开裂问题。

（2）促进电池工业的产生　人们利用活泼金属腐蚀获得携带方便的能源——电池。

（3）推动半导体工业的发展　在半导体工业中，人们利用腐蚀对材料表面进行间距只有0.1mm左右的精细蚀刻。

（4）促进防腐蚀涂料、防腐层等防腐蚀领域工业的发展　正是由于腐蚀的存在，人们不得不致力于防腐蚀涂料、防腐层等防腐蚀措施的研究，大大推动了防腐蚀领域工业的发展。

这就是腐蚀被认为是“双刃剑”的原因。

第二章　管道腐蚀检测

一、管道检测的一般知识

1. 油气管道腐蚀监检测的意义与作用有哪些？

油气管道腐蚀监检测的意义与作用，可以概括为以下几个方面：

(1) 为油气管道的日常管理、维护、维修与更换提供科学依据，使有限的投资解决更多的管道安全隐患问题，从而提高投资决策的针对性、科学性。

(2) 对油气管道的腐蚀隐患起到及时准确的预警作用，从而确保管道安全运行、避免环境污染和能源浪费。

(3) 摸清错综复杂的埋地管网的分布状况与具体走向，以指导巡线和辅助事故诊断、处理，同时为日常管理提供准确的基础数据资料。

(4) 认清管道腐蚀与防护失效的规律，为新项目进行技术筛选和原有管网更新改造提供方案。

(5) 了解和监测油气管道运行中的实际腐蚀状况。通过实施适当的防护措施或调整运行条件，控制腐蚀过程，把腐蚀限制在允许范围内，以保证油气管道的运行安全。

(6) 提供油气管道的腐蚀状况和其运行参数与防护措施之间的关系的信息数据，以改进腐蚀控制技术，使油气管道始终处于安全高效的运行状态。

2. 埋地管道检测技术分为哪几大类？

管道检测技术主要分为四大类，分别是：埋地管道探测技术、埋地管道外防腐层检测技术、埋地管道管体腐蚀检测技术、埋地管道泄漏检测技术。

(1) 埋地管道探测

确定埋地管道属性、空间位置的全过程，统称为埋地管道探测。埋地管道探测工作的实质是利用各种地下管线本身所具有的、与周围介质不同的物理特性以及与周围环境特征的关系来查找埋地管线的空间状态，包括管道平面位置、走向、埋深等。

(2) 埋地管道外防腐层检测

埋地管道的防腐层可能因多种原因产生缺陷失去防腐效果导致管道腐蚀，有计划地开展管道防腐层检测和修复工作十分重要。根据检测结果对管道防腐层进行评价，可为管道防腐层的使用、修复和更换提供科学依据。

(3) 埋地管道管体腐蚀检测

目前对集输管道腐蚀检测主要从两方面进行：内检测和外检测。内检测是应用各种检测技术真实的检测和记录管道内外腐蚀状况。外检测是指近几年刚刚出现的以管道不开挖、不停输为前提的，通过对管道加载电磁变化信号，分析管道腐蚀状况特征的方法。

(4) 埋地管道泄漏检测

埋地管道泄漏事故发生时，需要及时、准确地找到泄漏点，以便及早发现泄漏位置，使生产管理人员能立即采取停输维修措施，减少泄漏损失。因此，泄漏检测也就成为输油管道日常生产管理的重要工作内容。

3. 地下管道检测一般应包括哪些内容？

地下管线检测通常包括：

（1）管道位置、走向、深度探查；

（2）管道特征点探查、标志，包括拐点、变深点、变坡点、阀门、分支、凝水缸、检查井、调压站、泵房等建构筑物标注；

（3）管体状况调查，包括防腐层状况、阴极保护状况、管体腐蚀状况及腐蚀环境调查；

（4）输送介质泄漏调查，包括输油、输水、输气等输送介质泄漏点，具体位置确定及泄漏量确定；

（5）管道综合安全运行寿命评估。

4. 管道全面检验的内容是什么？

管道的全面检验，是指停车大检修时的检验，它包括在线检验内容和以下内容：

（1）检查管道表面裂纹、褶迭、重皮、局部腐蚀、碰伤变形、局部过热等情况。

（2）查焊接接头裂纹、凹陷、错边、咬边等情况。

（3）检查弯头、弯管的异常变形情况。

（4）根据介质的物理状况及流向，对易受介质冲刷、可能积液、曲率变化及腐蚀部位进行测厚检查。每段管道至少应取三点测量壁厚。发现问题应扩大测厚范围，找出异常区域。当壁厚＜10%时，对压力管道，还应做强度校核。

（5）对宏观检查发现裂纹、保温层破损可能渗入水以及有可能产生疲劳的压力管道，其焊缝、管道表面、管接头及连接螺栓应做表面检测；对重要的压力管道焊缝还应做≥10%的射线或超声波检测。

（6）压力管道的全面检验周期不超过六年。

5. 管道外检测评价的目的是什么？

管道外检测评价的目的是：

（1）检测外保护的运行状况，评价其有效性；

（2）建立外检测数据库，实现周期性外检测的数据对比，评估外防腐保护效果的发展过程与趋势；

（3）制定并实施完整性管理（监控整改）方案，确保外防腐完整性。

6. 管道外检测评价包括哪些内容？

管道外检测评价包括：

（1）全面掌握外防腐层的现状（确认已经发生、正在发生或即将发生腐蚀的缺陷位置及缺陷大小），评价其完整性状况；

（2）全面掌握阴极保护系统的运行情况，对其保护水平（管道是否获得全面、合适的阴极保护，是否存在欠保护及过保护情况）给予评价；

（3）掌握杂散电流分布情况，评价其对外腐蚀的影响；

（4）掌握管体缺陷分布及腐蚀剩余壁厚情况，评价其承压能力，预测其剩余寿命；

（5）评价其管道的完整性，提出科学、合理的整改方案。

7. 局部开挖检测应完成的工作有哪些？

对于局部开挖检测需要记录和完成如下工作：

(1)观察腐蚀破坏的形态，鉴定腐蚀类型，观察腐蚀沿管道内表面圆周向和轴向的分布情况；

(2)确定沉积物及沉积物下的腐蚀，取沉积物分析其成分，初步鉴定腐蚀产物；

(3)清楚腐蚀产物后，观察腐蚀状况，确定腐蚀类型；

(4)测量单位面积内的腐蚀坑数和坑深，测量壁厚及腐蚀面积，计算年腐蚀速率；

(5)绘制腐蚀分布图，并整理各类调查数据。

8. 管道非开挖在线检测技术有哪些优点？

埋地管道在石油、天然气等液体和气体介质的输送中得到广泛使用，由于其所处环境和工况相对恶劣，因而具有泄漏污染甚至爆炸的潜在危险性。不开挖检测技术在确保埋地管道使用过程的安全运行中扮演重要的角色。

与管道内检测技术和传统的开挖抽检技术相比，管道非开挖在线检测技术具有不可替代的作用。非开挖检测技术能够在实现不开挖、不影响正常工作的情况下对管道腐蚀状况进行检测，具有不破坏管道、效率高、费用低廉、可实现管道腐蚀全貌的全程检测等优点，在管道检测工作中得到越来越广泛的应用。

9. 对被检管道进行检测评价的标准是什么？

对管道进行检测评价应依据 Q/SH 0314—2009《埋地钢制管道腐蚀与控制检测技术规程》要求进行。

Q/SH 0314—2009 规定了油气田埋地钢质管道在运行状况下腐蚀与防护地面检测、腐蚀与防护效果检验、综合评价的原则、内容和方法，包括管道检测评价的一般规定(检测周期、检测项目、检测方法、设备仪器等)、检测步骤(资料收集、方案制定、实施检测、开挖验证、报告编写等)、检测与评价(防腐层破损点检测、杂散电流检测、阳极倾向点检测、阴极保护系统运行状况监测、管壁腐蚀剩余平均厚度地面检测等)、腐蚀与防护状况评价(输送介质腐蚀性综合评价、运行环境腐蚀性综合评价、管道外防腐层防护状况综合评价、管道腐蚀与防护状况整体评价等)，适用于油气田埋地管道腐蚀与防护状况地面检测。

10. 对被检管道进行检测评价的具体内容是什么？

对被检管道具体检测项目、仪器设备、测点布置及检测评价方法见表 2－1。

表 2－1 检测与评价方案

检测项目	仪器设备		检测评价方法
	名称	型号	
管线定位	管线探测仪	RD－4000	峰值法、零值法、信号电流方向法
	手持卫星定位导航仪	GPS72	
防腐层破损点	管道电流测绘系统	RD－PCM	电位梯度法
防腐层性能评价	管道电流测绘系统	RD－PCM	三频视综合参数异常法
阳极倾向点	管道电流测绘系统	RD－PCM	阳极倾向识别法
管壁厚度	管道腐蚀智能检测仪	GBH－I	管壁厚度 TEM 评价法

11. 在线全面检测工作流程包括哪些步骤？

在线全面检测工作流程包括以下几个步骤(见图 2－1)：

(1)现场勘察与数据搜集；

(2)管道走向及埋深探测；

(3)检测评价管道防腐层性能；

(4)管道防腐层破损点检测；

(5)管道沿线阳极倾向点检测分析；

(6)不开挖 TEM 技术管道剩余平均壁厚检测；

(7)管道风险点处剩余壁厚超声波开挖检测。

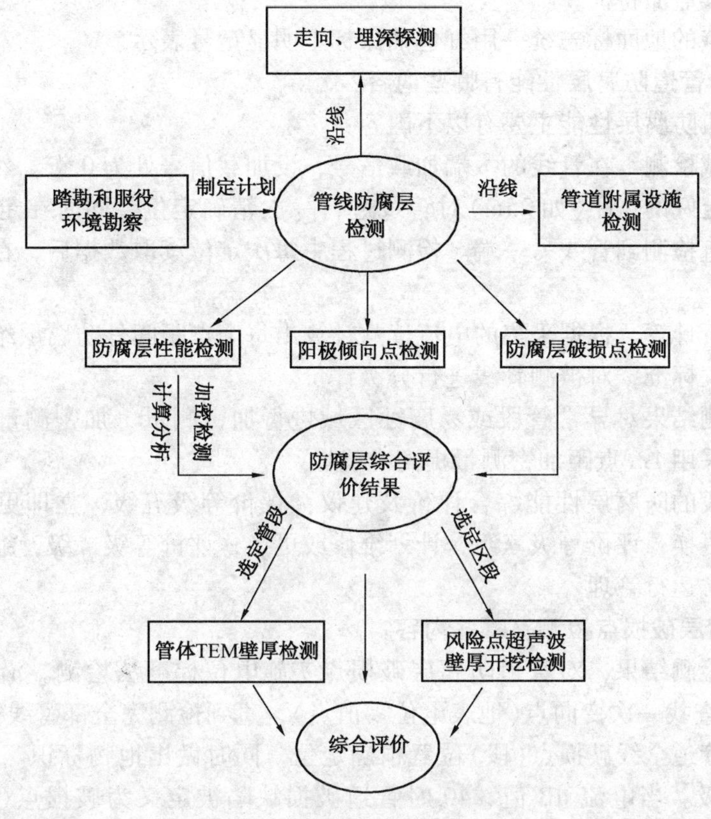

图 2－1　管线检测工作流程图

12. 获取管道相关资料，主要包括哪些内容？

管线基础信息搜集，搜集所有被测管道参数，如材质、管径、壁厚、长度、埋深、内外防腐层类型、建设起始日期、投产日期等。

管道生产运行数据搜集，如日输液量、工作压力、介质温度、介质流速、介质成分(含水率、溶解氧含量、二氧化碳含量、含硫量、氯离子含量、硫化氢含量、硫酸盐还原菌、矿化度、含沙量、pH 值)、历史上的穿孔时间、穿孔部位、大修时间、改造及维修情况、更换情况等。

13. 特征点编号的原则是什么？

由于管网中管道数量众多，为区分不同被测管线，管线探测前必须对布测的特征点分别编上惟一的名称，例如：以数字作为区分管道所属厂、矿的代号；以管道首字母加以识别、区分不同种类管线；以起点或终点的特征构建筑物作为管线的名称，区分不同位置管线；对于管线密集、特征点集中且暴露在地表的，拍摄照片并作好标记。

14. 探测地下管道时应遵循什么原则？

探测地下管道时遵循以下原则：

（1）从已知到未知；

（2）从简单到复杂；

（3）优先采用轻便、有效、快速、成本低的方法；

（4）复杂条件下应采用多种激发方式或方法；

（5）当管线弯曲时，至少在圆弧起讫点和中点上增设测点，当圆弧较大时，适当增加管线测点，以保证其弯曲特征；

（6）管线测点的地面标志统一用红色油漆标上明显记号表示。

15. 检测评价管道防腐层性能有哪些内容？

检测评价管道防腐层性能主要有以下内容：

（1）电流衰减检测　在管线的一端加载信号，设加载信号处为0点。然后从0点向管线另一端，每隔确定好的点距（如25m）对管线进行一次精确定位，同时在定位处读取并记录一组电流值，一直检测到管线另一端。检测过程中每次定位读取数据后，在读数位置作上标记，以备查找。

（2）数据分析计算　根据采集的电流读数计算出每个点距间外防腐层绝缘电阻与视电容率大小，依据相关标准，对被测管线进行分级评价。

（3）根据检测结果对异常管段或易腐蚀区域进行加密测量　加密测量点距通常为5m，特殊情况下可以采用1m点距加密测量提高准确性。

（4）检测管段的防腐层性能综合评价及建议　评价等级五级，立即更换；评价等级四级，尽快维修或更换；评价等级三级，计划维修或更换；评价等级二级，缩短检测周期；评价等级一级，正常运行管理。

16. 管道防腐层破损点检测有哪些内容？

根据防腐层检测结果，对管道防腐层破损点实施电位梯度法检测。沿着管线的实际位置，每隔2～3m查找一次变向点（地表电位零值点），直到检测完全部管线。

对检测出的管道全线破损点（段）位置精确定位，同时做出地物标识。对每个点（段）的破损级别量化分级。当电流dB值＞40时管道破损缺陷被定义为破损点（段）；当电流dB值＞70时管道破损缺陷成为管道风险点，所有风险点均打桩标记，以待日后测绘坐标。

17. 管道沿线阳极倾向点检测分析有哪些内容？

阳极倾向点（段）与管体视电阻异常分布特征关系密切，利用RD－PCM管道电流测绘系统采集三频电流数据，并通过三频视综合参数异常评价法，根据防腐层破损点检测结果，判断检测出的破损点是否为阳极倾向点。

18. 不开挖TEM技术管道剩余平均壁厚检测有哪些内容？

不开挖TEM技术管道剩余平均壁厚检测主要有以下内容：

（1）TEM数据采集　按一定距离分布测点，完成TEM检测的数据采集工作。TEM检测段由PCM检测结果制定，测点分布距离通常与PCM测距保持一致。

（2）分析并制定加密计划　根据数据分析确定加密测量段并实施加密测量。加密测量一般应选在腐蚀严重、外防腐层破损和危险等级较高，或相对容易发生事故的管段上进行。

（3）管线剩余壁厚评价　根据检测数据计算管道腐蚀速率，查找管道腐蚀减薄段。

（4）综合分析　根据综合参数异常评价法及瞬变电磁法（TEM）对管道全线进行系统、全面地评价，分析并找出腐蚀严重段或管道隐患处，为风险点开挖检测确定具体管段。

19. 管道风险点处剩余壁厚超声波开挖检测包含什么内容?

沿管道环周 360°的 8 等分方向布置测点(即 0°、45°、90°、135°、180°、225°、270°、315°),每个测点重复测量 10 次取平均值作为单个测点的测量值。依据 SY/T 0087—1995《钢质管道及储罐腐蚀与防护调查方法标准》对管道风险点处的腐蚀程度进行评价。

20. 管道检测成果都包含哪些内容?

管道检测成果包含:

(1)管线定位检测结果:通过的检测与分析,探明管线长度、管线埋深、管线拐点等。

(2)防腐层破损点检测结果:进行防腐层破损点检测,检出防腐层破损点并对其进行分级,给出维修建议。

(3)防腐层性能评价结果:利用视综合参数异常法,根据防腐层绝缘电阻和视电容率对防腐层性能进行评价。

(4)阳极倾向点检测评价结果:利用阳极倾向点识别法对管道阳极倾向点进行检测与识别。

(5)管壁厚度检测评价结果:利用管壁厚度评价法对管道管体腐蚀剩余平均壁厚进行检测。

二、埋地管道探测技术

21. 管道探测是如何定义的?

应用地球物理勘探的方法确定埋地管线属性、空间位置的全过程,统称为埋地管道探测。

其原理是埋地管道的存在会改变天然的或人为产生的地球物理场的分布,即产生异常。其实质就是利用各种地下管线本身所具有的、与周围介质不同的物理特性以及与周围环境特征的关系,研究这些异常的形态、分布、形状来查找埋地管线的空间状态,即对埋地管线平面位置、走向和纵向埋深进行精确定位和测量。

22. 管线与非金属管线探查方法有什么区别?

地下管线从材质上可大致分为金属管线和非金属管线两种。在交通繁忙城市道路上采用开挖的方式进行隐蔽管线探查作业越来越困难,物探技术在管线探查工作中得到了越来越广泛的应用。从目前的物探技术来看,探查金属管道和电缆效果好,设备操作灵活方便,工作效率高。常用的设备有管线探测仪、金属探测仪;常用的信号施加方法有直接法、夹钳法和电磁感应法。

在城市里探查非金属管道还是一个技术难题,手段不多,工作效率不高。一般采用电磁波法和地震波法,现在常用设备是地质雷达。地质雷达也能探查电信号传导弱的金属管线和并行与交叉的金属管线,其探查能力弥补了管线探测仪的探查缺陷,但此设备价格贵,运输、使用费较高。

23. 管线探测必须具备哪些条件?

地下管线探测必须具备以下条件:

(1)被探测的地下管线与其周围介质之间有明显的物性差异;

(2)被探测的地下管线所产生的异常有足够的强度;

(3)能从干扰背景中清楚地分辨出被查管线所产生的异常;

(4)探测精度能达到规定的要求。

24. 地下管线探查应遵循哪些原则?

地下管线探查应遵循的原则如下:

(1) 根据现场目标管线的物理特性，选择合适的探测方法和仪器;

(2) 根据现场情况优先采用轻便、有效、低速、低成本的方法;

(3) 遵循从已知到未知，从简单到复杂的探测原则;

(4) 在现场条件复杂或干扰较大时，宜采用多种激发方式或多种探测方法综合定位，提高探测精度。

25. 管道探测方法有哪些?

目前埋地管道探测方法主要有扦探法、电磁法、探地雷达、示踪法、声波法、地震波法、高密度磁法、高密度电阻率法等。但由于受到种种条件的限制，在实际管线探测工作中，通常采用的是扦探法、电磁法和探地雷达。

(1) 扦探法

扦探法是使用探针插入地下，依靠操作人员的感觉触碰寻找管线的方法。该方法检测成本低，但探测深度易受探针长度限制，难以探测硬质路面下的管线。因此该方法适用于探测非硬质路面下且埋深浅的金属与非金属管线，通常使用探针作为检测工具。

(2) 电磁法

电磁法是给管道加一定大小的电流，探测该电流产生的磁场寻找管道走向。

该方法检测成本较低，操作简单，探测效率、探测精度高，但是易受电磁干扰，只能探测金属管线，因此该方法适用于探测电磁干扰小环境下的金属管线。

代表仪器有英国雷迪公司生产的 RD－4000 管道探测仪(见图 2－2)。该仪器利用电磁原理对管道走向进行定位探测，具有使用方便、抗干扰能力强、探测效果良好的特点。

(3) 探地雷达(GPR)

使用雷达手段，对埋地管道进行探测的方法叫做探地雷达。

探地雷达既可以探测金属管线，也可以探测非金属管线，但是探测能力受土壤类型和电导率影响大，对探测人员的经验要求高。因此该方法适用于探测干燥、低电导率土壤、埋深较浅的金属与非金属管线。

代表仪器有瑞典 MALA 公司生产的易捷管线探测仪(Easy Locator)(见图 2－3)，采用偶极天线反射法，使用频率 350MHz，与其他地球物理方法相比数据采集速度更快，具有高精度的水平定位与垂向定位，以及高分辨率的地下目标物图像。

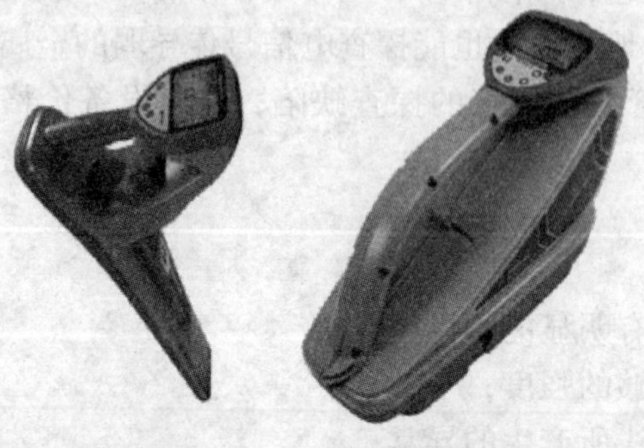

图 2－2　RD－4000 管道探测仪图片

图 2－3　Easy Locator 探地雷达

26. 各种探测方法的优缺点及适用情况是怎样的?

各种探测方法的优缺点及适用情况如表 2-2 所示。

表 2-2 常用探测方法的优缺点及适用情况

探测方法	代表仪器	优点	缺点	适用情况
扦探法	探针	成本低	探测深度受探针长度限制，难以探测硬质路面下的管线	非硬质路面下，且埋深浅的金属与非金属管线
电磁法	RD-4000 管道探测仪	成本较低，操作简单，探测效率高，探测精度高	易受电磁干扰，影响探测精度与准确性；只能探测金属管线	适用于电磁干扰小的环境；只能探测金属管线
探底雷达	Easy Locator	既可以探测金属管线，也可以探测非金属管线	探测能力受土壤类型和电导率影响大；对探测人员的经验要求高	适用于干燥、电导率低的土壤中埋深较浅的金属与非金属管线

27. 金属管线探测的原理是什么?

金属管线探测通常采用电磁法原理。由发射机向管道发射某一频率的交流电信号，电信号延管道传播时会在管道周围产生磁场，检测人员在管道上方用接收机调整到与发射机相同的频率后，可以接收管道周围产生的磁场。然后根据峰值法(信号最强时为管道正上方，见图 2-4)或零值法(信号最低时为管道正上方，见图 2-5)完成对管道的定位。

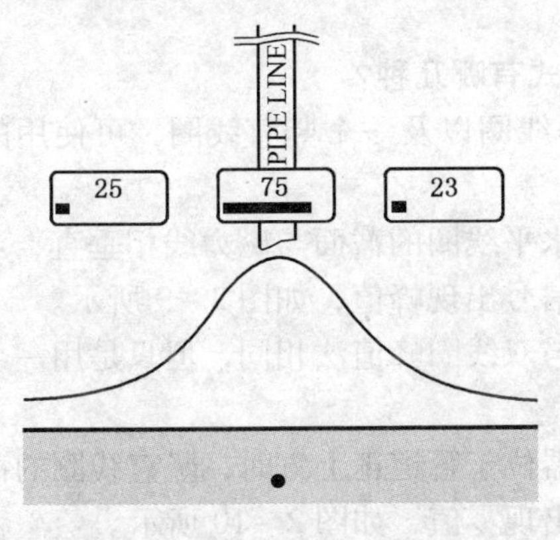

图 2-4 峰值法定位示意图

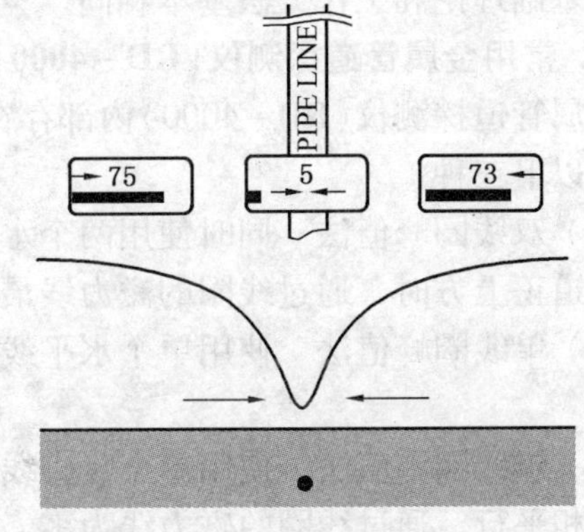

图 2-5 零值法定位示意图

28. 金属管线常用探测方法有哪些?

金属管线的探测主要有三种方法：

(1)感应法(见图 2-6) 将发射机放置在目标管线上方或直接放置在目标管线的露头上，用接收机进行追踪，接收目标管线感应产生的二次信号，以确定目标管线位置。该方法适合在地下管线较为简单的地段采用，可以快速进行目标管线的探测。

图 2-6 感应法示意图

(2)夹钳法(见图 2-7) 该方法是将发射信号夹钳直

接套在目标管线上，然后用接收机追寻探测。在地下管线多条平行铺设时，采用此方法可以降低临近管线产生的感应信号，有利于目标管线探查。

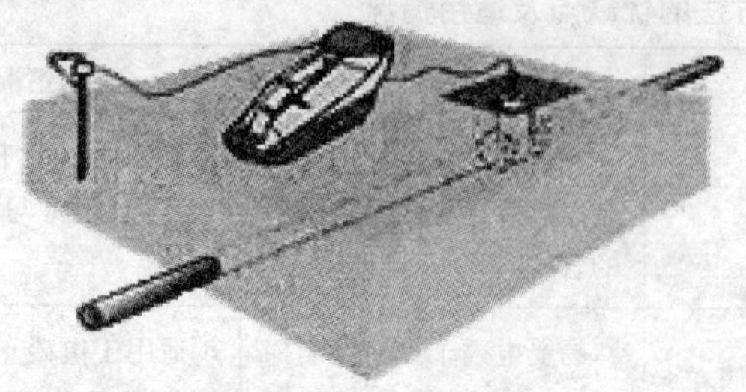

图2－7　夹钳法示意图

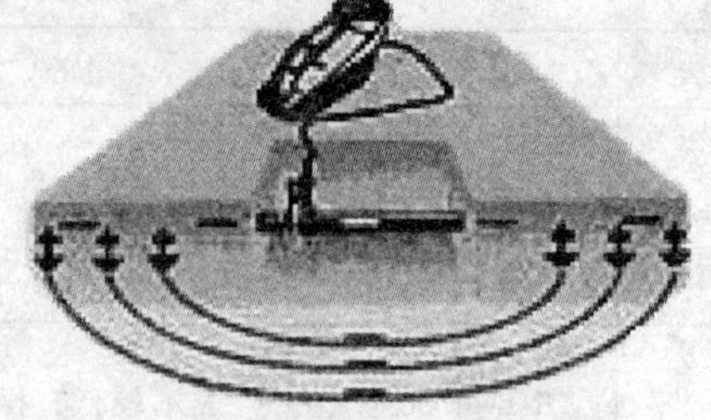

图2－8　直接接触法示意图

(3)直接接触法(见图2－8)　将发射机输出端与目标管线相连接，另一端与接地电极连接，或者用长导线将发射机输出线两端与目标管线两个相距较远的露头连接，以查询中间地段的铺设路径。该方法多用于干扰强或管线极为复杂的地段，可以有效地降低各种外来干扰源的影响。

29. 电磁法探查地下金属管线的主要特性依据是什么?

电磁法是探查地下管线的主要方法，是以地下管线与周围介质的导电性及导磁性差异为主要物性基础，根据电磁感应原理观测和研究电磁场空间与时间分布规律，从而达到寻找地下金属管线的目的。

电磁法可分为频率域电磁法和时间域电磁法，前者是利用多种频率的谐变电磁场，后者是利用不同形式的周期性脉冲电磁场，由于这两种方法产生异常的原理均遵循电磁感应定律，故基础理论和工作方法基本相同。

30. 常用金属管道探测仪(RD－4000)的探测模式有哪几种?

金属管道探测仪(RD－4000)内部存在两个水平线圈以及一个竖直线圈，可使用的探测模式有以下三种：

(1) 双线圈峰值法　同时使用两个水平线圈。水平线圈的截面与磁力线相垂直，当仪器位于管道正上方时，通过线圈的磁力线最多，此时信号出现峰值，如图2－9所示。

(2) 单线圈峰值法　使用单个水平线圈。原理与双线圈峰值法相同，但只是用一个水平线圈。

(3) 单线圈零值法　使用单个竖直线圈。当仪器位于管道正上方时，竖直线圈的截面与磁力线相平行，通过线圈的磁力线为零，此时信号出现零值，如图2－10所示。

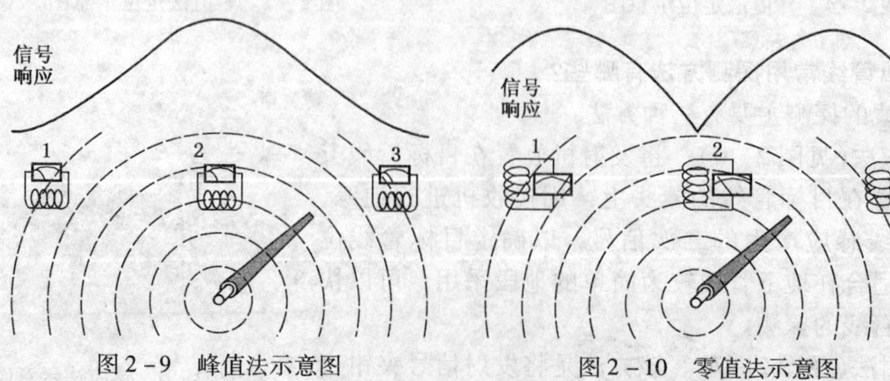

图2－9　峰值法示意图　　　图2－10　零值法示意图

31. 理论上哪种探测方式更准确，实际工作中呢?

理论上零值法的准确性更高，当仪器读数为零时，就是管道的正上方。但是，在实际工作中，受到交叉、并行管道、杂散电流等的影响，当仪器位于管道正上方时读数不会为零。而当选用峰值法在检测现场摆动仪器，会在所测管道上方出现峰值，由此可以确定管道的位置。因此，在实际中峰值法的准确度更高。

32. 在什么情况下要使用单线圈峰值法探测管道，为什么?

金属管道探测仪(RD－4000)内部的两个平行线圈，当置于通电的埋地管道上方时，会产生两条曲线，在两条曲线交叉的位置，仪器将自动对其进行处理，产生一个叠加的波峰，检测人员可以根据这一波峰判定管道的位置。

当管道埋深较浅的时候，探测仪对埋地管道的探测较为准确，两个线圈得到的信号也较为一致，因此可以判定管道的位置，如图2－11(a)所示。但是，当管道的埋深较大时，仪器接收到的信号较弱，两个线圈所产生信号偏差较大，且干扰较多。此时，两条波形曲线不一定在管道的上方相交，因而会产生较大的误差，如图2－11(b)所示。因此，在管道埋深较大时应采用单线圈峰值法。

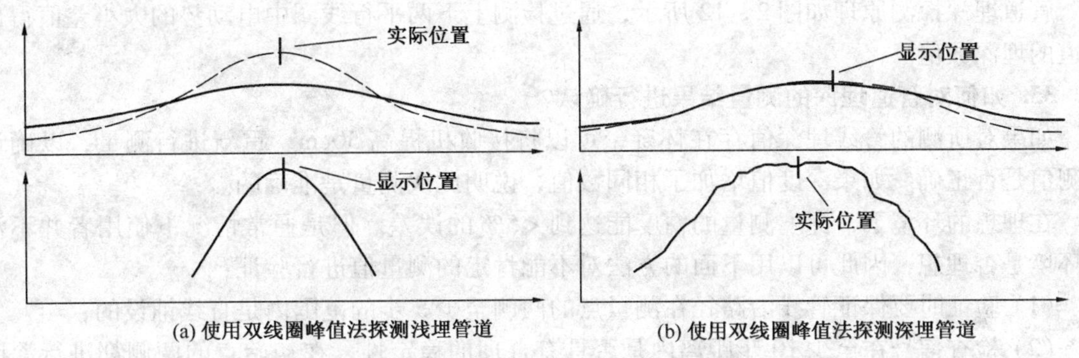

图2－11　双线圈波峰叠加示意图

33. 上下重叠管道的探查方法有哪些?

在地下管线探测中，经常发现有些管道上下重叠。上下重叠管道有多种情况，按其材质及电性特征可分为：金属管道重叠、金属与非金属管道重叠、非金属管道重叠。重叠管道的探测是管道探查中的难点之一，单一方法探查很难达到目的，必须采用综合物探方法进行探测。

(1) 电磁法

① 金属管道重叠　金属管道重叠在用电磁法探测时，由于重叠管道间的相互干扰，观测异常为上下管道异常的叠加，用电磁法能对其进行精确定位，而在定深上误差较大，但重叠管道不能总是重叠在一起，可在其分叉处分别定深，来推知重叠处管道的深度。

② 金属与非金属管道重叠　由于金属管道与非金属管道的电性差异，可用电磁法对金属管道进行定位、定深。多数非金属管道虽带有钢筋网，但在电性上与金属管道相比，导电性仍很差，故对非金属管道的探测电磁法很难奏效。当非金属管道带有钢筋网时，亦可采用加大发射机功率，通过探查管径的办法来解决。

③ 非金属重叠管道　电磁法无能为力，可采用地质雷达探查。

(2) 地质雷达

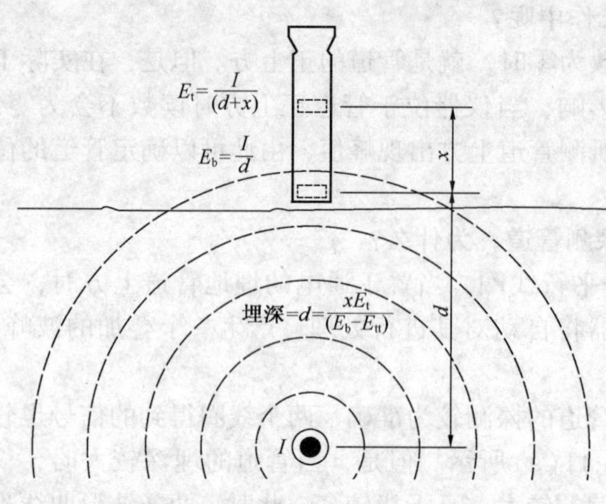

图 2－12　管道埋深探测原理示意图

管道与周围介质存在波阻抗差异，这为地质雷达探查管道提供了依据。重叠管道的探测难点在于管道重叠处的深度探测，无论是金属管道或非金属管道重叠，只要它们之间有适当距离，用地质雷达可以较好地解决这一问题。

电磁法、地质雷达法两种方法各有所长，综合应用，解决重叠管道问题可取得较好的效果。

34. 如何测量管道的埋深？

使金属管道探测仪的接收机位于管道的正上方，且机身与管线垂直，调整灵敏度使读数在刻度范围内。持续按深度按钮几秒种后，接收机指示盘上就会显示管线的深度值。

管道埋深探测原理如图 2－12 所示，通过检测上下两平行线圈中电动势的大小差值得出管道的埋深数值。

35. 如何对管道埋深的测量结果进行确认？

如果对所测的管线埋深值存在怀疑，可以将接收机提高 50cm，重新进行测量，以确认所测值是否正确。如果深度值增加了相同数值，说明此次测量是准确的。

在理想的环境下，深度测量的精度能达到 $<5\%$ 的误差。但是通常情况下使用者并不清楚环境是否理想，因此可以用下面的方法对不能肯定的测量值进行验证：

（1）验证时要保证管线沿路径在测量点的两侧至少 5 步的范围内是直线铺设的；

（2）检查信号在至少 10 步距离内是否具有合理的稳定性，在初始点的两侧都进行深度测量；

（3）检查在目标管线两侧三四步的范围内是否有载有强信号的伴行管线，这是深度测量产生误差的最普遍和最重要的原因。邻近伴线的强信号可以造成 $\pm 50\%$ 的深度偏差；

（4）离开管线测深位置的一定距离后再选几个点进行测量，最浅的指示将是最精确的，最能表明管线的位置。

36. 如何对直接读数的埋深值进行复查？

如果对直读法测量的埋深存有怀疑，可用三角测量法进行复查。由于信号不可能在各点各方向具有同样的误差失真，所以在不同的点处进行测量是一个有效的检查手段。

在接收机位于管线上方的时候，将表盘上信号响应设为 100%，使接收机保持垂直，机体下缘接近地面，左右分别移动至表盘显示指示为 70% 的点，测量它们之间的距离，如图 2－13 所示。

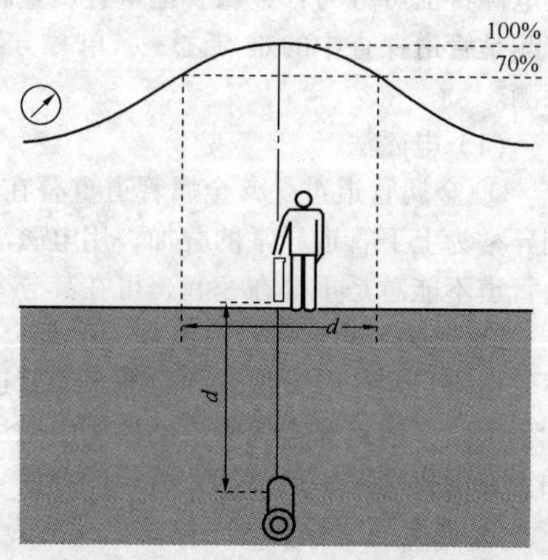

图 2－13　三角法测管道埋深示意图

两点之间的距离即为管线的埋深，这两点应该在管线两侧对称。如果所有方法均测得相近的深度，则深度测量的精度就毫无疑问了。

37. 影响金属管道探测信号的因素有哪些？

影响金属管道探测信号的因素主要有：

（1）管材　管材的导电性好、传播距离远。

（2）管径　较小的管径传播距离远些。

（3）埋深　管道埋土浅信号强，埋土深信号弱。

（4）距离　管道测试距离长，功率衰耗大，管道测试距离短，信号强。

（5）接头　接头处若有绝缘法兰，信号传不过去，影响管道探测。

（6）导管　管道外围有导管或地表有钢板，将会屏蔽磁场，使信号变弱。

（7）涂层　防腐层好则输播距离远，防腐层大量破损或近似裸管，信号会大量流失到土壤中，使传输距离近。

（8）邻近管线　若与目标管线交叉搭接或有均压线相连，将会分流部分信号。

（9）地理条件　干燥沙漠地区衰减慢，探测距离远；管道位于河网潮湿地区信号衰减很快，探测距离短。

（10）发射功率　发射机功率低，输距离近，反之则远。

（11）接收机增益　增益高探得远，反之则近。

（12）回路状况　回路好信号强，回路不好信号弱，所以短接支管处或由绝缘物包裹处，支管末端信号弱，应从防腐完好的一端发射信号，从防腐层破损的一端与大地构成回路。

（13）支管　支管太多将会分流部分电流，一般在支管以后，应提高增益方可继续探查，而不能在此判断前方就是管线的终端。

38. 探地雷达（GPR）探测的原理是什么？

探地雷达（GPR）探测要求目标管线与周围介质应具有比较明显的电性差异。探测时发射天线向地下介质发射连续的高频电磁脉冲信号，电磁波在具有介电性差异的分界面产生反射波（亦称散射），接收天线采集反射回来的电磁脉冲信号，记录并显示在终端屏幕上，根据反射波的波形特征探测目标体，如图2－14所示。

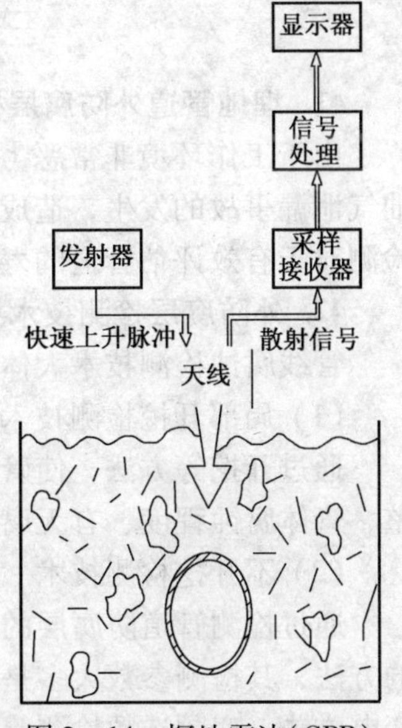

图2－14　探地雷达（GPR）探测原理示意图

39. 非金属管线如何进行探测？

在实际检测过程中，非金属管线的探测方法采用探地雷达（GPR）结合扦探的方法进行。当埋地管道上方覆盖土壤较松软且管道埋深较浅时，通常采用探针扦探定位；反之，采用探地雷达“切片式”探测原理，逐步探明管道走向与埋深。探测流程如图2－15所示。

40. 埋地管道探测的基本程序是什么？

埋地管道探测的基本程序包括：

（1）现场踏勘，了解现场管线的走向、沿线地理特征和人文环境，并尽可能收集已有的埋地管道资料和控制资料，选择合适的探测仪器和探测方法。

（2）现场确定管线的起点、转折点、变坡点、变径点、多通点、终点等管线特征点，同时建议隔150～300m无特征点

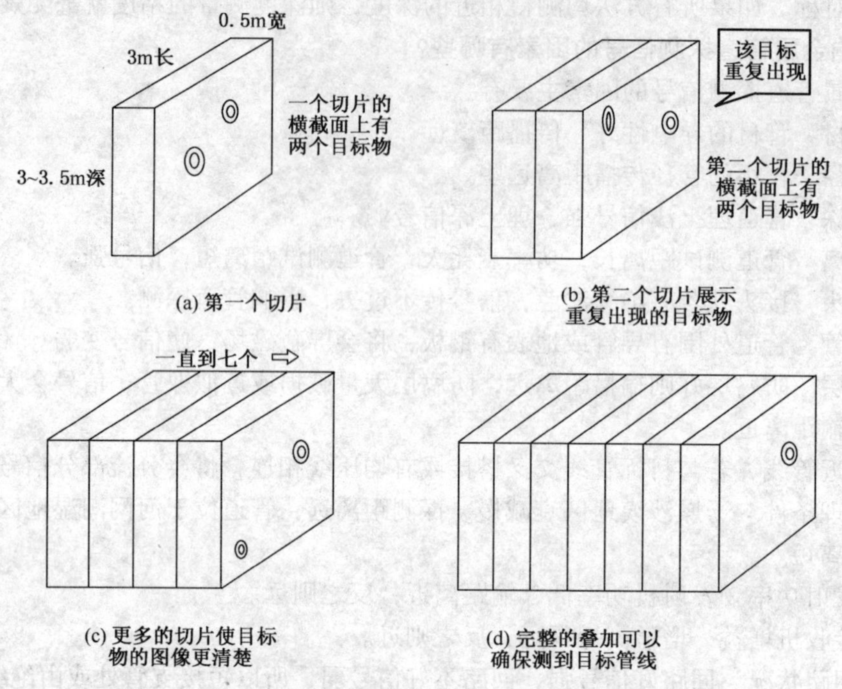

图2-15　探地雷达"切片式"探测原理示意图

时，要布设直线控制点。

(3) 用GPS全球定位系统在管道的特征位置上采集管道的经度、纬度数据。管道特征位置包括：管道的所有端点、三通、拐点、测试桩等。

(4) 根据所有管道特征点参数，绘制管道平面图。管道平面图中包含管道绝对坐标图(经纬度)、拐点、三通、测试桩和管道沿线标志物等信息。

三、埋地管道外防腐层检测技术

41. 埋地管道外防腐层检测有什么意义？

由于工作环境非常恶劣，应用于石油、天然气行业中的管道常因内外壁腐蚀破坏而导致油气泄漏事故的发生，造成严重的经济损失、能源浪费和环境污染。因此，油气管道的腐蚀检测对于有效评估管道的寿命、抑制管道的泄漏、保证其正常运行具有极其重要的意义。

42. 外防腐层检测技术如何分类？

管线腐蚀检测技术大体上可分为两类，即局部开挖检测技术与不开挖外检测技术。

(1) 局部开挖检测技术

通过开挖等方法，使管路直接暴露，凭借肉眼或简单仪器，检测管道外防腐层是否完整、管体腐蚀程度、有无腐蚀产物等，必要时可将样品送室内作进一步分析。

(2) 不开挖检测技术

通过检测管道防腐层的损坏程度，可以得出管道受腐蚀的情况。基于这一原理而研究出的方法，其检测参数大多是管-地电位的测量和管内电流的测量，如密间距电位测量法、瞬变电磁法、变频选频检测等。这些方法能够实现在不开挖、不影响正常工作的情况下对管道腐蚀状况进行检测。

43. 防腐层在不同阶段主要有哪些检测评价项目?

管线外防腐层检测一般包括以下四个方面:

(1) 防腐层原材料的检测及评价此 环节的检测及评价目的是抓住原材料质量关。检验和评价为满足防腐层性能要求的相关涂料、玻璃布或聚乙烯混合料片材等原材料性能指标，这是对原材料采购及来料检验的基本要求。

(2) 预制厂施工检验 预制厂施工检验的目的主要是控制预制厂施工的质量，一般均为四项指标(外观、检漏、测厚、黏结性)，大部分是非破坏性检验。

(3) 施工中的检验 此阶段检验的作用是控制带防腐层管线在搬运、储存及下沟等过程中防腐层的损伤，是带防腐层管线的最终质量保证。此阶段的检测内容主要有：管道在下沟前要进行全线的防腐层的电火花检漏。回填后应采用音频信号防腐层检测仪等手段进行全线检查，查出的漏点应立即进行修补，同时作为管线以后检测数据分析的基础数据。

(4) 服役过程中的防腐层性能检测及评价 定期的性能检测，能准确掌握在役埋地管道防腐层的工作状态，有助于及时发现和消除事故隐患，保证管道的长期安全生产，避免重大事故发生。

根据检测结果对管道防腐层进行评价，可为管道防腐层的使用、修复和更换提供科学依据。另外管道防腐层检测也是管道安全评价以及完整性管理的重要内容。

44. 埋地管道外防腐层破损点检测技术有哪些?

检测防腐(保温)层破损点的常用方法包括电位分布与电位梯度法和等效电流梯度法等。检测方法与常用仪器的对应关系见表2－3。

表2－3 防腐(保温)层破损、缺陷点检测方法与常用仪器

检测方法		常用仪器	检测精度	备 注
电位梯度法	直流电位梯度法	DCVG 检测仪	高	不适用于硬质路面下的管道
	交流电位梯度法	RD－PCM 配合 A 型架	较高	不适用于硬质路面下的管道
	皮尔逊法	SL－2098	低	硬质路面下的管道检测效果差
等效电流梯度法		RD－PCM，C－SCAN	低	定性分析、准确性差，但分析准确性不受是否为硬质路面影响

45. 电位梯度法的检测原理是什么，应用范围是什么?

电位梯度法检测的原理为，向管道施加一个特定的检测信号，信号沿管道传播，当管道的防腐层出现破损点或补口缺陷导致管体金属与管周土壤介质直接连通时，以破损点为中心，在管道周围形成叠加的点源电场。在土壤电阻率均匀的条件下，通过测量电场的强度和寻找“场源点”在地表的投影，就可得知破损或补口缺陷点的位置。

该方法主要用来查找防腐层的破损点，严格地说是查找“漏铁”部位。它不能对包覆层的绝缘性能作分级评价，但与其他方法共同使用可得到较好的检测效果。该方法效率高、成本低、操作简便，能实地标定防腐层破损点的位置，不需要进行繁琐的计算工作。

46. 电流梯度法的检测原理是什么?

PCM是电位梯度法 Pipeline Current Mapper 的简称，主要测量管道中电流衰减梯度，也称多频管中电流法。其基本原理为，在管道上施加一定频率或者多种频率的电流信号，电流信号会随着与施加信号点距离的增加而减少，同时管道防腐层的好坏也会影响电流信号的衰减，通过检测电流信号产生的磁场，确定管道位置和深度，以及根据信号的强度结合管道埋深换算出电流信号的大小，利用 A 字架可以定位防腐层破损点。

计算 A 字架两端电流的对数值，反复比较对数值的大小，取最大值为破损点位置。两点间的电流信号对数值(简称 db 值)反映出电流变化的快慢，db 值越大表示电流衰减越快，其最大值即为破损点位置。

PCM 检测法是目前国内外应用比较成熟的一种检测方法，可长间距快速探测整条管线的防腐层状况，受地面环境影响较小。但其易受外界电流的干扰，当需进行防腐层评价时，需预先获得一些物理量，如管体的电阻、内电感、外电感以及防腐层的电容率等。

47. 电流梯度法有什么特点?

电流梯度法有以下特点：

(1) 适合埋地管道防护层质量的检测、评价及破损点的定位、检测管线的走向及埋深、搭接的定位、评价阴极保护系统的有效性；

(2) 操作简便、效率高、可建立数据库；

(3) 数据处理软件只能分别对各个异常点分别解析，绝缘层电阻值为某一段的平均值；

(4) 对穿孔过多的管道或设施过多的管道，检测误差较大；

(5) 只能评价管道的外防腐层状况，对管道是否腐蚀或腐蚀程度不能准确判断。

48. 磁场分布法的检测效果受什么影响?

磁场分布法检测效果依赖于观测点距，确定观测点距实际上是在确定抽样方法，直接影响到观测曲线的形状。除非观测点恰在破损、缺陷点的正上方，否则点距大则异常幅度小而且特征模糊。点距过大则异常细部特征消失，影响精确定位，但还不至于漏检破损、缺陷点。

对磁场分布法而言，地貌变化的影响实质上是埋深变化的影响，往往造成磁场曲线的严重畸变，甚至出现假异常。由于实际工作中，管道以及破损、缺陷点的埋深变化最为常见，磁场分布法的应用并不普遍。但是，在土壤介质电阻率变化较大或者接地条件非常差(例如水泥路面和沥青路面)的情况下，磁场分布法依然有“用武之地”。

显然，“漏电流”越大，磁场分布法的“陡降”异常也就越明显，但是，观测点距的选择以及破损点间距大小之间相互关系则不会因为“漏电流”的大小而改变。

49. 等效电流梯度法的检测原理是什么?

等效电流梯度法的检测原理是：对管道施加交变电流信号，电流沿管道向远方传送，在管道周围形成电磁场，磁场强度与管道中的信号电流相关，通过接收机可直接得到管道中的等效电流数值，当管道外防腐层存在破损或缺陷时，电流从破损缺陷处流失，会造成经过破损点后的电流读数值陡降，根据电流降低程度就可以定性地分析出防腐层破损点的破损程度，同时也可以定位管道破损位置。

50. 什么是变频选频法，其检测原理是什么?

变频选频法是为石油长输钢质管道防腐层大修理选段而开发的一种评估防腐层绝缘电阻“优”、“劣”的检测技术，在埋地管道防腐层不开挖检测评价技术发展过程中发挥了重要作用。该方法适用于不同管径、不同钢质材料、不同防腐绝缘材料、不同防腐层结构、处于不同土壤环境的埋地管道。检测结果可作为防腐层检漏、维修、大修的依据。

测量时只需在被测管段两端与金属管体实现电气连通(可在检测桩、阀门处,连接示意见图 2-16),不需开挖管道,不影响管道正常运行,测量方法简便迅速,在石油长输管道检测工作中得到了较广泛的应用。

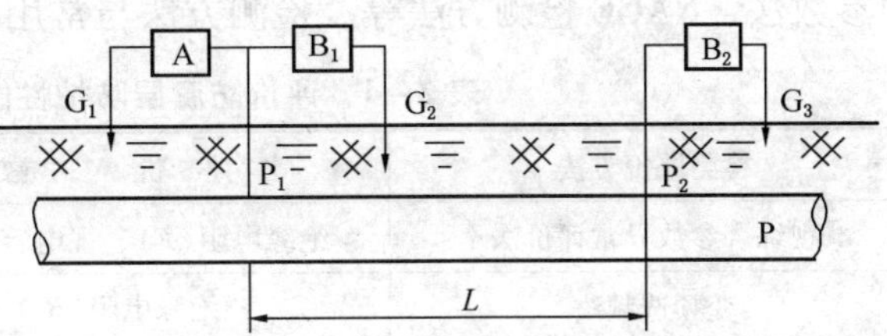

图 2-16 变频选频法测量防腐层绝缘电阻率接线示意图

A—变频信号源;B_1,B_2—选频指示器;

G_1,G_2,G_3—金属接地极;P—管道

变频信号在被测管段内的传输规律(定量)与管道特性参数有关,包括管道内阻抗、管道外电感、土壤内阻抗、土壤横向导纳、管道防腐层横向导纳,需要求得的管道防腐层绝缘电阻就包含在横向导纳之中。如果上述参数都能够定量地求出,那么管道防腐层绝缘电阻也就可以定量地求得了。

51. 变频选频法的检测参数有哪些?

变频选频法建立在单线-大地传输理论基础上,由于被测管道规格、材料及所处的环境不同,被测管段的质量状况也不同,所以按变频选频法理论建立的数学模型编制的计算软件在定量求得被测管道防腐层绝缘电阻时,应取得以下两部分参数:

(1) 现场实测参数

信号频率值、被测段电平衰耗值、被测管段距离。

(2) 计算输入参数

管道参数:金属管道外径、管壁厚度、防腐层厚度(可以为不同结构);

材料参数:金属管材电导率、相对磁导率、绝缘材料介电常数、损耗角正切;

环境参数:土壤介电常数、土壤电阻率。

52. 变频选频法有什么特点?

变频选频法在计算防腐层绝缘电阻的过程中需要输入的诸多物理参量是通过查表获得的。当管道埋入地下以后,随着时间和环境情况的变化,所需输入物理量的数值都不会再与原材料的相同。任何一个参与计算的物理量与实际情况存在差别,都会影响到所计算的绝缘电阻值准确性,由此也就必然会影响分级评价的可靠性。

变频选频法加载、接受信号都需要“接地”,而且往往采用较高的频率,特别是被测管段较短的时候更需如此。即使在简单的检测环境中,管道以外的物体或分布介质对高频信号的响应就足以影响防腐层绝缘电阻值的计算结果。至于在复杂检测环境下(被测管段自身结构复杂或与其他管网交错分布),互感作用对防腐层检测计算结果的影响则更不容忽视。

理论与实践都已证明,管道防腐层绝缘电阻计算值与信号频率的变化关系十分密切。如果采用改变频率使信号衰减到某个电平的办法来求取信号传播常数的近似值,那么每个检测段上所得到的实际上是某个特定环境条件下的传播常数近似值。由此计算出的防腐层绝缘电阻值可以用来评价同一检测段上防腐层绝缘电阻随管道运行时间而变化的情况(如果被检管段所处的环境未发生变化,则可以限定频率,对比电平变化;或者限定电平,对比所选频率的差别),用于不同检测段之间防腐层绝缘电阻的比较和评价则需要根据检测环境的实际变化情况予以斟酌。

53. 常用埋地管道外防腐层性能检测方法有哪些?

评价防腐层防护性能的常用检测方法包括视综合参数异常评价法、变频选频法、阴极保护参数法、NACE 检测方法等。检测方法与常用的仪器的对应关系见表 2 – 4。

表 2 – 4　评价防腐层防护性能的检测方法与常用仪器

检测评价方法	评 价 参 数	常 用 仪 器
视综合参数异常评价法	绝缘电阻(F)、视电容率(E)	RD – PCM、RD – 4000
变频选频法	绝缘电阻(R_i)	AY508Ⅲ
阴极保护参数法	空隙系数(K_s)	电位差计、电流计
NACE 检测方法	归一化的防腐层电导率	电位差计、电流计

54. 水下管道外检测通常检测哪些项目，检测时有何要求？

水下管道外检测主要检测管道焊补口、管体是否悬空，管道上部覆土厚度、埋深、有无发生位移、外力破坏的情况、防腐层状况、阴极保护状况、断电自然电位、通电电位等。稻田、藕田水下管道可利用收获季节抢时检测，浅层河流可用穿特制的防衣进入水中进行检测，超过人体手臂至腰部高度的较深水层应用专用检测船进行检测，较窄的水面可用拖线法进行检测。

55. 如何检测浅层海洋平台间海底管道防腐层？

通常采用以下方式对浅层海洋平台间海底管道防腐层进行检测：

（1）使用一台大功率发射机，从海洋平台的管道处发射检测信号，确保检测信号能够到达一端平台。如果多根平行管道信号都连在一起，就作为一根管道一次性整体检测。

（2）将管线两边设立浮标，将浮标编号以便探出问题时进行标记，每隔 100m 设一组，两两相对。

（3）采用检测船，在两浮标的中间位置，沿管排方向从管排一端的采油平台开至另一端，船上放置 3 ~ 5 台同型号检测仪接收机，将信号线负极与海水或船相连作为回路，信号线另一端根据海水深度增加延长导线，构成检测信号排，沉入海底泥线深度，确保检测排的宽度与管排宽度一致，检测船开行检测时，如果管道外壁防腐层破损，发生腐蚀，发射的信号将会由该处泄入泥土及海水中，形成破损腐蚀处周围的球形电位梯度场，被信号排的检测导线端头鱼夹接收到，经仪器放大发出报警声及相应的数显示值，据此可确定腐蚀点。

（4）此法在检测船开行时，会由于船尾舵手调节方向，使检测船左右摆动偏离中心，只要控制在左右 10m 的范围内均不会漏检。

（5）海水的介电常数超过 80，信号衰耗速度是在土壤中的 5 ~ 8 倍，如果信号不能完全到达另一端的平台，可以采取由两端分别发射，分别检测。

（6）除上述项目外还可进行阴极保护效果的检测评价，管道内外环境腐蚀性评价。

（7）必须具有丰富理论与实践经验的人在船上调节仪器与判断漏点。

（8）由于海水较深，该法只能检测管道外壁腐蚀及防腐层破损，对于内壁腐蚀不能清楚分辨。

（9）检测船与判断以后的海底标记，需开挖修补，将由业主方自行完成。此项工作应选择在海面波浪较低进行，不可以在大风雷雨天气作业。

56. 防腐层漏点开挖验证有哪些方法？

防腐层漏点开挖验证的方法主要有以下几种：

（1）高压电火花检测法　利用电火花检漏仪的毛刷探头，在已被挖掘的管道表面平刷，当高压探极经过微小的破损点时，就会发生电压击穿，产生电火花放电，并同时发出声光报警，此法很容易找出极小漏点。

(2) 湿布手工触摸法　用一湿布或湿海绵，将挖出的管段湿润，然后检测人员将检漏线金属鱼夹与人体电性相连。再用手沿管线触摸，摸到破损处时，仪器示值音响均会变大，配以放大镜放大，以便观察。

(3) 镜片反照法　在破损点位于管道底部，凭肉眼不能直接观察时，可用一面较大的镜子，再用放大镜放大，以便观察。

(4) 地表电位再测法　采取了上述三种方法仍不能找到破损点时，则说明漏点定偏或开挖人员挖偏，在此种情况下地表仍有电位且不相等，破损点在电位高的一边土中。

(5) 涂层厚度测试法　采用上述四种方法验证以后，如果仍未发现漏点，则有可能是防腐层厚度不达标，此类原因应用涂层测厚仪进行检测，判断是否存在防腐层厚度小于设计规定的最小厚度。

57. 什么是综合参数异常评价法，有什么用途?

综合参数异常评价法采用“一体化”的原位检测技术，并利用综合参数对被检测管道进行整体评价。综合参数异常评价法研究四项参数，它们是：管体视电阻率 R、防腐(保温)层的绝缘电阻 F、防腐(保温)层的视电容率 E、管道周围回填土壤介质视电阻率 T。

与其他地面检测方法不同，综合参数异常评价法(简称 FER)除了检测防腐层的绝缘电阻以外，还能检测防腐层的视电容、管体的视电阻以及管道周围土壤电阻率。它在埋地钢质管道不开挖检测工作中的主要用途是：

(1) 探查管体及其配设管件的金属腐蚀或疲劳损伤状况；确定腐蚀或疲劳损伤段(点)的位置。

(2) 按有关规定分级评价管道防腐(保温)层的绝缘性能和介电特征；确定防腐(保温)层缺陷(老化、渗水、剥离、破损)和防护失效部位。

(3) 在多频(三频以上)观测条件下，评估管道周围土壤介质的电阻率。

58. 防腐层性能评价的依据是如何规定的?

综合参数异常评价法采用防腐层的绝缘电阻和视电容率两个参量综合描述防腐(保温)层的性能。绝缘电阻的分级标准采用 SY/T 5918—2004 的规定，视电容率的分级标准与 SY/T 5918—2004 相适配(见表 2-5)。

表 2-5　防腐层参量分级表

防腐层等级	一级(优)	二级(良)	三级(可)	四级(差)	五级(劣)
$F/(\Omega\cdot m^2)$	$F\geqslant10000$	$6000\leqslant F<10000$	$3000\leqslant F<6000$	$1000\leqslant F<3000$	$F<1000$
$E/(\mu F/m^2)$	$E<100$	$100\leqslant E<200$	$200\leqslant E<500$	$500\leqslant E<1000$	$E\geqslant1000$
老化程度及表现	基本无老化	老化轻微，无剥离和损坏	老化较轻，基本完整，沥青发脆	老化较严重，有剥离和较严重的吸水现象	老化和剥离严重，轻剥即掉

评价防腐层性能时，采用检测参量的级别加权值作为量化界限。计算方法如下式：

$$Q=\frac{\sum_{i=1}^{n}J_i}{n} \tag{2-1}$$

式中 Q——防腐层的参量级别加权平均值；

n——参与评价的检测参量的个数；

J_i——某参量独立分级的级别值。

最后，根据防腐层的参量级别加权平均值评定防腐层的性能等级并提出采取措施(见表2-6)。

表2-6 防腐(保温)层性能分级评价表

属性	优	良	可	差	劣
等级	1	2	3	4	5
Q	$Q \leqslant 1$	$1 < Q \leqslant 2$	$2 < Q \leqslant 3$	$3 < Q \leqslant 4$	$Q > 4$
处置意见	正常运行管理	正常运行管理、缩短再评价周期	计划维修、调整阴极保护、缩短再评价周期	立即维修、调整阴极保护并确定再评价周期	报废该管段的防腐层

59. NACE 标准及其检测方法是如何规定的?

NACE(美国腐蚀工程师协会)发布的 TM 102—2002《埋地管道防腐层电导率测量标准》见表2-7。

表2-7 防腐层的归一化(围土电阻率10Ω·m)特征电导与质量级别对照表

防腐层的质量	归一化特征电导(G_n)范围/($\mu S/m^2$)
很好	<100
好	101~500
一般	501~2000
差	>2000

与国内情况对比，NACE 的分级标准有如下特点：①采用4分制；②以“$\mu S/m^2$”为单位；③以围土电阻率等于10Ω·m的条件作了归一化(标准化)处理。

NACE 的《埋地管道防腐层电导率测量标准》适用于两个测试桩之间的管段的防腐层性能评价，采用的检测方法是直流“电位差法”和“电流衰减法”。

采用直流方法可以只检测防腐层的绝缘电阻，但是管体电阻以及管道周围土壤介质电阻的大小和变化对检测结果有较大的影响。NACE Standard TM 102—2002 在规定两种检测方法的时候，给出了“通用”的管道电阻率，同时又作出了用管道周围土壤电阻率对检测结果进行“归一化”的要求，这在土壤电阻率变化较大的地方是难以实现的。

60. 半出露、架空状态下的管道外防腐层检测存在哪些问题，怎样解决?

(1) 存在的问题　埋地管线由于过沟、过路等原因，部分管段处于架空、出露状态。由于长年暴露在地表，防腐层长期受到紫外线照射，极易老化失效，加之暴露在外易受到人为破坏，因此常常会出现防腐层多处破损或整体老化现象。然而检测结果却总是大大优于实际情况。

(2) 产生的原因　在等效电流梯度法检测过程中，得到的管线防腐层绝缘电阻实际是管线对地绝缘电阻，它由管线防腐层绝缘电阻和管线加防腐层一体化对地绝缘电阻两部分组成。通常埋地的管线加防腐层一体化对地绝缘电阻很小(50Ω以下)，其大小对于防腐层评价几乎可以忽略不记；但架空、出露处，管线加防腐层一体化对地之间为空气，空气的绝缘电阻在空气没有被击穿前为无穷大，因此出现了架空、出露破损的管段，检测结果却总是大大优于实际情况。

(3) 解决方法　依据 SY/T 5918—2004《埋地钢管管线外防腐层修复技术规范》中规定了防腐层老化程度及表观和防腐层等级的对应关系(见表 2－8)，通过目测，完成对防腐层状态分级评价，再依据 SY/T 0420—1997《埋地钢质管线石油沥青防腐层技术标准》对防腐层电绝缘性能的要求(见表 2－9)，通过电火花检测，完成防腐层漏点的查找。

表 2－8　电流－电位法和变频选频法对石油沥青防腐层分级标准及相应措施

防腐层等级	一级(优)	二级(良)	三级(一般)	四级(差)	五级(劣)
老化程度及表观	基本无老化	老化轻微，无剥离和损坏	老化较轻，基本完整，沥青发脆	老化较严重，有剥离和较严重的吸水现象	老化和剥离严重，轻剥即掉

表 2－9　埋地钢制管线石油沥青防腐层电绝缘性能要求

防腐等级	涂层厚度/mm	检漏电压/kV	备　注
普通	≥4	16	检查针孔
加强	≥5.5	18	检查针孔
特加强	≥7	20	检查针孔

61. 管线防腐层破损点对防腐层性能检测有何影响，如何解决？

(1) 存在的影响　等效电流梯度法检测时，如果测点正好布置在管道防腐层破损点附近，读取的等效电流将不准确。在破损点前读数等效电流值将比实际值偏小，在破损点后读数等效电流值将比实际值偏大。

(2) 产生的原因　破损点在土壤分布电位的情况如图 2－17 所示。由图 2－17 可见，防腐层破损点处电信号向四周流失，分别在垂直于管线和平行于管线的地表，可以将流失的电信号叠加为四个方向。由于垂直于管线的 2 个叠加信号，对于检测影响较小，但平行于管线的叠加信号对检测有较大影响。

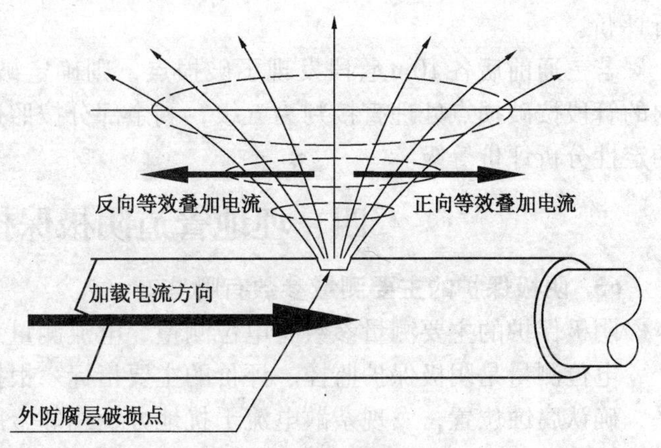

图 2－17　破损点在土壤的分布电位示意图

在破损点之前，距破损点较近的位置，电信号虽然没有损失，但由于反向等效叠加电流引起的磁场将抵消部分加载电流激发的磁场，因此在破损点之前产生了实测感应电流减小的情况；反之，在破损点之后正向等效叠加电流将增大实测感应电流。

(3) 解决方法　要消除管线防腐层破损点对管线防腐层检测的影响，就必须在防腐层检测前进行以下两步工作。首先，查找出所有防腐层破损点的具体位置，并作好标记；其次，确定每个破损点影响的范围大小，可以取 40dB 作为临界值，在检测出破损点后，查找电位衰减值 40dB 以上的管段长度，并作好相应的标记。在完成上述两步后，根据破损点分布情况以及影响范围，遵循读取数据时不跨越破损点评价管段、不在标记的破损点影响范围内采集数据的原则，合理布置防腐层检测的点位，这时破损点对防腐层检测的影响就能基本消除。对于破损点影响区域这部分管线，按破损点处理直接判为五级。

62. 管道拐点、三通对防腐层检测有何影响，如何有效消除其影响？

（1）存在的问题

管线自身的一些特征（拐点和三通等）也会影响防腐层检测，有些特征甚至导致某些位置的防腐层无法评价。拐点是管线常见的一种特征，在距离拐点较近的位置，检测时采集的感应电流实际是拐点前管段和拐点后管段共同叠加的结果，在实际靠近拐点读取的感应电流值小于真实值。三通附近除了会出现拐点类似的读数减小情况外，还会产生一种分流效果，使信号大大降低，并且三通处防腐层是否良好并不能阻止这种衰减发生。

（2）解决方法

在防腐层检测前先探明管线走向、确定拐点位置，在检测时测点布置要远离拐点处，读数位置至少要离开拐点 5m（5m 处接收机“摆头”以能正确识别管线走向）。若能达到 10m 距离，则拐点对感应电流的影响就可以忽略不记了。

三通也应像拐点一样远离读数，但它对防腐层检测的影响很难消除，因为检测时既不能跨越三通读数，也不能接近三通读数，因此在检测时会留下一段较大的空白区域无法评价。目前对于三通前后各 10m 管段并无很好的定量评价方法，但可以定性地分析评价。

若三通前后各 10m 管段发现了破损点，则确定破损点的影响范围，在破损点影响范围内的管段按破损点处理直接判为五级，剩余部分按照连续性，以相临管段的评价等级作为它的定性分析评价等级。

四、埋地管道阴极保护检测技术

63. 阴极保护的主要测量参数有哪些？

阴极保护的主要测量参数有电位测量、电流测量和电阻测量。

电位测量是阴极保护监控、评价的主要指标。根据保护电位的数据可确定管线的保护水平，确认腐蚀位置，发现杂散电流干扰地方及相邻金属结构干扰程度，可以用于预测管线腐蚀，提高管理水平。

阴极保护度取决于电解液/结构接触面的外加电流密度，要使整个结构都得到阴极保护，则在结构各处都要有均匀的电流密度。

电阻测量包括土壤电阻率测量和外防腐层电阻测量，以及绝缘性能测量。

64. 阴极保护电位的定义是什么，常用的测量仪表有哪些？

阴极保护电位是指阴极保护时使金属腐蚀停止（或忽略）时所需要的电位值。阴极保护电位常用测量仪表有：

（1）电流表，内阻小于被测回路总电阻的 5%；

（2）直流电压表，内阻不小于 100kΩ/V；

（3）电流表、电压表的灵敏阀小于被测值的 5%，准确度大于 2.5 级；

（4）恒电位仪。

65. 阴极保护电位常用测试方法有哪些?

阴极保护电位常用测试方法有:

(1) 直接参比法 测试桩与长效硫酸铜参比电极间的电位差。

(2) 地表参比法 硫酸铜参比电极(CSE)安放在管道顶端上方，距测试桩 1m 以内，潮湿土壤地表处(见图 2-18)，主要用于测量管道自然电位和牺牲阳极的开路电位。

(3) 近参比法 裸管或涂层质量很差时采用此法。沿管顶方向距测试桩 1m 范围内接一个安放参比电极的深坑，将 CSE 放置于距管壁 3~5cm 处(见图 2-19)。

(4) 远参比法 大地电场影响较严重时采用远参比法。先确定大地电场源的方位，将 CSE 电极朝大地电场源方向逐次安放在潮湿地表上，第一个安放点距测试桩不小于 10m，以后每次移动 10m，各次移动应保持在统一直线方向上。按地表参比法操作测量各个安放点处的管地电位。当相邻两个安放点的管地电位之差值小于 5mV(即 0.5mV/m)时，完成测量。取最远安放点的管地电位为管道对远方大地的电位。

(5) CIPS&DCVG 密间隔管地电位及直流电位梯度检测法 主要应用于有阴极保护系统的管道，通过测量管道的管地电位沿管道的变化来分析判断外防腐层的状况和阴极保护是否有效。

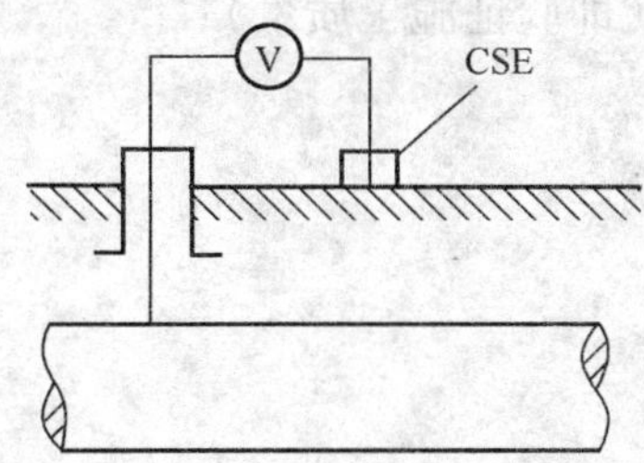

图 2-18 地表参比法原理图

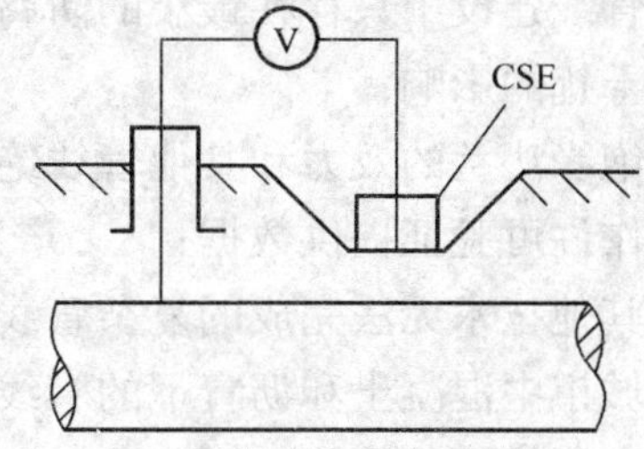

图 2-19 近参比法原理图

66. 埋地管道阴极保护标准是什么?

阴极保护通常采用以下指标之一进行效果判定:

(1) 通电时，对地电位应达到 -0.85V 或更负;

(2) 通电时阴极电位较自然电位向负方向变化值应大于 300mV;

(3) 切断电流后，立即测得的阴极电位较自然电位在负方向变化值应大于 100mV;

(4) 当土壤或水中含有硫酸盐还原菌，且硫酸根含量大于 0.5% 时，通电后对地电位应达到 -0.95V 或更负。测试上述参数时，应考虑土壤介质 *IR* 降的影响，对有防腐涂层的管道和储罐，最负保护电位取 -1.20V。

67. *IR* 降的定义和测量方法是什么?

IR 降指阴极保护电流在土壤中流动所形成的电阻降。用地面参比法测量管地电位所得的保护电位 U_{on} 含有 *IR* 降，当通电保护电位为 -0.85V(CSE)时，*IR* 降的抵消使管道保护电位正于 -0.85V，管道腐蚀严重;管道实际所得到的保护电位应为断电瞬间的极化电位 U_{off}，不含 *IR* 降，标准规定为 -0.85 ~ -1.25V。

IR 降测量方法有瞬间断电法、试片断电法、土壤电位梯度法等。

68. 测试桩有什么作用?

测试桩主要用于阴极保护参数的检测，是管道管理维护中必不可少的装置，按测试功能沿线布设。测试桩可用于管道电位、电流、绝缘性能的测试，也可用于覆盖层检漏及交直流干扰的测试。

69. 什么是 DCVG 检测技术？

DCVG 是英文 Direct Current Voltage Gradient 的缩写形式，是埋地管道防腐层缺陷直流电压梯度测试技术，该技术是目前世界上比较先进的埋地管道防腐层缺陷测试技术之一，国外已得到广泛使用，我国的研究与应用尚处于起步阶段。

DCVG 仪器是通过地面放置的两个接地探极——$Cu/CuSO_4$ 电极和与探极连接的中心零位的高灵敏度毫伏表来检测管道防腐层破损而产生的电压梯度，从而判断管道破损点的位置和大小。

70. DCVG 测试的典型应用有哪些？

DCVG 技术是一种研究性技术，所以对防腐层和阴极保护具有广泛的应用。DCVG 测试主要用于：

(1) 评估管道防腐层状况，以此来详细说明复原需求；

(2) 详细说明阴极保护系统中的薄弱点；

(3) 验证管线建设中只存在最小的防腐层破损(即验证施工质量)；

(4) 研究干扰的影响；

(5) 确定绝缘法兰的效力和其他管线绝缘方法；

(6) 为操作许可验证提供数据；

(7) 检测其他技术无法完成的复杂管线；

(8) 检测城市中混凝土和沥青下的管线；

(9) 检测高压线下的管线；

(10) 不受大地电流影响，可以检测被影响的管线；

(11) 评估测试桩的完整性；

(12) 检查通过机械连接管线的电持续性。

71. DCVG 的原理是什么？

当在管线上施加 DC(直流电源)时(与加阴极保护类似)，电流可以通过有抵抗力的土壤到达防腐层有破损的金属管道处，就会产生电压梯度。电流越大，土壤抵抗力就会越大，也就是越靠近防腐层破损处，电压梯度就会越来越大。一般来说，破损越大，电流和电压梯度也会越大，以此来确定破损的尺寸，进行提前修复。

72. 如何使用 DCVG 发现防腐层破损点？

检测过程中，检测人员以规则的间隔沿着管线行走来测试脉冲电压梯度。靠近缺陷时，检测人员就会发现毫伏表开始对脉冲电流有反应，电流流向的方向总是指示管线上的防腐层破损处。当经过缺陷时，指针方向就会完全相反，并且随着检测人员的远离其幅度就会降低。通过反向测量，当指针在两个方向都没有偏转的地方(例如 0)，此时电极的位置就是防腐层破损处的位置。在第一次测试点的垂直方向上重复操作，两次交叉的中心点就是电压梯度的震源，也就是防腐层破损点的正上方。

然后在防腐层破损震源位置上钉上木桩，最后在震源的周围进行各种电子测量来确定缺陷的各种特征，例如严重程度、形状、腐蚀原因等。

73. 什么是 CIPS 检测技术？

CIPS 检测技术也叫密间隔电位测量技术或阴极保护有效性检测技术。为打破只能在测试桩上测阴保电位的局限，大约在 50 年前发明了管道密间距电位的检测方法（Close - Interval Potential Survey 简称 CIPS，也称 CIS）。在检测过程中，用一根长导线通过某个测试桩上连线与管道相连，沿着管线路由以小间距测量管 - 地电压。由于整条管道的金属管体可以看成一个电位的等位体，这样可测出管道路由上任意点的阴极保护电位，进而得到整个管线上阴极保护电位的分布。

74. CIPS 检测系统由哪几部分组成？

典型的 CIPS 检测系统由以下四部分组成：

（1）具有记录功能的电位测量仪一台，习惯上称为主机或数据记录仪；

（2）用于中断管道阴极保护电流，且具有卫星同步功能的电流断流器若干个；

（3）具有距离测量功能、安装 GPS 天线的尾线架一个；

（4）连接在测量主机上的探杖，理论上配备一个，为了工程上方便和 CIPS 功能拓展的需要最多配备三个。

此外，CIPS 系统还可以另外配置一台静态 CIPS 数据记录仪，它是用于放置在检测测试桩上，记录管道阴极保护电位的一个时间段的数据，可以通过与沿路检测数据对比分析，用于消除 CIPS 测量期间管道上杂散电流对阴极保护的干扰。

75. CIPS 测试的适用范围有哪些？

CIPS 测试可用于：

（1）测量 ON/OFF 管地电位，用于评价阴极保护的有效性；

（2）可用于检测涂层缺陷点位置；

（3）确定异常，如杂散电流干扰、套管短路、搭接、绝缘性能效果等。

76. CIPS 和 DCVG 组合测量有哪些用途？

CIPS 和 DCVG 组合测量的用途见表 2 - 10。

表 2 - 10　CIPS 和 DCVG 组合测量的用途

技术	测　　量	用　　途
CIPS	OFF 电位	阴极保护水平，保护范围，定位缺陷位置
	ON 电位	涂层质量状况，定位缺陷位置
	电位漂移	杂散电流干扰影响
DCVG	电压梯度	缺陷点定位
	腐蚀电流流向	阴极保护水平，腐蚀状态
	IR%	缺陷点破损程度，分类，确定修复优先级
距离	GPS 数据、相对距离	定位缺陷位置，便于开挖和维修

77. CIPS 和 DCVG 组合测量有哪些优势？

CIPS 和 DCVG 组合测量，CIPS 与 DCVG 技术互为补充，是详细评价涂层质量和阴极保护之间相互依存关系最主要的方法，可以对埋地管道防腐层缺陷进行准确定位，定量评估，其优势详见表 2 - 11。

表 2-11　CIPS 和 DCVG 组合测量的优势

序号	检测项目	CIPS/DCVG 组合测量优势
1	阴极保护	用于直接检测评价阴极保护系统状况，确定阴极保护不足、过保护的管段，确定阴极保护系统的保护度
2	防腐层状况	用于防腐层质量总体评价
3	裸管区	评价裸管阳极区状况
4	缺陷	定位缺陷，计算缺陷点的大小，判断缺陷处管体腐蚀电流的流向，确定缺陷处管体的腐蚀状态，确定缺陷修复的优先级
5	杂散电流	判定杂散电流的干扰区域，确定杂散电流的流出点、流入点，评估杂散电流的干扰强度
综述		用于埋地管道外检测评价，给业主提供全面、合理、科学的维护、维修管理方案

78. CIPS 和 DCVG 由哪两个部分组成，其作用是什么？

CIPS 和 DCVG 由电流断电器和测量主机组成。其作用为：电流断电器，根据设置要求使阴极保护电流信号按一定的时间周期进行通与断；测量主机，测量时工作人员携带此主机沿管线连续测量；断电器与主机通过卫星 GPS 时钟实现“通”与“断”同步。

79. 进行 CIPS 测量时，能得到几种管地电位，各有何作用？

进行 CIPS 测量时，能得到两种管地电位，分别是阴极保护系统的开电位与阴极保护系统的瞬时关电位。

阴极保护系统的开电位(U_{on})——包含土壤的 IR 降，通过分析 U_{on} 沿管道的变化趋势可评价管道防腐层的总体平均质量优劣状况，防腐层质量与 U_{on} 的关系可用公式 2-2 来衡量：

$$L=\frac{1}{\alpha\ln(2E_{max}/E_{min})} \tag{2-2}$$

式中　L——管道长度；

α——保护系数(与防腐层的绝缘电阻率、管道直径、厚度、材质油管)；

E_{max}，E_{min}——管道两端的阴极保护电位值(U_{on})。

阴极保护系统的瞬时关电位(U_{off})——不包含土壤的 IR 降，是阴极保护电流对管道的“极化电位”，是实际有效的保护电位，用于评价阴极保护系统的有效性。

通过分析 U_{on}/U_{off} 管地电位变化曲线，还可发现防腐层存在的较大的缺陷(图 2-20 中出现的漏斗形状，U_{off} 更明显)。

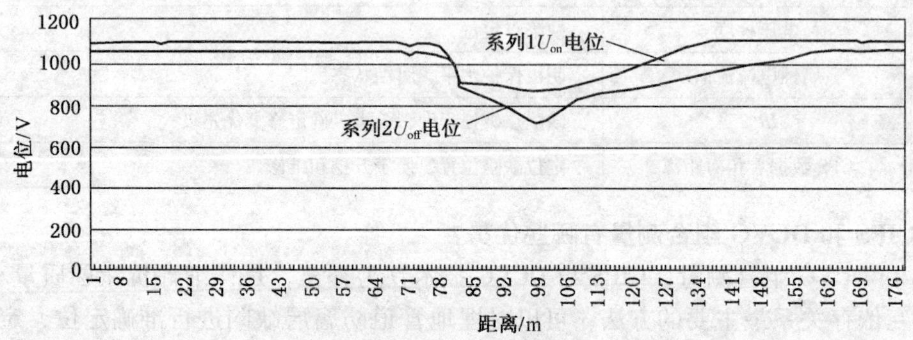

图 2-20　U_{on}/U_{off} 变化曲线

80. 阴极保护电流密度如何定义？

保护电流密度指被保护构筑物单位面积上所需的保护电流。要使金属得到保护，保护电流密度不能小于该值，当保护电流远远大于该值时，发生过保护。埋地管道所需阴极保护电流密度见表2－12。

表2－12　埋地管道所需阴极保护电流密度

外防腐层类型	保护电流密度/(mA/m^2)	外防腐层类型	保护电流密度/(mA/m^2)
塑料	0.001～0.01	沥青玻璃布	0.01～0.05

81. 埋地管道阴极保护电流密度用什么方法测量？

对于已经埋入地下的带有覆盖层的管道，所需要的保护电流应采用馈电法测量，如图2－21所示。

82. 阴极保护系统检测及维护周期如何确定，包括哪些检查项目？

为了确保保护的长期有效，应该对阴极保护系统进行定期的检测及维护，最好每半年检查一次。阴极保护检测应包括：

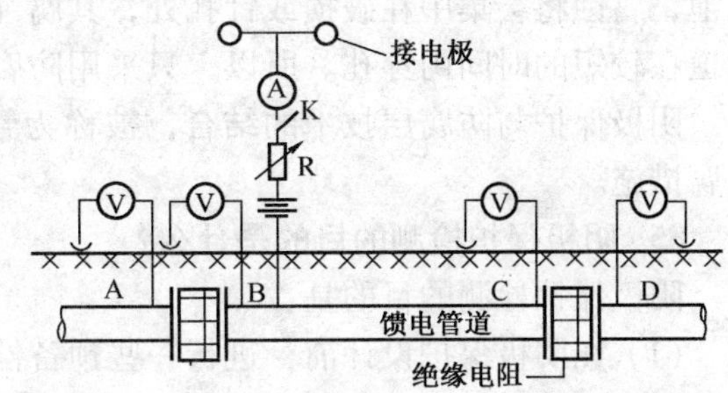

图2－21　馈电法测保护电流

（1）外加电流系统的运行情况；

（2）阴极系统耗损的运行情况；

（3）反向电流开关、二极管和干涉续接线的运行情况；

（4）绝缘接头、连续接头及衬管绝缘件的有效性；

（5）牺牲阳极电位检测，如发现电位超过了正常范围，应检查阳极是否钝化或被覆盖，输出电流是否过大，是否是测量误差。

83. 阴极保护有哪几种类型，各有什么优缺点？

阴极保护技术有两种：牺牲阳极阴极保护和强制电流（外加电流）阴极保护。

牺牲阳极阴极保护技术是用一种电位比所要保护的金属还要负的金属或合金与被保护的金属电性连接在一起，依靠电位比较负的金属不断地腐蚀溶解所产生的电流来保护其他金属。

优点：①一次投资费用偏低，且在运行过程中基本上不需要支付维护费用；②保护电流的利用率较高，不会产生过保护；③对邻近的地下金属设施无干扰影响，适用于厂区和无电源的长输管道，以及小规模的分散管道保护；④具有接地和保护兼顾的作用；⑤施工技术简单，平时不需要特殊专业维护管理。

缺点：①驱动电位低，保护电流调节范围窄，保护范围小；②使用范围受土壤电阻率的限制，即土壤电阻率大于50Ω·m时，一般不宜选用牺牲阳极保护法；③在存在强烈杂散电流干扰区，尤其受交流干扰时，阳极性能有可能发生逆转；④有效阴极保护年限受牺牲阳极寿命的限制，需要定期更换。

强制电流阴极保护技术是在回路中串入一个直流电源，借助辅助阳极，将直流电通向被保护的金属，进而使被保护金属变成阴极，实施保护。

优点：①驱动电压高，能够灵活地在较宽的范围内控制阴极保护电流输出量，适用于保护范围较大的场合；②在恶劣的腐蚀条件下或高电阻率的环境中也适用；③选用不溶性或微溶性辅助阳极时，可进行长期的阴极保护；④每个辅助阳极床的保护范围大，当管道防腐层质量良好时，一个阴极保护站的保护范围可达数十公里；⑤对裸露或防腐层质量较差的管道也能达到完全的阴极保护。

缺点：①一次性投资费用偏高，而且运行过程中需要支付电费；②阴极保护系统运行过程中，需要严格的专业维护管理；③离不开外部电源，需常年外供电；④对邻近的地下金属构筑物可能会产生干扰作用。

84. 防腐层和阴极保护之间的关系怎样？

对油气管道进行阴极保护而不加防腐层或防腐层制作质量较差是不行的，因为这样做会耗电巨大而不经济。只采用防腐层保护不加阴极保护也是不行的。因为防腐层不可能绝对完好无损，一旦防腐层上有针孔或破损，就会形成大阴极、小阳极（针孔或破损部分）的腐蚀电池，腐蚀将会集中在破损或针孔处，其腐蚀速度比裸露管道的腐蚀速度还要大，从而导致管道在较短的时间内穿孔。所以，只采用防腐层保护而不施加阴极保护显然是不行的。

阴极保护与防腐层技术的结合，被称为管道的“联合保护”，是当今世界上公认的管道防腐措施。

85. 阴极保护检测的目的是什么？

阴极保护检测的目的是：

（1）在阴极保护设计前，进行一些预备性测试，为阴极保护设计预先取得必备资料；

（2）在阴极保护工程完成后，通过测量阴极保护参数，检查阴极保护工程是否达到设计要求；

（3）通过综合测试，分析判断阴极保护系统的有效性和正确性，确定是否需要做必要的修正和调整；

（4）在阴极保护系统运行过程中，定期测量规定的参数，判断阴极保护效果，发现问题，确认是否存在干扰，为阴极保护系统管理部门提供基础资料，以确保阴极保护系统长期、稳定、有效地运行。

（5）当阴极保护系统出现故障时，通过检测寻找故障点，判断故障原因，以便对阴极保护系统及时进行必要的维修和保养。

（6）通过一些特定的检测技术和参数测量方法，可综合评价防腐蚀措施的质量，如涂覆层的质量、阴极保护系统的质量，尤其是阴极保护和涂覆层联合使用的双保护措施质量和效果；

（7）在发生腐蚀破坏事故后，辅助进行腐蚀调查和失效分析。

五、埋地管道管体腐蚀检测技术

86. 埋地管道管体腐蚀检测技术主要有哪些？

埋地管道管体腐蚀检测技术包括腐蚀直接检测技术、腐蚀内检测技术和腐蚀不开挖地面检测技术三种。

腐蚀直接检测技术主要有目视法、渗透法、漏磁法、超声波法、射线照相法、涡流法、声发射法和热像显示法等。

腐蚀内检测技术主要有管道内壁内窥镜检查法和在用管道管内检查技术等。

埋地管道管体腐蚀不开挖地面检测技术主要包括金属蚀失量评价法、视综合参数异常评价法、等效电流中心偏移法、长距超声导波反射法等。检测方法与常用仪器的对应关系见表2-13。

表2-13　针对管体腐蚀缺陷、壁厚变化、疲劳损伤的检测方法与常用仪器

检测评价方法	评价参数与内容	常用仪器
金属蚀失量评价法	被测管段平均壁厚(d)	GBH-I
视综合参数异常评价法	管体视电阻(R)与阳极倾向	RD-PCM
等效电流中心偏移法	检测点金属损失百分比(K_s)	No-pig
长距超声导波反射法	腐蚀缺陷、裂纹	TELETEST

87. 目视法的检测原理、方法及优缺点是什么?

(1) 原理　目视法是凭借肉眼或简单仪器、工具，来发现待检管道外壁存在的腐蚀、冲蚀、磨损与开裂等缺陷的检测方法。

(2) 方法　靠肉眼观察、记录。有时借助一个低倍数的放大镜(5~10倍)，检查待检材料表面是否光滑、有无裂痕、有无腐蚀和点蚀、有无腐蚀产物，并记录其大小、颜色形态、分布情况等。有时可用手锤敲击设备或管道，听声音检查或检查表面有无蚀坑。必要时还可取样品作进一步分析。这种方法往往只能得到定性或半定量的结论。获得的结果和观察者的素质及训练程度有密切关系。为使结论具有可比性，常规定一些标准来统一衡量观察结果。

(3) 优缺点　方法简便、直观。但监测的灵敏度不高，带有观察者的主观因素，只能获得定性或半定量的结果。

88. 渗透法的检测原理、方法及优缺点是什么?

(1) 原理　被检表面被施涂含有荧光染料或着色染料的渗透液后，在毛细管作用下，经过一定时间的渗透，渗透液可以渗进表面开口缺陷中；经去除被检表面多余的渗透液和干燥后，再在被检表面施涂吸附介质——显像剂；同样，在毛细管作用下，显像剂将吸引缺陷中的渗透液，即渗透液回渗到显像剂中；在一定的光源下(黑光或白光)，缺陷处的渗透液痕迹被显示(黄绿色荧光或鲜艳红色)，从而探测出缺陷的形貌及分布状态。它是一种以毛细管作用原理为基础的检查表面开口缺陷的无损检测方法。

(2) 方法

① 表面准备即预清洗　将待检表面净化，去除氧化皮、锈层及油脂等残留物。

② 渗透　将渗透液涂(喷)洒于待检表面。

③ 去除　从待检表面去除所有的渗透液，同时不将已渗入缺陷中的渗透液清洗出来。

④ 干燥　干燥时被检面的温度不得高于50℃；干燥时间5~10min。

⑤ 显像　用显像剂将缺陷处的渗透液吸附至被检表面，产生清晰可见的缺陷图像。

⑥ 检验　着色检验在白光下进行，白光强度要足够；荧光检验在暗室里进行，黑光强度要足够。

(3) 优缺点　使用简单，结果直观，但比较费时。灵敏度要大大高于目视法，尤其在检测表面裂纹时，但本法对裂纹的灵敏度不如下面介绍的漏磁法。它主要用于非铁磁性材料的表面检测，因为此时漏磁法无法使用。

89. 漏磁法的检测原理、方法及优缺点是什么?

(1) 原理　被检铁磁性材料表面被磁化后，利用铁磁材料的导磁率与空气及非磁性夹杂物的导磁率不同的特性，当存在缺陷时，会使被检表面和近表面的磁力线发生局部畸变而产生漏磁场，如果缺陷离表面较近而且与磁力线不平行的话，可以在表面上检测到漏磁信号。

(2) 方法

① 被检表面磁化　常用磁化方法有周向磁化：包括通电法、中心导体法、偏置芯棒法、触头法等；纵向磁化：包括线圈法、磁轭法等；多相磁化：包括交叉磁轭法、交叉线圈法等。根据被检表面具体条件选用。

用直流电磁化时，磁力线均匀通过被检管道截面。当磁场强度足够高且缺陷形状适宜时，可检出表面以下5mm处的缺陷。

用交流电磁化时，由于趋肤效应，磁力线集中在被检管道表面。所以有较强检出表层缺陷的能力，但检出表层以下缺陷的能力较差，最深限于检出表层以下2mm的深度。

② 漏磁显示　显示裂纹上漏磁的方法主要有以下三种：

a. 磁粉法　在磁化表面涂以可磁化的细粉(干粉或制成悬浮液)，在漏磁处形成“粉末条带”，较实际裂纹缝隙宽数倍，易于识别。如粉末着色或发荧光时，检出效果更佳。

b. 磁针法　应用磁场敏感的半导体(霍尔元件)或磁场探针(福斯特探针或弱磁场强度测定仪)在被检表面无间隙地移动，可发现漏磁位置。对于剩磁强的材料，可运用探针扫描，测量其漏磁量大小，可获得裂纹深度的信息。

c. 磁图像法　利用磁带作为中间储体，将空白磁带放置在被测表面。被检表面裂纹上的漏磁可记录到磁带上。在一定条件下，凭借磁带记录的漏磁量信号可推测裂纹的深度。

(3) 优缺点　对表面裂纹的检测灵敏度较高，只适合铁磁材料的表面或近表面缺陷的检验。

90. 超声波法的检测原理、方法及优缺点是什么？

(1) 原理　超声波法是利用压电晶体换能器产生的高频声波(100～200MHz)穿过材料，测量回声返回探头的时间，或记录发生共振时声波的频率作为讯号，来检测缺陷或测量壁厚。

(2) 分类

① 按原理分类，可分为以下三种：

a. 脉冲反射法　利用反射的部分声波(回声)评定材料中的缺陷。

b. 穿透法　依据脉冲波或连续波穿透试件之后的能量变化来判断缺陷。

c. 共振法　依据试件的共振特性，来判断缺陷情况和管壁厚度变化情况，常用于测厚，可由以下公式计算管壁厚度：

$$\delta = \frac{\lambda}{2} = \frac{C}{2f_0} = \frac{C}{2(f_m - f_{m-1})} \quad (2-3)$$

式中 f_0——管道材质的固有频率；

f_m，f_{m-1}——相邻两共振频率；

C——被检管道材质的声速；

λ——波长；

δ——管壁厚度。

② 按波形分类，可分为纵波法、横波法、表面波法、板波法、爬波法等。

③ 按探头数目分类，可分为单探头法、双探头法、多探头法。

④ 按探头接触方式分类，可分为直接接触法、液浸法。

(3) 优缺点　回波法只需触及待测物的一面，比需要同时接触两面的穿透法更方便使用。垂直入射超声波法主要用于检查薄板的分层、块料或锻件内部缺陷以及检修过程的质量控制。斜探头入射法主要适用于焊缝和管件检查。

超声波检查经过长期的使用考验，应用十分广泛，也建立了相应的规范和规定。但仍有不足之处，最主要是对缺陷大小的定量评价常依赖带有人工校正缺陷的对比试件，易造成一定的误差。

91. 射线照相法的检测原理、方法和优缺点是什么？

(1) 原理　X 射线和高能 γ 射线的波长很短($10^{-9}\sim10^{-12}$cm)，具有穿透固体物质的能力。它们沿直线传播，传播速度约等于光速。和超声波不同，检查中一般无反射和折射，但会被材料吸收而发生衰减，材料密度和厚度越大，衰减程度也越大。用灵敏检测器显示其衰减程度可获得被测物壁厚及内部缺陷方面的信息。

(2) 设备装置

① X 射线发生器　高能电子束打击钨靶，会产生 X 射线(这种装置称为 X 射线管)。早在 1930 年已出现可携带式的 X 射线设备，用于材料检验。衡量 X 射线的质量指标是射线的硬度(能量)和强度。射线越硬，能穿透的材料厚度越大。

② 高能 γ 射线源　在电磁波谱中，高能 γ 射线是紧临 X 射线，能量更高(波长更短)的电磁波，所以具有更强的穿透能力。其来源是天然或人工的放射源。放射源可用以下 6 个特征指标来描述：射线能量(硬度)，eV；源的活性(强度，即单位时间内衰变数)，Bq；源的比活性(活性/质量)；半衰期(源活性衰减到初值一半所需的时间)；半价层厚度(使射线强度衰减一半所需的某吸收层厚度)；剂量率常数(定义为单位活性、单位时间、距源 1m 处的射线剂量)。

几种检查用的高能 γ 射线源的特性如表 2-14 所示。

表 2-14　材料检验中常用 γ 射线源的特性

放射源(同位素)	来　源	半衰期	有效 γ 射线能量/MeV	半价层厚度(Pb)/mm	剂量率	检测范围(Fe)mm^2
镭	天然	1622 年	1.7；0.6	13	0.81	50~150
Yb-169	人工	32 天	0.008~0.308	0.9	0.21	3~15
Ir-192	人工	74.4 天	0.48；0.31	2.8	0.48	10~100
Co-60	人工	5.27 年	1.173；1.333	13	1.30	50~150

③接收(显示)装置　射线透过被测表面后，一般可采用以下方法来接收和显示射线信号：对 X 射线具有感光性能的照相软片；能探测 X 射线或高能射线的射线计数器。

(3) 优缺点　可以得到永久性的记录，结果比较直观。射线透射检查法特别适宜检查和发现三维缺陷(如：气孔、缩孔、各类夹杂等)；对于二维缺陷，如裂纹及结合缺陷，只有当它们沿射线方向分布时才能显示。这种方法还可用于显示堵塞和结瘤，显示因腐蚀或磨损造成壁厚的局部减薄(和原始图谱比较)。其结果直观、可靠，大量用于焊缝的质量检查。

最新的发展中也用于检查管束装置中焊缝以及应力腐蚀等造成的损伤。不足之处是该方法需要昂贵的专用装置，防护上也有一定要求。

92. 涡流法的检测原理、方法和优缺点是什么?

(1) 原理　涡流检测方法是用交流磁场在导电材料中感应出涡流，这个涡流的分布及大小除与激励的交流电频率、被测部位的金属材料以及检测线圈的形状、尺寸和位置有关以外，还与被测金属材料表面或接近表面的缺陷有关。这样，通过测定涡流的大小和分布，可以检测材料的腐蚀状况，例如可能存在的孔蚀、晶间腐蚀、选择性腐蚀、全面腐蚀以及腐蚀开裂等。

(2) 方法　用触头式线圈或环形线圈检测系统，在任意一处无缺陷的位置将阻抗调到某一零位。一旦线圈移到管道中有缺陷处，初级线圈在管道中产生的涡流就会发生变化，使次级交变磁场也发生变化，反过来又影响到初级激励磁场，使事先调整好的阻抗零点发生位移。根据这种位移信号来确定缺陷大小和位置。

(3) 优缺点　涡流法方法简便，适用于多种黑色金属和有色金属，可用于测厚和检测腐蚀损伤，探测全面腐蚀和局部腐蚀，检测涂镀层，在一定条件下可用于在线测量。不足之处是需专用仪器和定标技术。

93. 声发射法的检测原理方法和优缺点是什么?

(1) 原理　声发射又称应力波发射。材料和结构在受力变形或断裂过程将释放声能，某些腐蚀过程，如应力腐蚀开裂、腐蚀疲劳、磨损腐蚀等也都伴有声能释放。声发射技术就是通过监听或记录这种声波来检测设备上述类型腐蚀损伤的发生和发展，并确定它们的部位。

(2) 仪器及方法　声发射监测仪是利用声电转换器(压电晶体)将声能转换成电信号。由所检测的声发射信号特征可以判断设备损伤的类型。材料变形或开裂所产生的声发射信号是上升时间极短的脉冲，并且随着裂纹扩展将不断猝发出不同强度的脉冲。设备内贮液的泄漏所产生的声发射则是强度较低的连续信号，类似于背景噪声。不过伴随着液体泄漏产生的空化，也会引起脉冲信号。

(3) 优缺点　声发射现象在金属和非金属等所有固体材料中都存在，因此这种技术的应用领域非常广泛。对腐蚀开裂的检测，声发射方法比其他无损检测方法要灵敏得多，它可以检测出萌发状态的微裂纹，但是它不能提供不受应力作用的腐蚀过程的任何信息。因此，通常它需要与其他方法配合使用。

94. 热像显示法的检测原理方法和优缺点是什么?

(1) 原理　热像显示法即红外图像法。任何物体在绝对零度以上都可以释放出一定量的红外线。材料在受力变形和破坏时，由于滑移、生成裂纹等释放能量的过程中，都会引起材料表面温度和温度场的变化。与腐蚀有关的一些现象，如设备泄漏、耐火材料衬里的破坏、传热设备的结垢等，都可以提供进行红外测量的讯号。使用合适的红外探测系统测量材料表面的温度和温度场的变化，可以了解引起这种变化的材料缺陷和腐蚀等的原因。

(2) 方法　这种技术主要用于作出构件的等温线图。可以利用各种手段检测显示，例如，用热敏笔在构件上简单地标示温度变化；或者在产生锈层氧化皮的部位用红外照相机进行拍摄，红外照相可以在较宽的温度范围内应用，一般为 20 ~ 2000℃甚至更高的温度；或者使用专门的热像显示记录仪等。

(3) 优缺点　热像显示技术的优点是可以非接触地进行在线测量。能否使用这种方法的关键在于设备表面是否存在自发的或诱发的温度场。

95. 管道内壁内窥镜检查法的工作原理是什么?

内窥镜是一种利用光导玻璃纤维传输图像，使操作者在外部直接观察到中空物体内壁图像的装置。它在医学上已广泛用于人体内部器官的观察、检查，近年来也开始用于检查某些难以直接观察部位(如小管道的内壁、容器的狭小弯曲部位等)的腐蚀状态或施工质量(焊缝、涂层等)。内窥镜的形式和种类很多，其镜头可选择：前视、后视、前斜视、后斜视及环视的物镜；按其所使用的光导纤维可选择：柔性和刚性内窥镜。柔性内窥镜使用灵活，特别适合检查形状复杂的弯曲内腔，但得到的图像质量稍差，逊于刚性内窥镜得到的图像质量。内窥镜得到的图像比例和所选用的内窥镜尺寸以及物镜与目镜距离有关。在观察时，应具有关于图像比例的知识，否则难以从所见到的不均匀尺度关系中获得真实图像的概念。

96. 爬行机器人内检测技术的原理和装置组成有哪些?

(1) 检测原理　利用一种在狭小管道内爬行的机械装置，携带电视摄像镜头及腐蚀检测探针，通过在管内的爬行，将管内的腐蚀形貌以及腐蚀坑深大小分布等信息通过电缆传送给管外操作者。

(2) 装置组成

① 动力电缆及驱动机构　机器人由一个外部电源供电的电动驱动器或外部气源控制的气动驱动器所推动。爬行器常设计成三轮小车型，爬行距离受动力源限制。

② 腐蚀检测机构　目前设计的管内爬行器可携带一个商用电视摄像系统。该系统包括：摄像头、图像转换器、监视器(屏幕)、字符生成键盘和录像机。可在管外操作者的监视屏幕上观察到管内壁的图像，并记录保存在磁带上。

爬行器携带的另一个装置是坑深检测。该系统包括：接触式探针传感器、驱动器、电缆和信号处理设备。可在管外显示管内坑深大小及分布。

③ 性能指标　适用的管直径5cm以上；一次爬行距离不少于3m；检查角度90°以上；防水、耐温(100℃以下)。由于爬行距离限制，这种技术的应用少于PIG技术。

97. 清管器型管内检测技术的原理和装置组成有哪些?

(1) 检测原理　清管器是一种利用管道内输送介质作推动力，沿管内运动时可自动找准管中心，并用装置上硬质橡胶球或软毛刷清除管内壁沉积物的装置。为了检测管内壁缺陷(管壁腐蚀、金属损失、应力腐蚀或疲劳腐蚀等)，在传统清管器的基础上，搭载了磁力检测工具、超声波检测工具及其相关附属设备(如清管器跟踪、信号发送/接收和传感设备；数据显示器、解释软件、自动制图和报告编制以及微处理机等一系列组件)，以及腐蚀信号检测、记录、收发装置即成管内检测器(PIG系统)。

(2) 装置组成

① 驱动头　除提供整个PIG的运动动力外，还可携带电池组供检测仪器使用。

② 定位机构　一般置于整个系统尾部，含三个或多个导向轮沿管内壁运动。导向轮上附加的位置传感器还可提供管径变化的信息。

③ 测量仪器　设计成积木式按需要组装拼接，位于PIG系统中段。主要测量原理有：漏磁法(MFL)、超声波法(UT)、磁涡流法(MET)等。

④ 信号记录装置　可采用磁性记录(在检查完毕后取出分析)或通过发射装置在管外接收。

⑤ 距离定位装置　有超声信号或放射性示踪元素定位或路径记录定位。

98. 清管器型管内检测技术有何发展趋势？

（1）目前采用的漏磁式智能清管缺陷检测技术对金属损失缺陷检测准确度高，但对管道的裂纹缺陷和焊缝缺陷检测的准确度都不高，而这又是20世纪90年代前管道主要问题，有待发现新的检测方法。

（2）漏磁式智能清管缺陷检测技术在低压管线（<2.0MPa）检测精度很低，主要是因为在低压天然气管道中运行十分不平稳，造成检测数据丢失。因此用于风险较大的城市输气干线的智能清管技术还需要开发。

（3）超声波检测将向高精度方向发展，并适用于不同的工作环境。由于超声波检测技术本身存在的不足，如对较浅的凹坑（其面积通常小于压电超声波探头的面积）以及较浅的陆架形或阶梯形缺陷（面积为0.32～6.45cm^2）检测时常出现误差，应利用先进的数据处理方法来弥补，使数据处理的结果更加多样化。

（4）由于施工、维修或工艺等原因，管道不可能是光滑笔直的，这就需要清管器有良好的越过障碍（如阀门、三通、弯管）的能力。对于现有的石油天然气管道运输行业而言，为适应社会发展需要，已逐步形成了城市管网、地区管网，甚至是整个世界能源运输管网，因此，目前的石油天然气管道已经不是单一的一条线路。要想设计出应用范围广的清管器，还需研究提高在分叉处的自动选择路径的能力。

（5）对现有的清管器的研究，仍然停留在管内运动、检测等方面，而对工程有实用价值的是管内运动、检测、修复一体化作业，因此必须考虑清管器的实时检测修复功能。

99. 漏磁通检测技术（MFL）有何优缺点？

在所有管道内检测技术中，漏磁通检测历史最长，因其能检测出管道内、外腐蚀产生的体积型缺陷，对检测环境要求低，可兼用于输油和输气管道，可间接判断涂层状况，其应用范围最为广泛。

由于漏磁通检测即使没有对数据采取任何形式的放大，异常信号在数据记录中也很明显，因此其应用相对较为简单。值得注意的是，使用漏磁通检测仪对管道检测时，需控制清管器的运行速度，漏磁通对其运载工具运行速度相当敏感，虽然目前使用的传感器替代传感器线圈降低了对速度的敏感性，但不能完全消除速度的影响。

该技术在对管道进行检测时，要求管壁达到完全磁性饱和。因此测试精度与管壁厚度有关，厚度越大，精度越低，其适用范围通常为管壁厚度不超过12mm。该技术的精度不如超声波高，对缺陷准确度的确定还需依赖操作人员的经验。

100. 压电超声波检测技术有何优缺点？

压电超声波检测技术原理类似于传统意义上的超声波检测，传感器通过液体耦合与管壁接触，从而测出管道缺陷。超声波检测对裂纹等平面型缺陷最为敏感，检测精度很高，是目前发现裂纹最好的检测方法。

但由于传感器晶体易脆，传感器元件在运行管道环境中易损坏，且传感器晶体需通过液体与管壁保持连续的耦合，对耦合剂清洁度要求较高，因此仅限于液体输送管道。

101. 电磁波传感检测技术（EMAT）有何优点？

这种技术是利用电磁物理学原理以新的传感器替代了超声波检测技术中的传统压电传感器。当电磁波传感器在管壁上激发出超声波能时，波的传播采取沿管壁内、外表面作为“波导器”的方式进行，当管壁是均匀的，波沿管壁传播只会受到衰减作用；当管壁上有异常出现时，在异常边界处的声阻抗的突变产生波的反射、折射和漫反射，接收到的波形就会发生明显的改变。由于基于电磁声波传感器的超声波检测最重要的特征是不需要液体耦合剂来确保其工作性能，因此该技术提供了输气管道超声波检测的可行性，是替代漏磁通检测的有效方法。

102. 什么叫远场涡流检测技术?

内置式探头置于被检测钢管内，探头上有一个激励线圈，还有一个(或两个)检测线圈。激励线圈和检测线圈的距离为钢管内径的2~3倍。激励线圈发出的磁力线(能量)穿过管壁向外扩散，在远场区又再次穿过有表面缺陷的管壁向内扩散，被检测线圈接收。检测线圈接收到的信号的幅度和相位都和壁厚有关，利用专用的软件就可测得管壁的厚度(见图2－22)。

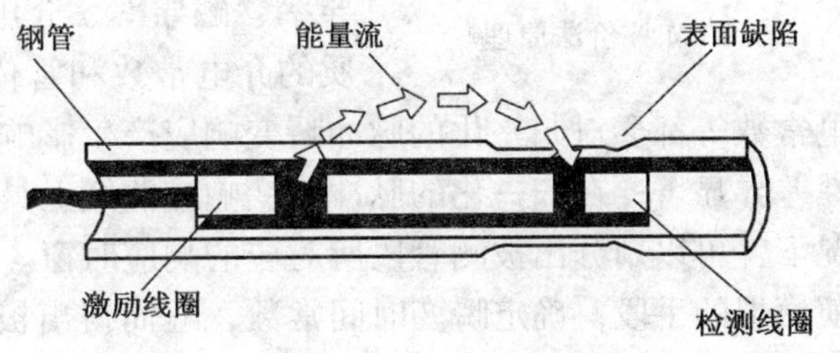

图2－22　远场涡流无损检测的原理

103. 远场涡流检测技术有哪些优点?

与普通涡流、漏磁和超声波无损检测相比，远场涡流无损检测具有以下优点：

(1) 被检测的钢管的表面不必清洗；

(2) 探头与钢管表面不接触，探头外径与钢管内径之间的间隙变化对检测结果的影响很小，允许的最大间隙为钢管内径的30%，最佳间隙小于钢管内径的15%；

(3) 检测钢管内表面和外表面的腐蚀坑的灵敏度相同；

(4) 对均匀减薄、渐变减薄和偏磨减薄的检测，都有极高的检测灵敏度；

(5) 探头的检测速度是否均匀对检测结果无影响；

(6) 钢管内的气体、液体介质对检测结果无影响；

(7) 检测设备体积小，质量轻，便于现场灵活应用；

(8) 检测数据还可存入探头内，实施长距离检测；

(9) 特别适宜于井下套管、埋地输气管线等小口径管道等其他内检测技术无法实施的管道。

104. 金属蚀失量评价法的原理是什么?

管道金属蚀失量评价法就是利用TEM(瞬变电磁)检测评价埋地管道的剩余管壁厚度。方法的核心问题有两个：一是采用高灵敏度、高稳定性、高抗干扰能力的瞬变电磁仪检测管道的综合物理特性所发生的微小变化，二是利用不同目标体的瞬变响应具有时间可分性的特点来识别并研究被测管段的腐蚀程度。

金属管道敷设运行后，如防护不当就会发生腐蚀。无论是电化学腐蚀、杂散电流腐蚀还是厌氧菌腐蚀，其结果都是金属量蚀失、腐蚀产物堆积，造成埋地金属管道的电导率和磁导率变异。因此，只要检测出因腐蚀所致的此种物理性质的变异部位和变异程度，经过与已知(已发生腐蚀和未发生腐蚀)情况对比，就可以指出腐蚀地段并对腐蚀导致的管壁减薄程度作出评价。

通过在管道正上方发射瞬变电磁信号，在稳定激励电流小回线周围建立起一次磁场，瞬间断开激励电流便形成了一次磁场“关断”脉冲。此一随时间陡变的磁场在管体中激励起随

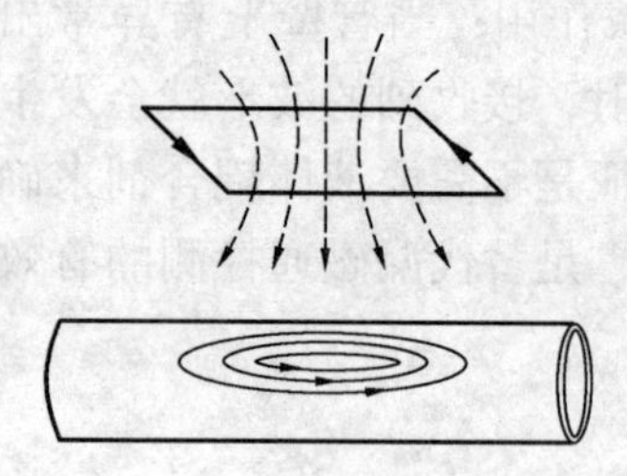

图 2－23　管壁厚度 TEM 评价法原理

时间变化的“衰变涡流”，从而在周围空间产生与一次磁场方向相同的二次“衰变磁场”，二次磁场穿过接收回线中的磁通量随时间变化，在接收回线中激励起被测电动势，最终观测到用激励电流归一化的二次磁场衰变曲线——瞬变响应，如图 2－23 所示。

归一化的脉冲瞬变响应特征主要取决于被测管段金属管体的埋深、管径、壁厚、电导率、磁导率以及管内输送物质的电导率、磁导率、介电常数。除此之外，防腐层的厚度、防腐介质的介电常数和管体电阻率，围土介质的电导率、磁导率、介电常数等都会对归一化的脉冲瞬变响应产生影响。金属管体与防腐层以及围土介质的电磁特性差异显著，在归一化的脉冲瞬变响应曲线上具有明显的时间可分性。在信噪比足够高的情况下，可以划分出被测管段所对应的响应时窗。在所划分出的瞬变响应时窗范围内，通过反演模拟的手段，确定瞬变时间常数，继而得出被测管段的管壁厚度。管壁厚度 TEM 评价方法工作流程如图 2－24 所示。

105. 金属蚀失量评价法相关术语和技术指标有哪些，使用何种仪器？

（1）有关术语和指标

① 被测管段长度　每个检测（点）覆盖的管长等于所采用的回线边长与 2 倍管道中心埋深之和（$L+2h$）。

② 检测精度　检测所得的平均管壁厚度与实际平均管壁厚度之间的相对误差，以此作为衡量检测工作质量的指标。干扰较小时可控制在 5% 以内。

③ 验证方法　开挖验证，并采用高精度（0.1 ~0.01mm）超声波测厚仪实际测量管壁厚度，测量点应均匀分布并具有统计意义。

④ 符合率　检测出的剩余管壁平均厚度与管壁实际平均厚度之间的偏差不超出检测精度范围时，称为“检测结果与实际情况相符”。一般情况下，符合率应不低于 80%。

（2）适用对象

由于是在地面采用非接触式信号加载方式，金属蚀失量检测方法最适用的检测对象是单根或者可视为单根的埋地管道。此外，该方法不适宜用于孔（点）蚀的检测。

（3）仪器和软件

金属蚀失量检测技术利用冶金物探研究院李永年教授研制的 GBH－I 管壁厚度测试系统仪器采集数据，具有灵敏度高、抗干扰能力强等优点。同时配套有管道腐蚀检测数据处理专用软件 FUSHI2. 2，集数据存储、处理、分析、图示于一体，功能齐全、界面友好、操作简便。

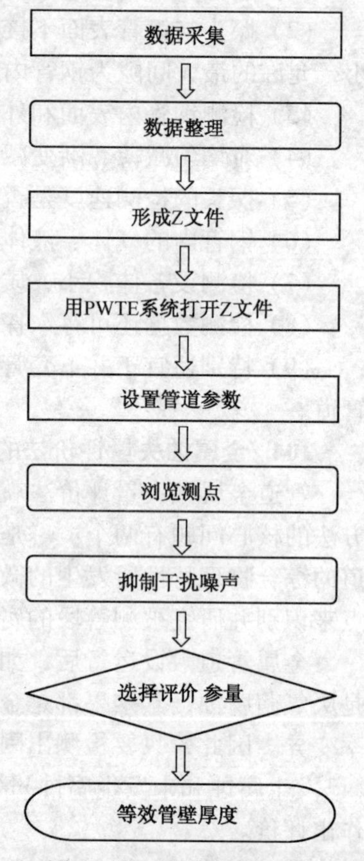

图 2－24　TEM 评价方法工作流程图

106. 视综合参数异常评价法如何判断管体腐蚀？

视综合参数异常评价法除了评价防腐（保温）层防护性能

外，该方法还利用管体视电阻以及与之配合使用的“阳极倾向”识别技术检测管体局部腐蚀。

管体视电阻异常与管道腐蚀以及疲劳损伤现象之间存在密切的依存关系，金属管体的视电阻异常管段，常常就是管体腐蚀或疲劳损伤部位。根据视电阻异常可以分析管体腐蚀与疲劳损伤程度，探查管体腐蚀缺陷的部位。

（1）全面腐蚀、脱层腐蚀导致被检测管段的管壁减薄，在其他条件不变的情况下，管体视电阻增大；

（2）晶间腐蚀、氢腐蚀、应力疲劳以及热胀冷缩等都是导致管体视电阻增大的因素；

（3）长期处在荷载或周期性应力、残余应力环境中的管段(一般位于管道的弯拐或者管件接合部位)，其视电阻随应力时间延续而增大；

（4）发生腐蚀裂纹、腐蚀穿孔、沟槽腐蚀等现象的管段，相对于完好管段而言，其视电阻增大。

107. 什么是阳极倾向点，是如何出现的，有什么危害?

阳极倾向点是指管体具有腐蚀迹象的部位，例如范围不大的面状腐蚀、强烈的点状腐蚀、孔蚀等，可以近似地当作“点阳极”。防腐(保温)层破损与补口缺陷处不一定都会发生管体腐蚀，但是，在破损、缺陷或防护性能失效的地方与其附近，如果管体存在原始瑕疵、划痕，或者曾遭受人为破坏，则极易发生腐蚀。这样的部位就是阳极倾向点(段)。当腐蚀发生在防腐(保温)层完好管段时，管体一侧形成“汇”，防腐介质一侧形成“源”，场的分布特征类似于偶极子。由于防腐介质的绝缘作用，在地面观测不到相应的电位分布，但只要注意到腐蚀过程的时变特征，就可以观测到低频叠加磁场，此类现象多发生在加装防腐保温结构(例如“黄夹克”)的管道上，其原因在于：一方面防腐保温层吸收的水分溶解有氧和其他组分，作为电解液，使管体遭受腐蚀；另一方面腐蚀电流以及其他原因导致的杂散电流也会从防腐保温层破损缺陷处流出，使金属管道发生腐蚀。

108. 等效电流中心偏移法(No－pig)的原理是什么?

No－pig 的意思是“非管内检测”。实际上，该方法就是在地面进行的不开挖检测手段。检测系统包括车载发射机、接收器、数据处理器三个组件。发射机连接在管体与大地之间，可以输出从低频到高频的大功率检测信号；接收器由装在一个半圆状支架上的阵列式多路磁传感器组成，以便在不同的位置接收管道的磁场信号，然后由数据处理器算出某个信号频率激励时的“管中等效电流中心”位置。

在高频检测条件下，由于趋肤效应，信号电流分布在管壁外表，等效电流中心基本上与管道轴心一致；在低频检测条件下，信号电流分布与管体金属分布状态有关，等效电流中心偏离管道轴心，向金属分布重心偏移。如果金属损失发生在管道下部，则等效电流中心向上偏移；如果金属损失发生在管道左侧，则等效电流中心向右侧偏移。因此，可以依据高、低频检测条件下等效电流中心相对偏移情况来判断管体腐蚀缺陷的位置。

沿管道走向顺序测量，如果检测间距(步长通常为 0.25～1.00m)足够密，则可以确定管体腐蚀缺陷的纵向长度以及环向尺寸，同时也给出管顶埋深。进一步的数据处理可以给出管壁厚度损失百分比。

该方法适用于“单管”，并且设备较笨重，比较适宜于在平坦和通过性好的地区应用。自 2000 年问世以来，所发布的检测实例很少，国内也尚未见有引进的报道。

109. 长距超声导波反射法的检测原理是什么？

长距超声导波反射检测方法的基本原理是沿管道环向360°安置阵列式超声波发－收组件，激发某一频率的超声导波使其沿着管道向两端传播，导波的截止频率与管径、壁厚、材质以及管内、外介质的传播特性相关。

在传播过程中，如果遇到焊缝、蚀坑或蚀孔、裂纹、变形、积垢等，超声波就会反射回来被接收并记录。通过专用软件分析，容易区分出焊缝的响应。其余有用信息可以被展开图示成可直观辨识的各种图像，以便对管体的腐蚀状况作出评估。

长距超声导波反射检测方法目前在空气中可检测的最大距离是150m，当管中充满水介质时最大可检测距离为100m；对有石油沥青防腐层的直埋管道的检测距离大约为50m。信号的加载和接收需要直接接触管体，而且还要在探头与管体之间均匀涂抹耦合剂。虽然该方法检测距离有限而且成本较高，但在管道穿越地段使用还是有其优越性的。

六、埋地管道泄漏探测技术

110. 埋地管道泄漏的探测分哪两类？

对埋地管道泄漏的探测分为监测和检测两种。

（1）埋地管道泄漏监测

埋地管道泄漏监测主要是对管道从不漏到突然发生泄漏过程的监测，一般是采用固定的装置对管道进行实时监测，一旦发生泄漏立即报警，以便进行及时处理。其相应的监测传感器和仪器设备一般在管道建设中已经安装好，其缺点是对已经产生的稳定的泄漏源无法检测到。

根据传感器安装的具体部位，监测技术又分为内部和外部监测两种。

埋地管道泄漏内监测技术主要有流量平衡法、负压波法、声波法、实时瞬态模型(RTM)法和监控与数据采集(SCADA)法等。

埋地管道泄漏外监测技术主要有气体敏感法、激光光纤传感法和电缆传感法等。

（2）埋地管道的泄漏检测

埋地管道的泄漏检测是从地上或外部定期进行，采用仪器检测管道的外表面来发现泄漏点，以采取堵漏措施。检测仪器设备一般采用移动式，其优点是无需事先安装固定的传感器和检测设备，对埋地管道不会产生任何破坏或影响其正常生产，对已经稳定和新发生的泄漏均可以进行识别。

111. 流量平衡法内监测技术有何优缺点？

流量平衡法是根据管道入口和出口流量的差值来判断管道是否发生了泄漏。其又可以分为管道平衡法、补偿流量平衡法和质量平衡法。管道平衡法对于管内压力、温度和传输介质组成成分变化引起流量的变化不进行补偿，补偿流量平衡法则进行补偿。目前使用多数属于有补偿的流量平衡法检漏系统。质量平衡法通过流量和比重计的数据可以方便实现监测。

流量平衡法的优点是可以发现微小泄漏。缺点是需要在每段管道的两端安装流量表，检测精度受到流量检测精度的限制，反应时间较长，并且仅靠流量数据不能进行泄漏点定位。不过多数基于软件功能的流量平衡法检漏系统通过对压力数据进行分析可以实现漏点定位。

112. 负压波法内监测技术的原理和优缺点是什么？

负压力波法是通过对管道压力变化的分析来进行泄漏判断的方法。当管道发生泄漏时，由于管道内外的压差，泄漏点的流体迅速流失，压力下降。泄漏点两边的液体由于压差而向泄漏点补充。这一过程依次向上下游传递，相当于泄漏点处产生了以一定速度传播的负压力波。根据管道泄漏产生的负压波传播到上下游的时间差和管内压力波的传播速度可以计算出泄漏点的位置。

负压力波法的优点是适用于液体介质的长输管道和泄漏率大的泄漏定位，检测精度依赖于传感器的频响和灵敏度。缺点是不适于微小泄漏和渗漏。

113. 声波法内监测技术的原理和特点是什么?

声波法检测原理是当输送管管壁破裂时，管内的流体瞬间自洞孔喷出，管内外压力差将会产生特定频率的声波信号，信号会沿上、下游的管线传送，利用信号到达管线上传感器的时间差，可以计算出泄漏位置。

代表仪器是美国 Acoustic System INC（ASI）公司开发的 Wave Alert VⅡ声波管道泄漏系统，该系统具有以下特点：

（1）能短时间内探测出泄漏位置，探测气体介质管道 3km 约用 15s，15km 约 50s，探测油管 3km 约用 10s，15km 约 20s，两探头间距最远达 90km。

（2）泄漏源定位精度为 ±30m。

（3）具有高灵敏度分辨率，在流体静止、马达泵浦启动、阀门开关时，皆可正常开关和监视。

（4）泄漏 <1% 正常流量时也可以检测。

（5）智能型数据采集器，可以自动过滤周围环境噪声，使误报率降至 <4 次/年。

114. 实时瞬态模型（RTM）法内监测技术的原理是什么?

该方法利用动量守恒、能量守恒和大量的流体方程建立管道流体力学和水力学模型，对管道工作状态进行仿真，通过将测量的数据和预制的管道工作模型比较即可确定泄漏点的位置和尺寸。

该方法是目前埋地压力管道最灵敏、最复杂、成本最高的检漏方法。泄漏监测和定位只是该方法的部分功能。泄漏监测和定位分三步，首先根据管道入口端的压力传感器数据计算管道各处压力；然后根据管道出口端的压力传感器数据计算管道各处压力；再将计算出的两条管道压力曲线进行比较，其交点即为泄漏点位置。系统安装的传感器越多，准确性就越高。精心调整的模型能够区分系统故障、干扰或泄漏。

115. 监控与数据采集（SCADA）法内监测技术有何优缺点?

SCADA 系统是基于计算机的通讯系统，有管道运行参数的监视、处理、传输和显示的综合功能。可直接用于泄漏检测，需要沿管道布置分站装置，包括远距离终端设备 RTUs（Romote Terminal Units）、可编程逻辑控制器 PLCs（Programmable Logic Controllers）和其他电子测量设备，被公认为目前最有前景的管道监测控制方法。

该方法的优点是泄漏报警准确，漏点定位精度高，并具有决策控制功能；缺点是要求管道模型准确，运算量大，成本高，需要大量的高精度测量仪表、人员培训和系统维护。

116. 气体敏感法外监测技术的原理和优缺点是什么?

当埋地管道内的介质泄漏时，泄漏的气体会侵入周围土壤的空隙中，放置在土壤中的气体采集器会收集到这些气体。示踪剂或化学指示剂会提示是否有监测的气体存在，从而进行泄漏报警和漏点定位。

该方法的优点是泄漏报警准确，精度高，漏点定位准确，能发现微小渗漏；缺点是需要沿管道密布气体采集器，成本高。

117. 激光光纤传感法监测技术的原理和优缺点是什么？

激光光纤传感法的监测原理为管道泄漏引起附近的光纤振动，最终通过激光干涉技术来探测引起光导纤维振动的部位，采用软件分析激光的变化特性从而确定压力管道泄漏的部位。

该方法采用的传感器是光学器件，不受电磁干扰，因此该系统测试灵敏度较高，同时可以使用现有直埋通讯系统光缆进行检测，大大降低工程费用。缺点是由于光传播速度很快，泄漏点的定位精度是多少尚不清楚；不能区分人为产生的机械振动和管道泄漏引起的机械振动，易产生误报；埋地土壤环境和泄漏方向对检测灵敏度的影响也不清楚，在工程上应用案例较少。

118. 电缆传感法监测技术的原理和优缺点是什么？

电缆传感法是将监测电缆埋设在管道附近，当电缆接触到泄漏的碳氢化合物时，对碳氢化合物敏感的电缆阻抗会发生变化，从而在漏点处反射电缆中传输非脉冲信号，通过对接收到的反射信号进行分析处理，可以确定漏点的位置。

该方法的优点是漏点精度高、软件的设置和维护简单；缺点是成本高，监测电缆线需要专门安装，目前工程应用案例较少。

119. 埋地管道泄漏检测方法主要有哪几种？

目前常用的检漏方法有两种：一种是检测石油产品和气体泄漏的直接检漏法，另一种是检测因泄漏造成的流量、压力、声音等物理参数发生变化的间接检漏法。

基于输送参数变化的检漏就是间接检漏法，该方法适用于在线连续检测，可以实现对管线的实时监测。输送石油、天然气的管线泄漏会引起输送参数的变化和泄漏处周围环境的声、光、电、温度等物理参数的变化。输送参数的变化主要指流量的变化。流量的变化可以根据质量平衡原理检漏。压力的变化根据压力波的传播速度检漏，原油中的压力波传播速度一般为1000～1200m/s，天然气中的压力波传播速度为300m/s。

直接检漏也称作间断性泄漏检测法，主要用于微量泄漏检测，无论管道在运行中还是在停运时均能检测。优点是敏感性好、定位精度高。

120. 埋地管道直接检漏法主要有哪些？

直接检漏法有人工检漏、可燃性气体检漏、声波检漏、红外热成像检漏、示踪剂检漏等。涉及的仪器有声波检漏仪、红外热成像仪、金属磁记忆仪、外防腐层检漏仪、示踪剂检漏仪等。

（1）人工检漏

人工检漏是采用人工分段巡视的方法，适用于两种情况。一是当泄漏处地表面出现油迹或空气中散发石油天然气味，甚至草木枯萎时适用。靠嗅觉发现天然气泄漏必须给天然气中添加味觉剂，感觉的极限约为1%。二是发现第三方破坏和管线在出没地表位的腐蚀可能造成管线泄漏的情况，可以对泄漏的可能性作出评估并加强管理和修复。

（2）声波检漏法

声波检漏法即超声波检漏法。流体泄漏时，由于内外压差，使流体通过漏点时产生涡流，这个涡流产生振荡变化的声波，其频率在6～80kHz之间。该声源发出超声波的物理参数，利用压电传感器在20m以外可以检测到漏点。

(3) 可燃性气体检漏法

用于天然气管线泄漏和含有较多轻烃的原油管线泄漏的检漏。气体检测法有火焰电离检测法和可燃性气体检测法。

火焰电离检测器的定位精度高，响应时间2s，抗干扰能力强，检测速度约为30km/h（车载）。

可燃性气体检测器通过扩散作用从空气中取样，利用催化氧化原理产生一种与可燃性气体浓度成比例的信号，一旦可燃性气体浓度超过爆炸下限的20%时仪器报警。

(4) 红外热成像法

泄漏会引起周围土壤或空气环境的温度变化，通过判读输送油料与周围土壤的温度场确定是否有油料泄漏。利用光谱分析可以检测出较小泄漏位置。该方法可适用于长管道和微小泄漏的检测。埋地输气管道及其周围环境会向空中散发不规则热辐射，经大气向空中传播，大气作为传输介质对辐射进行衰减，通过红外摄像，将其结果进行光谱分析，可以确定输气管道的泄漏。

此种方法受周围环境的影响较大，对环境要求较高。

(5) 示踪剂法

在输送流体中掺入液体示踪剂，当管线泄漏时，流体从管中流出，流体中的示踪剂挥发，并扩散弥漫到周围的土壤中，检测示踪剂的气体分子就能准确检出泄漏位置。

121. 国内外常用埋地管道泄漏检测技术主要有哪些?

从20世纪60年代开始，国外工业发达国家已投入数十亿美元用于开展管道检测技术的研究，目前已研制出漏滋法、超声法、涡流法、电磁超声法等不同原理的管道检测器达30多种。目前国内外常用埋地管线泄漏检测技术见表2-15。

表2-15　常用埋地管线泄漏检测技术

检测方法	原　　理	仪器设备
直接观察法（生物方法）	通过看、闻、听或者其他方式来判断是否有泄漏发生，能发现一些较大的泄漏	听音杆等
泄漏检测电缆法	将特殊的泄漏检测电缆沿管道设置，当管道发生泄漏时，电缆发生劣化并被转变为电信号或光信号输出，通过特定仪器即可知泄漏发生	特殊电缆、铺设方式
空气取样法	两种试验条件：1. 在有电场存在的情况下；2. 在有可燃气体存在的情况下	燃气泄漏巡检仪/燃气泄漏检测仪
质量平衡法	根据进出口管道流体的流量差来判断是否发生泄漏，当泄漏差超过了设定的阈值时，即认为管道发生了泄漏	—
管道模型法	通过建立管道的实时动态模型对系统的参数在线估算，根据估算值和测量值的比较来诊断泄漏故障	建立管道的实时动态模型、传感器
压力分布法	管道发生泄漏后产生了一种沿管道以声波传播的扩张波会引起管道沿线各点的压力变化，并将失稳的瞬态向前传播，在管道沿线设点检测压力，采用统计的方法分析检测到的压力值，根据上下两站压力下降的时间差即可计算出泄漏点位置	—

续表

检测方法	原理	仪器设备
瞬变流模型法	建立管内流体流动的数学模型，在一定边界条件下求解管内流场，然后将计算值与管端的实测值相比较	建立数学模型
负压波法	泄漏时产生的减压波就称为负压波，设置在泄漏点两端的传感器根据压力信号的变化和泄漏产生的负压波传播到上下游的时间差，就可以确定泄漏位置	传感器
小波变换法	利用小波分析检测信号的突变、去噪，提取系统波形特征，提取故障特征进行故障分类和识别等	传感器
声波法	将泄漏时产生的噪声作为信号源，声波沿管道向两端传播，通过设置好的传感器拾取该声波，经处理后确定是否发生泄漏并进行定位	管道泄漏检测仪
电流（或电位）梯度法	电流（电位）梯度法主要利用电流（电位）的突变来查找防腐层的破损点，与其他方法共同使用可得到较好的泄漏检测效果	RD－PCM
磁场梯度法	磁场梯度法主要利用磁场突变来查找防腐层的破损点，进而确定泄漏点的位置	C－SCAN
管道PIG检测法	将爬机放入管内，在流体的推动下运动到下游，同时收集有关管内流动和管壁完好程度的信息。对记录在爬机内的数据进行处理后，可以得到很多信息，同时也可以判断管道是否泄漏	管道PIG
导波技术检测法	沿管道环向360°安置阵列式超声波发－收组件，激发某一频率的超声导波使其沿着管道向两端传播，在传播过程中，如果遇到焊缝、蚀坑或蚀孔、裂纹、变形、积垢等，超声波就会反射回来被接收并记录	TELETEST

122. 燃气管道泄漏检查有哪些方法？

由于燃气管道埋在地下，处于隐蔽状态，如果发生漏气，泄漏的燃气沿地下土层孔隙扩散，使查漏工作十分困难。可以根据燃气密度的大小确定大致的漏气范围。一般用下列方法查找：

（1）钻孔查漏　定期沿着燃气管道的走向，在地面上每隔一定的距离（一般隔2～6m）钻一孔，用嗅觉或检漏仪检查。可根据竣工图查对钻孔处的高度埋深，防止钻孔时损坏管道和防腐层。发现有漏气时，再用加密孔眼辨别浓度，判断出比较准确的漏气点。对于铁道、道路下的燃气管道，可通过检查井或检漏管检查是否漏气。

（2）挖探坑　在管道位置或接头位置上挖探坑，露出管道或接口，检查是否漏气。探坑的选择，应结合影响管道漏气的各种原因综合分析而定。挖深坑后，即使没有找到漏气点，也可根据坑内燃气味浓淡程度，大致确定漏气点的方位，从而缩小查找范围。

（3）地下管线的井、室检查　地下燃气管道漏气时，燃气会从土层的孔隙渗透至各类地下管线的窨井内，在查漏时，可将检查管插入各类窨井内，凭嗅觉或检漏仪器检测有无泄漏燃气。

（4）植物生态观察　对邻近燃气管道的绿化树木等的生态观察，也是查漏的有效措施。如有泄漏，燃气扩散到土壤中，将引起花草树木的枝叶变黄，甚至枯死。

(5) 利用排水器的排水量判断检查　燃气管道的排水器需按期进行排水。若发现水量骤增，情况异常，应考虑是否地下水渗入排水器，由此推测燃气管道可能破损泄漏，需进一步开挖检查。

(6) 仪器检漏　各种类型的燃气检漏仪是根据不同燃气的物理、化学性质设计制造的，应用较广泛。

123. 使用组合检测技术检测油气管道泄漏的基础是什么?

埋地管道输送介质的不同决定了其泄漏原因及泄漏特点的不同，进而决定了各种泄漏检测方法的针对性和适应性。胜利油田腐蚀与防护研究所以对各种埋地管道腐蚀检测及泄漏检测技术进行试验评价的结果为基础，并总结埋地管道腐蚀与泄漏检测工作的实践经验，针对埋地油、水、气管道泄漏检测建立了组合检测方法模式。无论埋地管道输送的为何种介质，进行泄漏检测的前提是对管道进行精确定位，确定泄漏管道的具体位置，管道定位推荐采用PCM峰值法。

124. 如何使用组合检测技术对输气管道进行检测?

对于埋地输气管道泄漏检测，基于"空气取样法"原理的高精度燃气泄漏检测仪报警点为1ppm(10^{-6})，检测泄漏气体中CH_4以及其他烃类物质浓度的准确性以及微量泄漏气体的检出灵敏度已完全得到保证，在管道精确定位的基础上，应用燃气泄漏检测仪的快速巡检功能沿管道路径进行泄漏普查，并利用"高精度燃气泄漏检测仪"对异常部位进行泄漏点精确定位，可比较容易地检测埋地输气管道的泄漏点。埋地输气管道泄漏检测方法步骤归纳为：管道精确定位—可燃气体浓度快速巡检—泄漏点精确定位。

125. 如何使用组合检测技术对输油管道微量渗漏进行检测?

输油管线微量渗漏通常由以下两种状况引起：管线敷设时与其他管线搭接，相互挤压引起防腐层损伤、管体局部变形，由于应力集中和外腐蚀联合作用下引起泄漏穿孔；管线敷设周围存在铁轨、直流电源分布系统、焊接系统、城市电话、阴极保护系统或交流高压电力系统等易形成杂散电流的设施，管线外防腐层破损点处由于杂散电流的流出而引起的局部腐蚀穿孔。

埋地输油管道由于管线搭接，应力腐蚀引起的微量渗漏检测方法步骤归纳为：管道精确定位—搭接金属及非金属管线探测—防腐层破损点检测—破损点处地表电位梯度变化检测—可燃气体浓度检测—渗漏点精确定位。

埋地输油管道由于杂散电流的流入流出而引起的微量渗漏检测方法步骤归纳为：管线精确定位—防腐层破损点检测—破损点处管线的腐蚀活性检测(DCVG/CIPS)—杂散电流检测(RD－SCM)—渗漏点精确定位。

126. 如何使用组合检测技术对输油管道盗漏进行检测?

由于人为破坏，盗油卡子泄漏电流较大，因此管线盗油点处外防腐层存在较大的破损点，管线正常运行条件下破损点的发展是一个极为缓慢的过程，而盗油卡子则为一夜间即可装上，引起在预先对管线进行破损点普查风险点布控的基础上，将已有破损处排除后，新增的大破损点即为可能的管线盗漏位置，另外再结合管线新增防腐层破损点处的管线埋深、土壤疏松程度和交通便利程度判别管线的盗漏点。如果新增破损点处的管线埋深较浅(便于盗油)、交通便利(便于运输)、土壤较疏松(开挖回填引起)，则该处可精确判定为输油管线盗漏点。

埋地输油管道盗漏点检测方法步骤归纳为：管线精确定位—防腐层破损点检测—管线埋深检测—土壤输送程度与交通便利程度综合分析—盗漏点精确定位。

127. 燃气查漏中可能遇到哪些干扰，怎样判定？

燃气查漏中可能遇到的干扰及判定如下：

（1）地上可燃气的干扰　机动车的尾气排放有可能造成仪器的误报警，当机动车离开后，报警会自动停止。如报警持续不断，还应观察周围是否有如香蕉水等挥发性可燃物的存在。如没有，方可考虑是地下燃气泄漏后的上窜。

（2）下水道地沟内沼气的干扰　这是最常见的一种误报警。解决的办法是首先询问最近的住户，请他们指明下水道的准确位置，以了解管道同下水道的距离关系，从而设计出若干钻孔点，然后通过对气体的浓度和稳定情况来判断是漏点还是干扰。

（3）相邻管道漏点的干扰　在确定漏点并开挖后发现目标管道完好无损，在其他可能的干扰都排除后，就要考虑相邻管道泄漏的可能。

128. 怎么查找盗油暗卡子？

暗卡的查找是个难题。常用防腐层检漏仪探测防腐层破损点来开挖发现。但是由于有些老管线防腐层破损点很多，造成开挖检查的工作量较大。管道防腐层的腐蚀是一个缓慢的过程，不同等级的防腐层需经过几年、十几年甚至几十年才会出现老化、龟裂、剥离直至穿孔。而盗油分子仅在短时间内就能在管道上设置盗油卡子，因此根据管道段防腐层近期的普查记录进行前、后对比，若有新增加的破损点则很可能是盗油分子新设置的盗油卡子。盗油卡子设置处地表的泄漏电流比较大。通过比较泄漏电流量，可将中小泄漏点进一步剔除，剩下的大泄漏点可能是盗油卡子设置处。在收获庄稼后至下季播种之前是盗油分子在埋地管道上设置盗油卡的频繁时期，因此在该段时期应加大探测力度，增加巡线次数。

129. 氢气示踪查漏技术的特点与原理是什么？

氢气是一种理想的示踪气体，是所有气体中密度最轻（是空气的1/14）和黏度最小的，能够快速由泄漏处渗透到地面而被仪器检测到。氢气在地表面的横向扩散很小，埋深1m的管道，其扩散直径范围仅为1.5m，这时用高灵敏度氢气检漏仪确定泄漏部位的误差也仅在0.5m之内，即使是埋深3~4m的管道，其定位精度事实上也是很高的，一般在1m之内。

氢气示踪法的基本原理是将5%氢气和95%氮气混合气注入管道中，然后用氢气检漏仪在管道上方搜索，检测示踪气体。通过检测泄漏处冒出到地面的示踪气体，便可准确查到泄漏部位。

130. 常用的埋地管道泄漏实时监测技术有何特点和局限性？

目前国内外常用的埋地管道泄漏实时监测技术在原理以及工程实施方面的特点以及局限性，主要体现在以下三方面：

（1）基于实时在线监测两端输差变化原理的泄漏监测技术，适用于发现泄漏，但无法对泄漏点进行定位。

（2）基于实时在线监测两端压差的变化原理的泄漏监测技术，适用于埋地长输管道的泄漏监测，而对于油田埋地管道，即使在管输正常没有发生泄漏的条件下，由于受到阀组、变径等客观因素的影响，也会使两端输差发生变化，导致漏检或误检。

（3）埋地管道泄漏实时在线监测技术，由于工程浩大，一般每套在线监测系统需900万元，且维护费用高，使部分已经投入应用的在线监测系统由于得不到及时有效的维护而逐渐荒废。

七、管道特征点与风险点高精度定位技术

131. 什么是管道特征点与风险点高精度定位技术?

管道特征点与风险点高精度定位技术是对管线探测结果(特征点、直线控制点)及管道腐蚀检测结果(风险点、腐蚀区段等)使用高精度 GPS 或 RTK 实施坐标测绘，进行高精度卫星定位。

132. 什么是 GPS?

GPS，又称全球定位系统(Global Positioning System)，是由 27 颗人造卫星和地面站组成的全球无线导航与定位系统。GPS 系统是由美国国防部于 1973 年开始设计、试验，1993 年底建成并开始投入商业运营。GPS 系统包括三大部分：空间部分——GPS 卫星；地面控制部分——地面监控系统；用户设备部分——GPS 信号接收机。

GPS 卫星的分布使得在全球的任何地方、任何时间都可观测到四颗以上的卫星，并能保持良好定位解析精度。根据“三角测量”原理，GPS 信号接收机可以输出地面任何地点的位置信息。现在这些位置信息已经广泛地用于大地测量、工程测量、航空摄影测量、地壳运动监测、工程变形监测、精细农业、个人旅游及野外探险、紧急救生和车辆、飞机、轮船的导航与定位等各个领域。

133. GPS 的三大部分分别有什么作用?

GPS 空间部分由 24 颗工作卫星和 3 颗在轨备用卫星组成。GPS 卫星的主要功能为：①接收和存储来自地面监控系统发送的导航信息和指令；②卫星上的微处理器必要的数据处理；③卫星上的原子钟产生基准信号和精确的时间标准；④向用户连续发送导航定位信息。

地面监控系统由一个主控站、三个注入站和五个监测站组成，通过专用安全通信数据链将三者联成一体。主站任务是：收集处理本站和各监测站传送来的资料，完成卫星轨道和时钟校正参数的计算、编制导航电文并传送到注入站。三个注入站任务是把主控站送来的“导航电文”和“控制指令”注入过顶卫星。监测站的任务是对卫星进行连续监测、收集卫星观测数据和当地气象数据，并将这些数据一起传送给主控站。

GPS 用户接收系统由天线、接收机、处理器和显控部件组成，通过接收多颗卫星的信号来解算出自身的位置以实现定位和导航。GPS 接收系统可以捕获到按一定卫星高度截止角所选择的待测卫星的信号，并跟踪这些卫星的运行，对所接收到的 GPS 信号进行变换、放大和处理，以便测量出 GPS 信号从卫星到接收机天线的传播时间，解译出 GPS 卫星所发送的导航电文，实时地计算出用户的三维位置、速度和时间。

134. GPS 的特点有哪些?

GPS 的特点有：

(1) 定位精度高　应用实践已经证明，GPS 相对定位精度在 50km 以内可达 10^{-6}m，100 ~ 500km 可达 10^{-7}m，1000km 可达 10^{-9}m。在 300 ~ 500m 工程精密定位中，1h 以上观测的解其平面位置误差小于 1mm，与 ME－500 电磁波测距仪比较，较差最大误差为 0.5mm，较差中误差为 0.3mm。

(2) 观测时间短　随着 GPS 系统的不断完善，软件的不断更新，目前 20km 以内相对静态相位，仅需 15 ~ 20min；快速静态定位测量时，当每个流动站与基准站相距在 15km 以内时，流动站观测时间只需 1 ~ 2min，然后可随时定位，每站观测只需几秒钟。

（3）测站间无需通视　GPS 测量不要求测站之间互相通视，只需测站上空开阔即可，因此能节省大量的造标费用。由于无需点间通视，点位位置可根据需要，可稀可密，使选点工作甚为灵活，也能省去经典大地网中的传算点、过渡点的测量工作。

（4）可提供三维坐标　经典大地测量将平面与高程采用不同方法分别施测。GPS 能同时精确地测定测站点的三维坐标，目前 GPS 水准可满足四等水准测量的精度。

（5）操作简便　随着 GPS 接收机不断改进，自动化程度越来越高；接收机的体积越来越小，质量越来越轻，极大地减轻了测量工作者的工作紧张程度和劳动程度，使野外工作变得轻松愉快。

（6）全天候作业　目前 GPS 观测可在一天 24h 内的任何时间进行，不受恶劣天气的影响。

135. GPS－RTK 技术较常规 GPS 技术有何先进之处？

常规的 GPS 测量方法，如静态、快速动态、动态测量都需要时间进行解算才能获得厘米级的精度，而 RTK 是能够在野外实时得到厘米级定位精度的测量方法，它采用了载波相位动态实时差分方法，是 GPS 应用的重大里程碑。高精度的 GPS 测量必须采用载波相位观测值，RTK 定位技术就是基于载波相位观测值的实时动态定位技术，它能够实时地提供测站点在指定坐标系中的三维定位结果，并达到厘米级精度。

136. 什么是 RTK 技术？

RTK(Real Time Kinematic)技术就是载波相位差分技术，是建立在实时处理两个测站的载波相位基础上的。基准站通过数据链实时将采集的载波相位观测量及测站坐标信息一同发送给流动站，流动站接收 GPS 卫星的载波相位与来自基准站的载波相位，并组成相位差分观测值进行实时处理，同时通过输入的相应的坐标转换参数和投影参数，能实时给出流动站的三维坐标及精度。RTK 技术是 GPS 测量技术发展中的一个新的突破，具有定点速度快、误差不积累、节省人力、作业效率高等特点，广泛应用于工程测量、数字化测图等领域。

137. RTK 技术的原理是什么？

RTK 技术原理是：在基准站上安置一台 GPS 接收机，对所有可见的 GPS 卫星进行连续观测，并将观测数据通过无线电传输设备，实时地发送给在各流动测站上移动观测的 GPS 接收机，移动 GPS 接收机在接收 GPS 信号同时，通过无线电接收设备接收基准站传输的观测数据，再根据差分定位原理，实时计算出测站点的三维坐标及精度，如果距离近(<50km)，且有 5 颗以上共视 GPS 卫星，精度可达 1～2cm。

138. RTK 技术的关键是什么？

RTK 技术的关键在于数据处理技术和数据传输技术，RTK 定位时要求基准站接收机实时地把观测数据(伪距观测值，相位观测值)及已知数据传输给流动站接收机，数据量比较大，一般要求 9600 的波特率，这在无线电上不难实现。

139. 提高 RTK 精度的技术关键是什么？

提高 RTK 精度的技术关键有：

（1）基准站的设置　要提高 GPS 信号接收的质量，基准站必须建立在较高、稳固、能够长期保留且使用便利的建筑物上，远离各种强电磁干扰源。同时，为了减少多路径效应的影响，基准站周围应无明显的大面积信号反射物。

（2）坐标转换参数的求解　求解坐标转换参数所使用的已知控制点的精度、密度及分布状况对坐标转换求解质量有着直接影响。在求解坐标转换参数时，应采取不同基准点的匹配方案，用不同的计算方法求得坐标转换参数，经比较后选择残差较小、精度较高的一组参数使用。

(3) 流动站和基准站间的间距　RTK 是建立在流动站与基准站误差相关这一假设的基础上的，随着流动站和基准站间间距的增加，这种误差相关性变得越来越差，定位精度也会随之下降。对于较远点位，可适当延长测量时间。

(4) 观测卫星的图形强度要高　在进行坐标解算时，所采用的卫星数越多、分布越均匀，则 RTK 的精确性和可靠性越高，且初始化的时间越短。

(5) 作业人员责任心要强　作业人员要了解 RTK 的技术特点和掌握提高 RTK 测量成果精度的技术关键。接收机的对中、整平、天线高的量取以及输入已知点坐标，坐标转换参数及天线高等数据都应仔细校对，防止误差产生。

(6) 观测结果要及时检核　为了保证 RTK 的实测精度及可靠性，作业中必须注重成果的复核。作业中复核一般是在同点上两次观测。

140. RTK 系统流动站的组成和作用是什么?

流动站的 UHF 电台接收基准站的信号，同时也接收相同的卫星信号，用配备的 TSC1 控制器进行实时解算。

流动站数据链电台的功率为 2W，其电源和卫星接收机共用，不需另配电池。

基准站 GPS 接收机与 TRIMMRKⅡ电台之间的数据传输波特率为 38400；TRIMMRKⅡ电台与流动站 GPS 接收机之间的数据传输波特率为 4800；流动站中的 UHF 数据链电台与流动站 GPS 接收机之间的数据传输波特率为 38400(见图 2－25)。

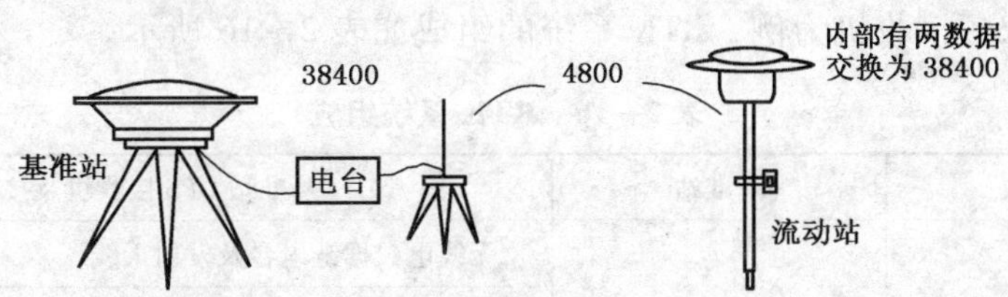

图 2－25　RTK 系统流动站的组成

141. 进行校正控制点的选取原则是什么?

了保证流动站的测量精度和可靠性，应在整个测区选择高精度的控制点进行检测校对。选择的控制点应有代表性，并均匀地分布在整个测量区。

(1) 若基准站安置在已知点上，则输入已知点的坐标，进行坐标的转换(WGS－84 转换成 BJ54 或其他坐标系)。

(2) 若基准站安置在未知点上(在城市测量中，有时为了控制更远和更大的范围，根据 RTK 的特点，可将基准站架设在没有控制点的高楼顶上)，在启动基准站时，则需输入该点的 WGS－84 坐标，进行坐标的转换(WGS－84 转换成 BJ54 或其他坐标系)。

(3) 虽然 RTK 定位测量的基准站可以不放在已知点上，但测量区内必须有已知控制点，而且定位测量的精度和已知控制点的等级和个数有关。在放置好基准站并启动流动站后，用流动站分别到已知点上进行定位测量，以求得该点坐标，然后与该点的原有坐标相比较，求出其差值，若差值很小，则不需修正，否则必须输入该点的原有坐标。

142. RTK 测量一般有哪些操作？

（1）测量点(Measure points)　将流动站对中杆置于观测点上，在手簿中选择 RTK 测量—选择测量点—输入观测点名、代码和天线高，获得初始化后即可开始观测，观测完成后，点击存储即可。

（2）连续的碎步点的采集(Continuous top)　如果碎步测量设置为自动采集，则设置好采集方式后，程序自动采集数据；如果设置为手动采集，则在需要采集点的地方，对中、整平 GPS 天线，然后进行相应的操作，完成后点击存储即可。

（3）输入方位，距离，计算不可到达的点位(Offsets)　由于环境复杂存在不可到达的位置，可以通过输入与已知点的方位、距离来解算出不可到达点的坐标。

（4）放样(Stakeout)　在测量控制器手簿中选择放样，选中已输入手簿中待放样点的点名，即可根据手簿屏幕的箭头方向和距离提示进行实地点位放样。

143. 在 RTK 作业模式下，基准站和流动站是怎样工作的？

在 RTK 作业模式下，基准站通过数据链将其观测值和测站坐标信息一起传送给流动站。流动站不仅通过数据链接收来自基准站的数据，还要采集 GPS 观测数据，并在系统内组成差分观测值进行实时处理，同时给出厘米级定位结果，历时不到 1s。流动站可处于静止状态，也可处于运动状态；可在固定点上先进行初始化后再进入动态作业，也可在动态条件下直接开机，并在动态环境下完成整周模糊度的搜索求解。在整周未知数解固定后，即可进行每个历元的实时处理，只要能保持 4 颗以上卫星相位观测值的跟踪和必要的集合图形，则流动站可随时给出厘米级定位结果。

144. RTK 系统由哪几部分组成？

以 4800GPS 双频接收机为例，RTK 系统的组成如表 2－16 所示。

表 2－16　RTK 系统组成

RTK 系统的组成	基准站	基准站 GPS 接收机及接收天线
		无线电数据链电台及发射天线
		12V、60A 直流电源
	流动站	流动站 GPS 接收机及接收天线
		无线电数据链接收机及天线
		TSC1 控制器及软件

145. RTK 系统基准站的组成和作用是什么？

RTK 系统基准站由基准站 GPS 接收机及卫星接收天线、无线电数据链电台及发射天线、直流电源等组成，如图 2－26 所示。

RTK 系统基准站的作用是求出 GPS 实时相位差分改正值，然后将改正值通过数传电台及时传递给流动站以精化其 GPS 观测值，进而得到更为精确的实时位置信息。

146. GPS－RTK 坐标测绘技术与常规的 GPS 测量方法相比有哪些优点？

常规的 GPS 测量方法，如静态、快速动态、动态测量都需要事后进行解算才能获得厘米级的精度，而 RTK 是能够在野外实时得到厘米级定位精度的测量方法，它采用了载波相位动态实时差分(Real－Time kinematics)方法，是 GPS 应用的重大里程碑，它的出现为工程

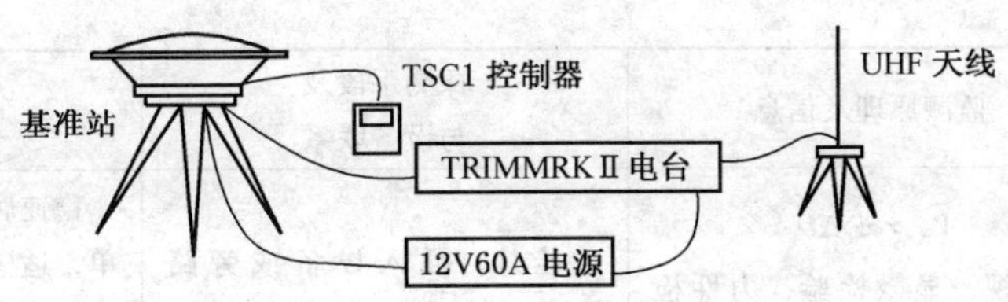

图 2-26　RTK 系统基准站的组成

放样、地形测图、各种控制测量带来了新曙光，极大地提高了外业作业效率。高精度的 GPS 测量必须采用载波相位观测值，RTK 定位技术就是基于载波相位观测值的实时动态定位技术，它能够实时地提供测站点在指定坐标系中的三维定位结果，并达到厘米级精度。

147. GPS-RTK 作业能否顺利进行的关键因素是什么？

GPS-RTK 作业能否顺利进行，关键因素是无线电数据链的稳定性和作用距离是否满足要求。它与无线电数据链电台本身的性能、发射天线类型、参考站的选址、设备架设情况以及无线电电磁环境等有关。

一般数据链电台采用 400~480MHz 高频载波发送数据，而高频无线电信号是沿直线传播的，这就要求参考站发射天线和流动站接收天线之间没有遮挡信号的障碍物。这些障碍物在陆地上主要是建筑物、无线电信号发射台等，在海上则主要是地球曲率的影响。

为了尽量避免参考站设备之间的干扰，在 GPS-RTK 作业时，大于 25W 的数据链电台的发射天线，应距离 GPS 接收天线至少 2m，最好在 6m 以上，发射天线与电台的连接电缆必须展开，以免形成新的干扰源。电台所使用的频率和电台功率必须经过国家和当地无线电管理部门批准，使用时可能会受到某些限制。

八、油气管道在线监测技术

148. 油气管道主要腐蚀监测方法有哪些？

按照所依据的原理和提供信息参数的性质，可将腐蚀监测方法分为物理方法、无损检测方法和电化学-化学方法三大类。油气管道主要腐蚀监测方法有：

(1) 物理方法　包括警戒孔法、挂片监测法、氢压法、电阻法；

(2) 无损检测方法　包括超声波法、涡流法、声发射法、热像显示法、射线照相法；

(3) 电化学-化学方法　包括线性极化法、交流阻抗法、电位监测法、电偶法、氢渗透监测法、介质分析法。

149. 主要腐蚀监测方法的基本特性是什么？

主要监测方法的基本特性见表 2-17。

表 2-17　腐蚀监测方法综述

类别	方法	监测原理及信息	探测手段及与设备联系	适用性及限制
物理方法	警戒孔法	给定的腐蚀裕度消耗完即报警，管道设备的剩余壁厚（$\delta_{剩余}$）	报警装置，在设备或旁路短管有代表性的位置钻警戒孔	适用于无规律的腐蚀状态以及多层衬里结构的内壁；任意环境均可，手段简单，相应速度迟钝

续表

类别	方法	监测原理及信息	探测手段及与设备联系	适用性及限制
物理方法	挂片监测法	$\bar{V}_F \propto \pm \Delta D$ 目视，显微检验，力性检测（$\bar{V}_F$——平均腐蚀速率）	挂片，插入设备或旁路短管	稳速腐蚀的任意环境，手段简单，适应性强；挂片的处理、装取较麻烦，响应速度慢，测试周期长，挂片≠设备本身
	氢压法	氢对金属的渗透，测量渗透的氢气压力（P_{H_2}），由P_{H_2}判断腐蚀程度及腐蚀断裂发生的倾向	氢探针，压力测量装置	适用于析氢腐蚀和触氢的环境，特别是对氢脆比较敏感的某些生产过程的有关设备，响应速度较慢
	电阻法	$\bar{V}_F \propto \Delta D$ $R = \rho \frac{1}{S}$ $R \propto \frac{1}{D}$ （D——检测用电阻丝的直径）	电阻探针及测量电桥	适用于均匀腐蚀的任意环境；测试过程基本连续，操作尚简便；要注意补偿温度的影响，响应速度慢
无损检测方法	超声波法	超声波在缺陷（裂纹、孔洞）和器壁的内表面上的反射波的射程差引起脉冲信号；检测裂纹和孔洞的深度或器壁的剩余厚度	超声波探头，超声波探伤仪，超声波测厚仪或超声波数据采集和分析系统	可用于全面腐蚀、局部腐蚀或腐蚀断裂的监测，有系列的专门仪器，响应不很灵敏，技术要求相对较简单
	涡流法	交流电磁感应在表面产生涡流，在裂纹或蚀坑处涡流受干涉，使激励线圈产生反电势 检测裂纹和蚀坑深度	感应线圈探头及涡流检测仪	可用于铁磁性材料表面腐蚀及开裂过程的监测，以及表面非金属涂层厚度的检测，对于非铁磁性材料，可在设备外壁对内壁表面腐蚀情况进行检测。灵敏度取决于金属的电阻率、导磁率以及所用的激励交流电频率
	声发射法	开裂及裂纹扩展伴有声能的释放 $d_a \sim E_{声}, \frac{d_a}{d_t} \sim \Delta E_{声}$ （$E_{声}$——声能）	探头（声能→电信号的压电晶体转换器），单路或多路缺陷定位系统	适用于腐蚀断裂（应力腐蚀开裂、氢脆开裂、腐蚀疲劳、磨损腐蚀、气蚀等）和泄漏过程的监测 响应灵敏，有先进的仪器，需要专门的监测仪器和一定的专门技术素养
	热像显示法	通过构件表面温度的图像推示其物理状态	热敏笔，红外摄像机或红外遥感记录和显示装置	可用于传热及热能转换设备的“热”腐蚀情况，显示腐蚀的分布和状况，而不是腐蚀的速度，有专门的先进仪器，测量和显示方便，对腐蚀过程的响应不很灵敏，并受表面腐蚀产物影响

续表

类别	方法	监测原理及信息	探测手段及与设备联系	适用性及限制
无损检测方法	射线照相法	γ射线、X射线的穿透作用	射线源，感光胶片或图像显示装置	被检构件的两侧需可触及，不适于在线监测，需要专门的设备和知识，要注意辐射的防护 对腐蚀过程的响应较慢
电化学和化学方法	线性极化法	电化学极化阻力原理 $i_{corr} = \frac{B}{R_P}$ $R_P = \left(\frac{\Delta E}{\Delta i}\right)_{\Delta E \to 0}$	电化学探针及腐蚀速率测试仪	适用于电解质介质中的全面腐蚀。可直接求出腐蚀速率 V_{corr}，响应灵敏，测试方法较简便；受探针的代表性的影响，因此探针的设计、加工及安装至关重要；在低导电性介质中，测量的误差较大
	交流阻抗法	电化学电极反应阻抗原理 $i_{corr} = \frac{B}{R_P}$ $R_P = R_T - R_{sol}$	电化学探针，电化学测试仪/锁相放大器，或其他阻抗测试系统	适用于电解质介质中的全面腐蚀和局部腐蚀，信息丰富，响应灵敏，精度较高，尤其适用于低导电性介质中的腐蚀监测，需要有专门的知识及一定的技术素养
	电位监测法	测量被监测装置或探针相对于参比电极的电位变化，根据其电位特性，说明生产装置所处的腐蚀状态（如活态、钝态、孔蚀或应力腐蚀开裂）	电位测量仪器，电化学探针或利用被监测设备本身	适用于电解质介质中的全面腐蚀或局部腐蚀，响应灵敏，结果解释明确 需要有专门的知识，只能反映设备的运行状态，而不反映腐蚀速度
	电偶法	$\overline{V}_F \propto i_{corr}$ 测定电偶原电池的电流 i_{corr}	电化学探针及零电阻电流表或腐蚀电流测量仪	适用于电解质介质中的全面腐蚀和电偶腐蚀，响应灵敏，需要有一定的专门知识
	氢渗透监测法	氢对金属的渗透，测量渗透的氢电流（i_H），由 i_H 判断腐蚀程度及腐蚀断裂发生的倾向	氢探针，渗透电流测量装置	适用于析氢腐蚀和触氢的环境，特别是对氢脆比较敏感的某些生产过程的有关设备，响应速度较慢
	介质分析法	测量介质中被腐蚀的金属离子浓度，测量工艺物流中的pH值、氧浓度或有害离子浓度	离子选择电极及离子计，或分析化学仪器	适用于全面腐蚀，对检测结果的分析需要有生产工艺和分析方面的专门知识。对腐蚀过程的反映较灵敏，但易受腐蚀产物特性的影响

150. 什么是警戒孔监视法，其特点是什么？

警戒孔监视法（又称哨孔监视法、腐蚀裕量监视法）是在容器或管壁上钻出一些精确深

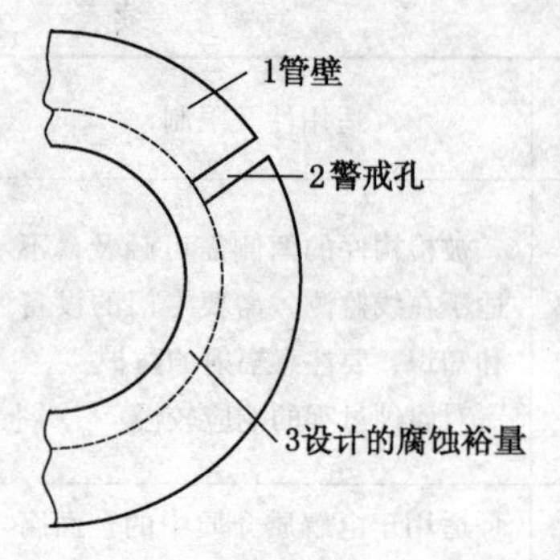

图2－27 监视管壁腐蚀的警戒孔法

度的小孔，通过监视警戒孔处泄漏的出现，而掌握设备或管道剩余腐蚀裕量的一种方法。警戒孔直径一般在1.5～6.5mm之间，孔深根据设备的工作条件而定，其最小孔深便是设备临界剩余壁厚，它等于设备的设计壁厚与腐蚀裕量之差，如图2－27所示。

由于腐蚀的作用，设备的壁厚逐渐减小，当剩余壁厚与某一警戒孔深度相等时便出现泄漏。泄漏可由宽频声波或锈斑痕迹识别。

一旦发现泄漏应及时用带锥度的销钉封闭警戒孔。根据各警戒孔出现渗漏的时间，可以计算平均腐蚀速度。当设备的腐蚀裕量耗尽，最小深度警戒孔发出泄漏报警指示，便可以及时停车或采取有效的保护措施，从而避免设备发生重大破坏的危险，这是该方法的一个重大优点。此外，警戒孔法不需要用复杂的试验装置和仪器，也不需要做周期性的测量。

151. 警戒孔监视法的要点是什么，其应用范围是什么？

警戒孔监视法的要点是正确地决定钻孔位置，它应选择在预期会产生的强腐蚀的部位，例如T形部件、异形接管、弯头外侧面、法兰、底盘以及焊接热影响区等处钻孔。

警戒孔法一般用于监视装载液体介质或气体介质(包括高于其自燃温度的气体)的容器或管道。由于外部大气冷却，一般不会泄漏着火，即使有一点点火苗，也很容易被销钉堵头熄灭。但是对于盛放易燃易爆或有毒物料的装置应严格防止可能产生的泄漏危险，这就限制了警戒孔法的广泛使用。这种方法在石油工业上应用较为广泛。这种方法具有一定的可靠性，但它只是维持设备装置安全性的一个附加措施，往往与其他腐蚀监控技术(如超声测厚)联合使用。

152. 什么是挂片法监测腐蚀速率？

挂片法是管道设备腐蚀检测中应用最广泛的方法之一。它是将装有试片的腐蚀结垢检测装置固定在管道内，在管道运行一定时间后，取出挂片，对试样进行外观形貌和失重检查，以判断管道设备的腐蚀状况；如果采用专门支架，使试样处于一定的应力状态下，还可以考查其应力腐蚀倾向。作为试片的材料，其内部材质、表面状态以及加工过程都应当与管道或设备所用材料一致。试片的形状和尺寸应使其比表面积(表面积与质量之比)尽可能大，以利提高失重测定的灵敏度。挂片装置的设计，应保证试片与夹具之间、试片与试片之间互相绝缘，以防止电偶腐蚀效应，同时应尽量减少试片与挂片装置之间的支撑点，以防止缝隙腐蚀效应。

153. 挂片法的特点是什么，如何改进挂片法？

挂片法的优点是能直观地了解腐蚀现象，确定腐蚀类型，定量地测定试验周期内的平均腐蚀速率。它的局限性主要在于试验周期受设备维修计划制约，不能准确地确定腐蚀出现的时间和非均匀腐蚀情况下腐蚀速度的变化，也不能反映偶发的局部严重腐蚀状况。

在设备装置上附加一个供安装挂片试样架的旁路系统，通过切断旁路，可以随时装取试片，进行检测，这样使挂片的应用比较灵活；另一种改进方法是，在设备的特定位置安装一个可伸缩支架，在设备运转时，可以通过用填料盖密封的阀门随时装取试片。

154. 什么是电阻法监测腐蚀速率，其原理是什么？

在腐蚀性介质中金属受腐蚀减薄或变细，将使其电阻增大。如果腐蚀是均匀的，则根据电阻的增加，便可计算出金属的腐蚀速度。腐蚀监测电阻法就是在运转的设备中插入装有与待测设备结构材料完全相同的测试元件所构成的探针(电阻探针)，周期地测量探针电阻的变化，以监测设备的腐蚀状况。

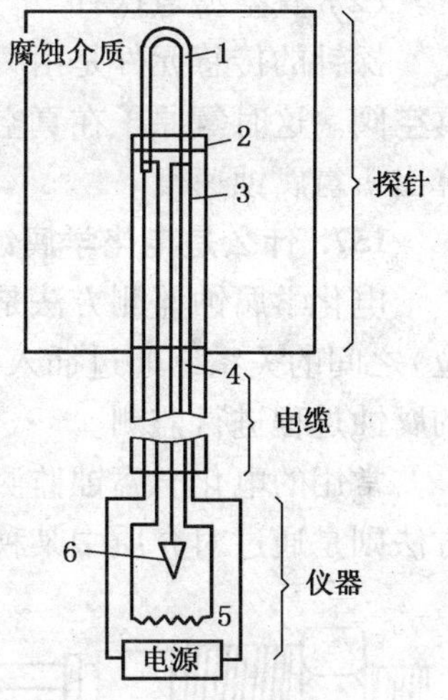

图 2-28　电阻探针结构示意图

1—测量试片；2—电极密封；3—参考试片；4—探测密封；5—表盘指示；6—放大器

电阻探针测量的是某个时间间隔内的累积腐蚀量。减小探针的横截面积，可以提高测量灵敏度，因此常用薄片状试片，也可用丝状或管状试片。电阻法通常采用惠斯登电桥或凯尔文电桥测量电阻比的变化，测量过程简单迅速。为补偿温度变化对电阻测量的干扰，在探针内安装了形状、尺寸和材料均与测量试片相同的温度补偿试片以作参考试片之用。参考试片或以涂层保护或埋置在探针体内，以避免腐蚀影响。将温度补偿试片与测量试片构成电桥两臂，进行平衡测量，如图 2-28 所示。

155. 电阻法的应用范围是什么？

电阻探针因其简单、灵敏、适用性强(在任何介质中均可使用)以及可在设备运行条件下定量监测腐蚀速率等特点，已成功地在石油炼化、采输工业、核电站和海水净化装置等许多领域获得了广泛的应用。环境介质的温度、流速、流动方向、电极材料的成分和热处理状态以及其表面状况等都会影响到测量结果的精度和可靠性。一般说来，这种方法不适用于监测局部腐蚀的情况。

156. 氢压法分为哪几类？

氢是腐蚀反应的产物。当阴极反应为析氢反应时，由析氢量便可测量腐蚀速度。氢进入金属则会降低材料的延性，使金属变脆，这些都可能导致管道设备破坏。检测由腐蚀所生成的氢或介质中所含的氢向设备构件渗入倾向的物理方法有以下两种：

(1) 压力型氢探针

它是由一根细长的薄壁钢管和内部环形叠片构成，如图 2-29 所示。钢管外壁因腐蚀而产生的氢原子扩散通过管壳(厚 1~2mm)进入体积很小的环形空间，在此处结合形成气态氢分子。氢分子的不断积聚导致压力升高，直接由压力计指示出来。

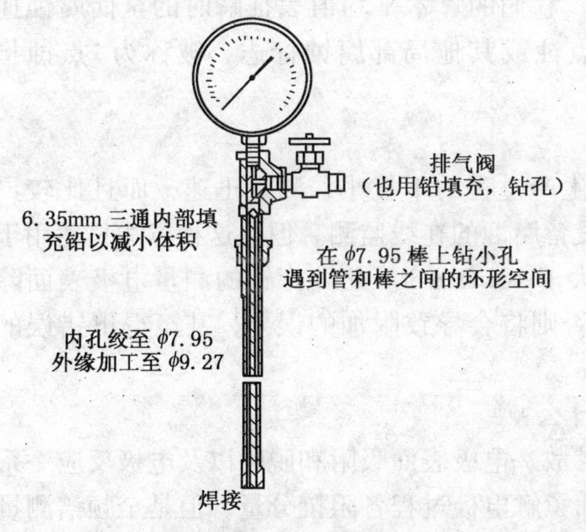

图 2-29　压力型氢探针

压力型氢探针在低温和液相介质中应用相当方便。为获得高灵敏度，应使探针外部暴露的表面积尽量大，而内部的环形空间、连接管道和压力表的体积尽可能小。这种设计结构需要用一个泄压阀，定期泄压减小表压，以免薄壁管破裂。压力型氢探针须待钢壳金属为氢完全饱和，扩散过程达到稳态时才能开始有效地测量氢压。从设备安装完毕后，一般需 6~48h 才能达到稳态。

（2）真空型氢探针

探针的传感元件是由一根钢管组成，外壁析氢反应放出的氢原子在钢管壁中扩散，进入真空阀。这时氢原子在真空中离子化($H \rightarrow H^{+} + e$)，直接测定其离子化的反应电流，即可计算出析氢腐蚀速度。

157. 什么是电化学腐蚀监测方法，电化学腐蚀监测方法有哪些？

电化学腐蚀监测方法是利用金属在电解质溶液中的腐蚀速度（或状态）与腐蚀电流（或电位）之间的关系，通过插入设备工作介质中并与设备材质完全一样的测量电极（探针）对设备的腐蚀过程进行监测。

常用的电化学腐蚀监测方法有线性极化阻力法、交流阻抗法、电位法、电偶法等。化学方法则是通过对介质中某种活性物质或腐蚀产物的组分的测量，判断设备的腐蚀状况。

158. 极化阻力测量探针有哪几种类型，探针的测量过程分别是什么？

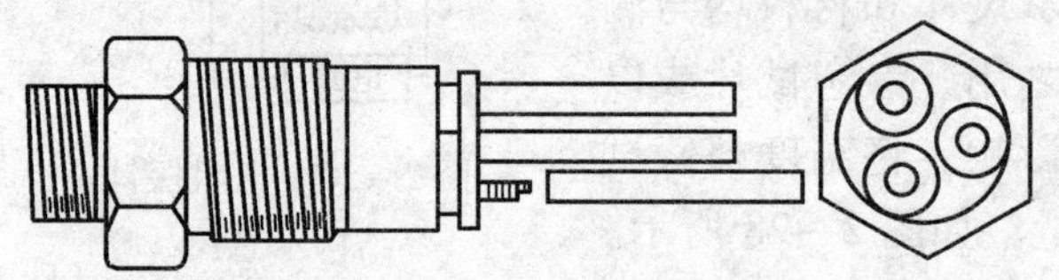

图 2－30　典型的三电极型极化阻力探针

极化阻力测量探针有双电极型和三电极型，如图 2－30 所示。三电极探针测量与经典的极化测量过程相同。在腐蚀电位附近（≤ ±20mV），电位变化与电流变化成直线关系，其比值即为极化电阻 R_P。

$$R_P \propto \frac{\Delta E}{\Delta i} \tag{2-4}$$

双电极探针的测量过程是在两电极之间依次施加不同极性的小电位（例如 ±20mV），分别测量流过两电极的正、反向电流密度 i_1 和 i_2。它们的算术平均值表征瞬时的全面腐蚀速度；而正、反向电流差（$i_1 \sim i_2$）则为设备发生点蚀或其他局部腐蚀标志，被称为“点蚀指数”。

159. 线性极化阻力法的适用范围是什么？

线性极化阻力腐蚀监测方法的优点是其对生产过程的干扰小，测量迅速，而且比较灵敏，能及时反映设备工况的变化，非常适用于设备腐蚀的在线监测。但是这种方法只适用于电解质中的腐蚀，而且介质的电阻率一般不应大于 10kΩ · m。此外探针的测量电极表面除了金属腐蚀外，不应存在其他的电化学反应，否则将会导致附加的误差，甚至得出错误的结果。

160. 什么是交流阻抗探针，其适用范围是什么？

金属腐蚀的电极过程涉及反应物的迁移、扩散、电极表面吸附和脱附以及电极反应一系列历程。通过全频谱阻抗特性的研究，可以全面了解电极过程各阻抗分量，但是全频谱测量很费时。为了适应工业设备在线实时监测的要求，发展出一种基于交流阻抗原理，又有自动测量记录金属瞬时腐蚀速度的腐蚀监测装置，即交流阻抗探针。

这种探针测得的腐蚀速率不包含溶液电阻带来的误差，可适用于高溶液电阻率体系，腐蚀速度的测量范围较宽。另外交流阻抗法还可以用于监测局部腐蚀，可以将它制成多通道和遥测形式的仪器。这是一种很有发展前途的腐蚀监测技术。

161. 交流阻抗探针的测试原理是什么？

对一个受活化控制（即受电极反应传递电阻控制）电极体系，其典型的阻抗曲线为半圆环，如图2－31所示。阻抗曲线高频段与横坐标的截距R_{sol}代表了介质的电阻，而阻抗曲线低频段与横坐标的截矩R_T代表了介质电阻与极化电阻之和。这样，在高频（如10kHz）和低频各做一次交流阻抗测量，便可求得体系的极化电阻$R_p=R_T-R_{sol}$，将R_p代入线性极化公式便可方便求得金属的腐蚀速度。

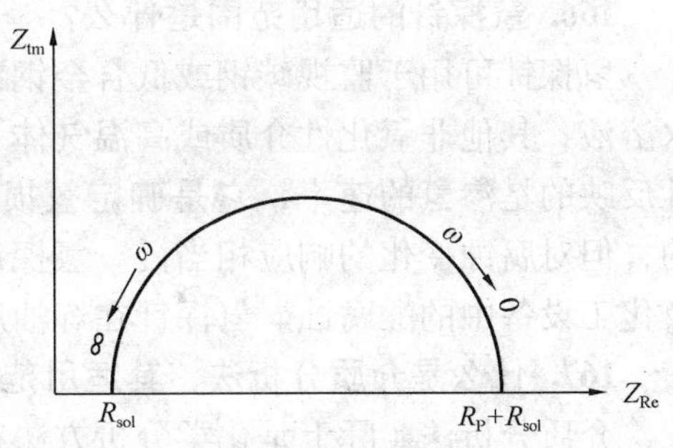

图2－31　等效电路的交流阻抗曲线

这就是交流阻抗探针的测试原理，实际上它是线性极化方法的拓展。

162. 什么是腐蚀电位监测法？

腐蚀电位监测方法就是用一个高阻（$R_{内}>10^7\Omega$）伏特计测量设备金属材料相对于某参比电极的电位。参比电极不仅应当电位稳定，而且要坚实耐用。最常用的Ag/AgCl电极，它适用于允许有恒量氯离子存在的大多数电解质溶液体系。此外，用铅丝或银丝作参比电极也很方便；在某些情况下，还可以直接使用不锈钢零件作为参比电极。参比电极的形式可以根据腐蚀探针的结构专门设计。

163. 腐蚀电位监测法的优缺点及其适用范围是什么？

腐蚀电位监测法的优点是可以直接从设备本身获取腐蚀状态的信息，而无需另外设置测量元件。同时其测量过程不改变金属的表面状态，对设备的正常运行过程没有影响。但是这种方法仅能给出定性的指示，而不能得到定量的腐蚀速度值。与其他电化学测量方法一样，它只适用于电解质体系，并且要求介质有良好的分散能力，以便探测到的是整个装置全面的电位状态。为有效实施电位监测，要求被监测体系不同腐蚀状态的特征电位之间的间隔要足够大，例如100mV或更大，以避免由于温度、流速或浓度微小波动引起电位振荡所产生的干扰。

164. 什么是电偶法，电偶法的特点是什么？

电偶法是一种很简单的电化学方法，只需一台零阻电流表就可以测量浸于同一电解质溶液中的两种金属电极之间流过的电偶电流，从而可以求出电位较负金属的腐蚀程度。

电偶探针一般由两支不同金属的电极制成。它不需外加电流，设备简单，可以测定瞬时腐蚀速度的变化，以及介质组成、流速或温度等环境因素变化所造成的影响。缺点是测量结果一般只能作相对的定性比较。

165. 什么是氢渗透法？

基于电化学原理的氢渗透法装置，如图2－32所示。它是在探测器内灌满0.1mol/L的NaOH溶液，用Ni/NiO电极控制钢管内壁面的电位，使之保持在氢原子很容易离子化的电位。在探测器的前端装有一个薄金属试片，试片外表面与腐蚀介质相接触，内表面与NaOH溶液相通。试片外表面腐蚀生成的氢原子可以通过试片进入探针内部并被氧化成离子，测量该原电池电流（即离子化电流）可以求得从探针外部渗入试片的氢量，由此可监测析氢腐蚀的强度。

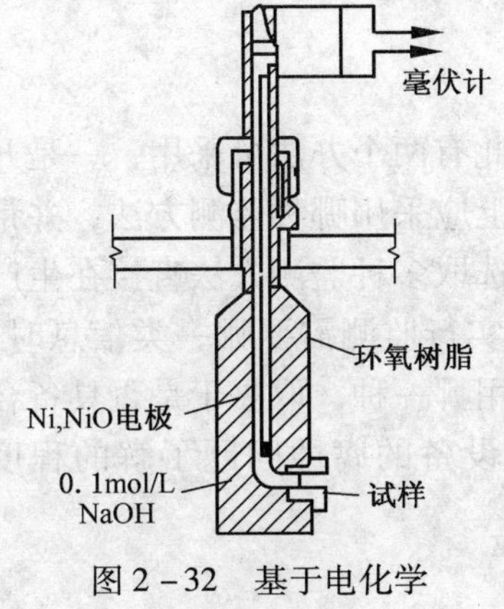

图2－32　基于电化学原理的氢探针

166. 氢探针的适用范围是什么?

氢探针可用于监视碳钢或低合金钢在某些介质(主要是含有硫化物或氰化物等的弱酸性水溶液，其他非氧化性介质或高温气体)中遭受到的氢损伤，即氢裂、氢脆或氢鼓泡。氢探针反映的是渗氢的速率，它是确定氢损伤相对程度的一种有效方法。虽然它的测量是连续的，但对腐蚀变化的响应相当慢。氢探针被成功地用于监视酸性油气输送管道、高压油气井及化工设备中的酸腐蚀。氢探针在炼油厂中还是一种监视氢活性的有效手段。

167. 什么是介质分析法，其适用范围是什么?

介质分析法实际上是化学分析方法在腐蚀监测领域中的应用。它包括输送介质中腐蚀性组分的分析，受腐蚀金属离子浓度的分析和缓蚀剂的浓度分析等。作为一种腐蚀监测技术，它通常以离子选择电极的方式应用。其基本原理是将溶液中某一离子的含量转换成相应的电位，这样测读电位便可获得离子含量。常用的 pH 玻璃电极便是使用最早的一种离子(氢离子)选择电极。目前已有数十种阳离子和阴离子选择电极，如用以检测氯离子、氰根离子、硫离子的选择电极。

检测介质中金属离子浓度的变化，可以粗略估计设备的腐蚀浓度。但是，这种方法有许多局限性。例如，往往由于不能设立足够的取样点，无法辨别设备中正在发生腐蚀的确切部位，也不能肯定所发生的腐蚀是均匀腐蚀还是点蚀或缝隙腐蚀。尽管如此，经过一定时期的经验积累，还是能找出这些数据与设备腐蚀行为之间的关系，并且可用来判断生产条件是否符合技术要求。

168. 影响油气管道设备腐蚀监测方法选择的因素是什么?

影响油气管道设备腐蚀监测方法选择的因素有:

(1) 对被监测系统腐蚀行为的认识及其监测的对策。正确选择适用的监测方法，需要确切了解所拟监测系统的状况。

(2) 腐蚀监测方法技术适用性的评判。

169. 从腐蚀监测角度来看，拟监测系统的宏观状况有哪几种?

从腐蚀监测角度来看，系统的宏观状况可以分为两种基本类型:

(1) 腐蚀行为特性为已知的系统

这种情况或是对系统的腐蚀行为作了确切的诊断，或是所拟监测的对象与某个已成功地实施监测的系统相类似。这样根据诊断的结果或凭已有的经验便可以选择监测的方法，对监测的结果也容易分析和作出正确的解释。

(2) 腐蚀行为特性不甚明了的系统

这种情况下要确定最适当的腐蚀监测方法是很困难的。对此有两个办法可采用:一是开展实验室研究，确定哪些参数是重要的，从而决定在生产装置上应采用哪种监测方法，并帮助分析来自生产装置的检测结果;二是参考其他系统的经验，选取多种监测方法直接在生产装置上进行工业监测。对于一个具体系统，在不能确切地决定实行监测需要哪一类信息时，使用一种以上的监测技术常常是必要的。以上两种办法究竟采用哪一种，取决于是否具备合适的实验室设施，是否拥有具备必要经验的工作人员以及对设备的腐蚀问题了解的程度如何。

170. 评判其腐蚀监测技术的适用性有几方面因素?

就腐蚀监测方法本身来说，评判其技术的适用性应当从以下八个方面来考察:

(1) 所得信息的类型　某些监测方法测量的是腐蚀速度，另外一些方法则测量的是总的腐蚀量或剩余厚度，这两者未必相当。还有一些监测方法能提供有关环境介质特性，或有关腐蚀分布及腐蚀形态方面的信息。

(2) 测量所需的时间　有些监测方法完成一次检测所需周期较长，而有的监测方法瞬时即可获得检测的信息。

(3) 对腐蚀过程变化的响应速度　不能迅速完成一次测量的监测方法显然不适用于那些需要快速响应的情况。然而，并非所有能有效地提供瞬时信息的技术都具有快速响应的能力。当测量值属于腐蚀速度或腐蚀形态时，有可能得到快速响应，但如果测量值属于总腐蚀量、剩余厚度或者腐蚀分布时，响应速度就受到该技术对两次有效读数的分辨能力的限制了。

(4) 探针与生产设备腐蚀行为的对应关系　许多腐蚀监测方法是通过测量插入生产设备内探针的腐蚀行为而获取信息。在对监测结果分析时，必须进一步考察其与生产设备本身的腐蚀行为的关系。通过探针监测，通常只能提供总的腐蚀情况，而很少反映设备的腐蚀分布状况。

(5) 对环境介质的适用性　显然电化学监测方法只有在介质是电解质溶液时才适合。而非电化学测量的监测方法，则可以用于气态环境或非导电性液体中，也可用于电解质溶液中。

(6) 可以监测和评定的腐蚀类型　大多数腐蚀监测方法适用于全面腐蚀，但有些监测方法能灵敏地反映局部腐蚀的有关信息。

(7) 对监测结果解释的难易　各种监测方法所依据的原理不同，检测的手段也不一样，这样对监测结果的解释也有难易之分。

(8) 技术要求的复杂程度　有些监测方法或因其技术复杂性或是采用了复杂的仪器，对使用者技术素质要求较高，而有的监测方法在技术上则比较简单容易。

171. 腐蚀监测布点的必要性是什么，需考虑哪几方面的因素?

各种腐蚀监测方法的有效性与监测点的设置有密切的关系。一个生产设备各处的腐蚀状况难以完全相同，而腐蚀监测时的测量，则是局限在探针上，或者局限在进行无损检测所测定的表面区域，或者局限于采样点和参比电极所覆盖的区域。显然正确而合理的监测布点，对于获得有效的监测信息是极为重要的。

腐蚀监测的布点需要考虑各方面的因素，包括设备的几何结构(例如设备有无可使用的开口、探头可安装和触及的部位)、生产的工艺流程、介质的组成和环境因素(如温度、流速等)以及设备结构各部位使用的材料等。

172. 监测布点最重要的原则是什么?

监测布点中最主要的是要找出设备中承受最高腐蚀速率的位置。根据监测目的，有时还应找出某些有代表性的位置，例如，预期具有中等或最低腐蚀速率的部位。然而，这些部位并不一定就是腐蚀最严重的部位。因此在设备腐蚀行为不十分清楚的情况下，采取多位布点是十分必要的。当然一旦腐蚀性最强的区域被鉴别出来，则监测布点可集中于这个区域。

173. 设备中哪些部位在监测布点时需要特别重视?

下列各部位在监测布点时需要特别重视:

(1) 管道设备中存在着的气相、液相和固相等不同物相的交界区，或由于进料、冷凝等原因而引起环境变化的区域。

（2）介质流动方向突然发生变化的地方，如弯头、三通以及管道尺寸发生变化的部位，这些地方会产生涡流或流速的变化。

（3）死角、缝隙或其他呈异突状态部位，在这些部位往往容易成为介质的静滞区，或者由腐蚀产物的积聚而形成闭塞电池。

（4）应力集中区，如焊接接头、铆接处、温度或压力循环变化的部位。

（5）设备中异金属接触的部位。

174. 影响设备腐蚀监测准确性的因素有哪些？

正确地确定了腐蚀监测方法及监测布点之后，影响设备腐蚀监测准确性的因素主要与监测所用的装置有关。腐蚀监测装置的种类很多，它通常由探针、测量仪器及相应电缆等几部分组成。监测结果的测试准确性便取决于探针的准确性以及仪器使用时所达到的精度。对于无损监测方法，其探头是仪器不可分割的组成部分。

175. 采取什么措施能消除影响探针模拟生产设备腐蚀行为一致性的因素？

人们常常假设探针的腐蚀行为模拟了生产设备的腐蚀行为。但是此两者腐蚀行为的一致性常受许多因素影响，这在实施监测时必须充分估计到，并采取必要的措施尽可能地消除这种影响。

（1）探针中测量元件的材质与设备构件的材质应完全相同，不仅牌号一样，其加工过程也应该一样。

（2）探针的工况应与设备的工况一致，要避免由于插入探针而改变介质的流动状态，为此尽可能采用“齐平型”探针，使探头的测量元件与设备工作表面贴平。

（3）设备表面通常都有一层表面膜，或者是锈层或沉积层，这是设备服役历史经历所形成的。在设备运行一段时期之后装入的探针，起初往往没有代表性，必须经过一段时间之后，在探针测量元件表面生成与生产设备类似的表面膜之后，其测量结果才有效。

（4）探针与生产设备传热状态差异的影响，也应该予以考虑如有可能应设计出结合传热的特殊探针供某些监测技术使用。

176. 探针的设计原则是什么？

一支完整的探针包括测量电极（测量元件）、壳体、密封和绝缘材料以及安装在设备上的紧固机构。设计探头时，壳体材料的选择应考虑设备压力和温度的要求，还要考虑壳体材料与腐蚀介质的相容性以及结构密封的要求。密封材料不仅要保证腐蚀介质不会渗漏入探针内，而且要保证能够承受生产过程的最高工作温度和压力。可供选用的密封填料有环氧树脂、陶瓷、聚四氟乙烯和玻璃等。探针常通过法兰或螺纹连接，而固定在设备上的固定型探针，其缺点是只能在设备停车时才能装取电极；另一种更为常用的结构是可伸缩型探针，它是将一个标准阀门通过螺纹连接或法兰连接固定在设备上，可以经过阀门自由地装取探针，因此便可以在设备运转时经常检查或随时更换测量电极。这些探针结构常用于电阻探针、线性极化探针和氢探针等。

177. 仪器的精度与在设备上所做的腐蚀监测的测量精度有什么区别？

各类仪器的精度各不相同，但是需要共同注意的是要将仪器的精度和在设备上所做的腐蚀监测的测量精度加以区别。例如，电化学腐蚀监测方法的检测结果中除了有关的腐蚀参量外，还可能受到其他的电化学反应的影响。又如电阻探头的灵敏度与其测量元件（电极）的形状和尺寸有很大关系。当采用截面积较大的丝状电极时，探头的灵敏度较低，则整个测量的精度便受探头所限制，而不取决于测量仪器。另外所监测体系的稳定性也有很大的影响，如果体系的腐蚀速度变化很快，仪器跟不上，也就达不到应有的精度。类似许多情况都会影响腐蚀监测的测量精度，在应用各种腐蚀监测方法时，对可能影响监测准确性的各种因素必须予以充分注意。

第三章　管道的腐蚀防护

一、管道设备的防腐蚀设计

1. 压力管道总体设计的基本原则是什么？

压力管道都与设备、机器相连接，是整个装置的重要组成部分。除长输管道是工程的主体外，各种压力管道必须与设备、机器一起综合考虑。压力管道部分设计中应考虑到以下几个方面：

（1）满足工艺要求、材料、结构形式、柔性、抗振能力、各种组件、附件等适当组合，全面达到生产要求；

（2）管道设计要为安装施工、操作管理、维护检修提供方便，保证足够的空间；

（3）满足防火、防爆等安全规范的要求，创造安全运行环境；

（4）管道走向合理，避免不必要的往返和转折，使总体设计经济合理；

（5）管道排列规范、美观，框架、管廊立柱对齐、纵横成行，管道横平竖直，除特殊需要外，不采用歪斜管道布置方式；

（6）满足管道的防腐蚀要求，使管道设计不存在腐蚀危险点缺陷。

2. 管道防腐蚀设计的基本内容有哪些？

管道在工作环境中的腐蚀损伤，是关系到装置的安全性、可靠性及寿命的重要问题。管道的防腐蚀设计，即在设计中为防止腐蚀而采取的较为完善的措施，因此特别重要。防腐蚀设计的基本内容有：

（1）正确地选择材料 正确地选择材料对于任何工业装置的管道来讲都很重要。对化工装置来讲，由于接触强腐蚀性的化学介质，有时只能选用较昂贵的管道材料，投资较多。另一方面，化学介质种类繁多，温度、浓度、压力不同，管道材料腐蚀行为也不同，如果选材不当，对其使用影响很大。

（2）防腐蚀措施的选择及其设计 考虑采用管道内外涂层、复合材料、阴极保护或缓蚀剂等防腐技术，并在设计上要有相应的体现，如考虑在管线的哪个部位应用，在结构上如何布置以便适合要求等，当然也要考虑经济上的合理性。

（3）防腐蚀结构设计 结构形式对腐蚀，特别是局部腐蚀，如磨损腐蚀、缝隙腐蚀、冷凝液腐蚀等关系很大，应采用对防止腐蚀有利的结构。

（4）防腐蚀强度设计 强度设计时，在腐蚀介质环境下，一般仅考虑安全系数和许用应力是不够的，还要考虑环境对强度的影响，特别像腐蚀疲劳破坏时更为必要。

（5）制造安装及维修对防腐的影响 在设计时，对管道腐蚀产生重大影响的制造安装甚至维修过程中的一些重要环节，如焊接、消除应力热处理等，应提出技术条件和要求。

（6）管道预定寿命的确定 设计时，应确定管道的预定寿命。为了准确可靠，设计者应对国内外曾经实际使用的实例进行收集和统计分析，或者用相关或已知的数据，通过科学的方法进行推算。

3. 如何通过结构设计避免腐蚀？

防腐蚀结构设计是指在管道设计时，考虑如何防止腐蚀。这一问题目前尚处于定性分析和经验积累阶段，不具备用公式严格计算的条件。因此，总结以往成功的经验，吸取管道腐蚀事故的教训用于指导设计是很重要的，也可参照相似的条件，再辅以从腐蚀原理出发，进行定性分析，以使设计较有把握。管道防腐蚀结构设计一般考虑以下四个原则：

（1）电偶腐蚀的防止　管道设计时，对于用在电解质溶液中的管道，应尽可能避免异种金属（电位差超50mV）管道直接组焊，否则会造成电偶腐蚀，即在电位较负的金属侧发生宏观电池腐蚀。如必须采用不同金属管道组合时，则在设计中要采取绝缘措施。

（2）缝隙腐蚀的防止　管道单面焊接时焊缝必须满焊和焊透，未焊透不但影响强度，也因在管道内壁造成缝隙而引起缝隙腐蚀。管法兰对接时，垫片的内径要尽量和管道的内径相一致。垫片材料也会对缝隙腐蚀造成影响，一些纤维类的材料，由于能渗入电解质溶液而引起缝隙腐蚀。

（3）磨损腐蚀的防止　在设计时，为避免不合适的流动状态对管道造成磨损腐蚀，通常要求流动状态均匀，为避免流体通路断面的急剧变化、不连续变化以及流动方向的急剧变化，应尽量抑制流速差和压力降，以免引起湍流和涡流。

（4）避免热电池腐蚀和冷凝液腐蚀　由于管道保温不均匀，散热条件不同，在材料不同部位之间造成温差，从而形成电位差而引起“热电池腐蚀”。保温层的局部破损，雨水渗入保温层里面，使管道内的热气体与冷金属表面相接触，从而形成冷凝液，造成内壁冷却面的冷凝液腐蚀。

4. 如何妥善处理异种金属的接触？

异种金属接触会由于它们在腐蚀介质中的腐蚀电位不同而引起电偶腐蚀。由于在许多连接部位和设备中必须采用不同金属，那么在设计中要加以妥善处理以减缓腐蚀速度，如果异种金属连接是靠焊接等方法连接，就不能采用常规的绝缘措施（如加合成橡胶、聚四氟乙烯等绝缘连接片）来防止电偶腐蚀。这时，就要注意以下问题：

（1）避免大阴极小阳极的不利结构　不同金属连接时，应尽量采用大阳极小阴极的有利结合，这样腐蚀电流分散在大的阳极表面上，电流密度小，腐蚀速度慢；反之，如果阳极面积小，阳极电流密度就大，腐蚀速度就快，会导致整个设备严重的局部腐蚀。解决的具体办法是在容易产生腐蚀的部位采用耐蚀性好的材料。

（2）避免焊接腐蚀　就焊接接头而言，由于焊缝组织粗大、夹杂多，而且还会存在焊接残余应力，因而即使焊缝和母材化学成分相同，焊缝的电位也往往低于母材的电位，导致焊缝首先被腐蚀。而且，焊缝的表面积大大小于母材，又构成大阴极与小阳极的不利结构，因此焊缝腐蚀速度加大。对于这种情况，可以选用较母材耐蚀性高的焊条，使实际焊缝由于含有合金（或合金量高）而具有较母材更高的电极电位。

（3）尽量减小两直接接触金属之间的电位差　同一结构中，不能采用相同材料时，尽量选用在电偶序中相近的材料。如果结构不允许，所用的两种材料腐蚀电位相差很大时，可以采取在偶接处加入腐蚀电位介于两者之间的第三种金属的方法，使两种金属间的电位差下降。

5. 如何避免结构设计中的死角？

设备局部出现的液体残留或固体物质沉降堆积，不仅会使介质由于局部浓度增加腐蚀性加强，而且很可能会导致微生物的繁殖生长，引起腐蚀。为此，设计结构形状不仅要尽量简单，而且要合理，从而避免死角和排液不尽的死区。图 3 - 1 介绍了几种合理与不合理的设计。

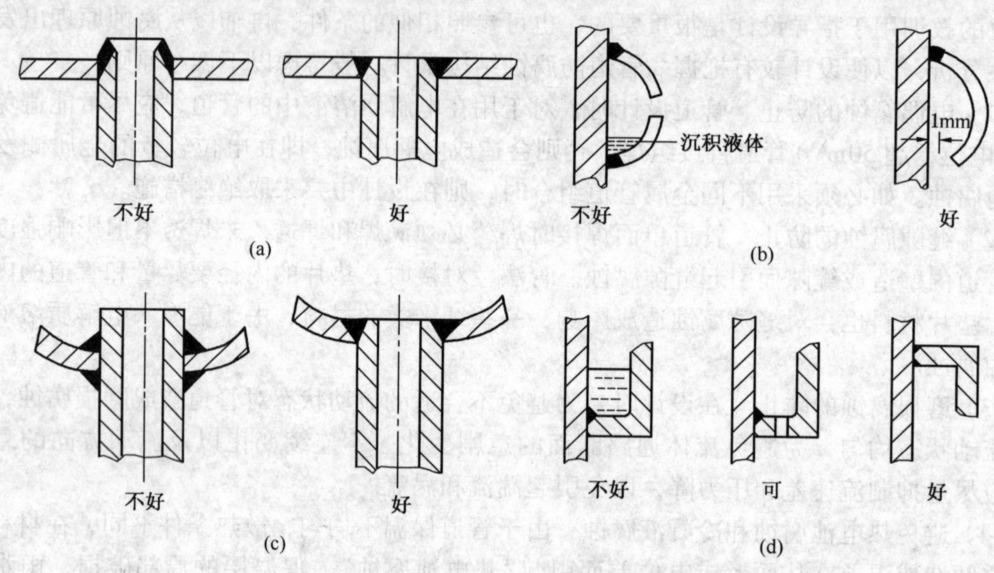

图 3 - 1　几种合理与不合理的设计

6. 如何避免结构设计中的间隙腐蚀？

许多金属（如碳钢、铝、不锈钢、钛等）都容易在有缝隙、液体流动不畅的地方形成缝隙腐蚀，并且缝隙腐蚀产生后又往往会引发点蚀和应力腐蚀，造成更大的破坏。良好的结构设计是防止缝隙腐蚀最好的方法。

最常出现问题的部位是密封面和连接部位，如图 3 - 2 所示。由于焊接能避免连接部位的间隙，因此应尽量以焊接替代螺栓连接或铆接。焊接时，采用连续焊、密封焊，并应避免出现焊缝根部未焊透等焊接缺陷。

7. 如何在设计上避免应力过分集中？

应力集中导致局部区域腐蚀加快以及增大产生应力腐蚀的可能性，所以应予以避免。为此，应从以下几个方面着手：

（1）避免使用应力、装配应力和焊接残余应力在同一个方向上叠加，应避免焊缝安排在受力最大处或应力集中处；

（2）几何形状或尺寸发生变化时，应避免出现尖角、凸出，而应以圆角过渡。当待连接的两母材厚度不等时，应当把焊口加工成相同的厚度；

（3）设备上尽量避免焊缝聚集、交叉焊缝和闭合焊缝，以减小焊接残余应力；

（4）尽量采用双面焊缝，单面焊接时根部往往未焊透，导致产生应力集中。

8. 防腐蚀设计对制造安装及检修有什么要求？

防腐蚀设计对制造安装及检修的要求主要有以下三方面：

（1）焊接　焊接对管道的腐蚀破坏影响很大，特别是对奥氏体不锈钢、低合金高强度钢和钛材。因此对这些材料焊接的严格要求，应在设计的技术条件中给出。

（2）热处理　管道如在应力腐蚀破裂敏感介质中工作，则焊缝应进行消除应力的热

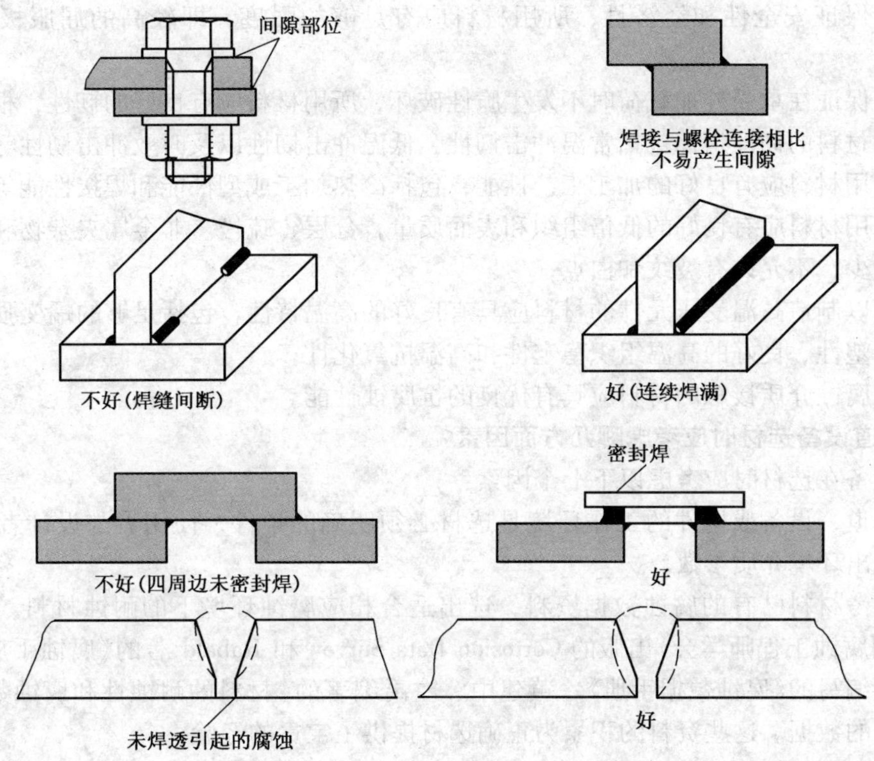

图3-2　最常出现问题的部位

处理。

(3) 检修　由于装置在停工检修期间会发生重大腐蚀事故，因此必须要采取措施加以预防，这也应在设计文件中给出。

9. 管道设备的选材遵循什么原则?

正确合理选材是一个调查研究、综合分析与比较鉴别的复杂而细致的过程。管道设备的选材应遵循以下三条基本原则：

(1) 材料的耐腐蚀性能满足生产要求　根据油气管道设备所处的环境条件，选择耐蚀性能好的材料。

(2) 材料的物理、机械和加工工艺性能满足油气管道设备设计与加工制造的要求　作为整体的工程结构材料，在具有一定耐蚀性的前提下，一般还要有一定的强度、抗冲击韧性、弹性和塑性。强度小的铅、纯铝及一些非金属材料，往往只可作为管道设备的衬里。作为铸件的材料必须具有良好的铸造工艺性，制作热交换器、散热器、水冷器和加热器的材料必须具有良好的导热性，大型设备的材料往往要有良好的焊接性能等。

(3) 选材时力求最高经济效益　在满足防腐要求的前提下要优先选用国产、便宜的材料，在可以用普通结构材料(如钢铁、非金属材料等)时，不采用价格昂贵的贵金属。

10. 油气管道设备对选材有哪些要求?

油气管道设备通常在高温、高压及强腐蚀介质环境下运行，有些需同时承受较大的工作应力，服役条件更为恶劣，如果在使用过程中发生破坏性事故，将会造成严重损失，因此对制作油气管道设备的材料有严格的要求：

（1）为保证安全性和经济性，所用材料应有足够的强度，即较高的屈服极限和强度极限；

（2）为保证在承受外加载荷时不发生脆性破坏，所用材料应有良好的韧性，根据使用状态的不同，材料的韧性指标包括常温冲击韧性、低温冲击韧性以及时效冲击韧性等；

（3）所用材料应有良好的加工工艺性能，包括冷热加工成型性能和焊接性能等；

（4）所用材料应有良好的低倍组织和表面质量，分层、疏松、非金属夹杂物和气孔等缺陷应尽可能少，不允许有裂纹和白点；

（5）用以制造高温受压元件的材料应具有良好的高温特性，包括足够的蠕变强度、持久强度和持久塑性、良好的高温组织稳定性和高温抗氧化性；

（6）与腐蚀介质接触的材料应具有优良的抗腐蚀性能。

11. 管道设备选材时应考虑哪几方面因素？

管道设备在选材时应考虑以下七个因素：

（1）管道、设备或构件的工作环境是选材必须明确的条件，使用者与设计者应密切配合，详细列出环境介质参数。

（2）参考材料已有的腐蚀数据资料，选出适合相应腐蚀环境下的耐蚀材料。例如，由NACE（美国腐蚀工程师学会）出版的Corrosion Data Survey 和 Rabald 著的《腐蚀手册》，我国左景伊教授编写的《腐蚀数据手册》，黄建中、左禹编著的《材料的耐蚀性和腐蚀数据》等都收集了丰富的数据。这些资料的积累为正确选材提供了宝贵的经验。

（3）从事故调查的分析记录中吸取教益。许多国家都比较重视腐蚀事例的调查，如1971 年美国 M. G. Fontana 发表了 Du Pout（杜邦）的 1968 ~ 1969 年两年间金属材料损伤 313 例调查。日本工业发表了 1964 ~ 1973 年 10 年间研究处理不锈钢腐蚀事故 985 例的详细讨论。从这些资料的积累中吸取教益，避免重蹈覆辙。

（4）腐蚀试验。虽然材料的腐蚀性能已有许多资料可供查阅，但有些时候往往和实际使用条件并不完全一致，当选用一种新型材料时，必须预先进行腐蚀试验。例如，进行接近于管线实际服役环境下的多相流动态腐蚀试验，或在类似实际情况下的模拟实验，在条件许可时则应进行现场中试，以得到选材的可靠数据和依据。

（5）经济性与耐用性的综合考虑。一般总是希望选用耐蚀性较好的材料，但还必须考虑到材料的经济性。例如，用不锈钢代替碳钢以防止大气腐蚀，虽然有效，但不锈钢价格较贵，故不能普遍实行。对于某些大型的连续工艺过程的设备，以及设备的关键部位，选用耐蚀性好的材料是非常必要的，有时甚至采用更昂贵的金属材料。而对短期运转，有备用机台的设备以及容易更换的零部件，则可选用较低成本的材料。

（6）在选材同时，还应考虑与之相适应的防护措施。适当的防护，如涂层、镀层、电化学保护等，不仅可以降低基体金属材料的选择标准，而且有利于延长材料的使用寿命。

（7）材料最后的选定，还应考虑其加工性能、焊接性能等，保障其耐蚀性能。

12. 石油管道防腐蚀设计时应注意什么？

在设计研究各种防止或减轻石油管道腐蚀的措施时，应注意以下三点：

（1）在工程设计阶段必须对发生腐蚀的严重程度进行估计，以便采用合理的腐蚀控制措施；

（2）在选用不同的防腐蚀措施时必须对防腐蚀所用的材料费用、劳动力费用和运行维护费用进行综合评价，以便采用投入/效益比最高的防腐蚀措施；

（3）在运行阶段最好对腐蚀加以监测，以便必要时调整腐蚀控制措施和程序。

13. 如何通过结构设计避免腐蚀？

合理的结构设计与安装可以避免腐蚀，下面给出系统设计时的一些建议：

（1）避免缝隙　缝隙容易导致腐蚀，图3－3所示为不良焊接和紧固件人为制造缝隙的例子。

（2）避免低流速区　过低的流速会导致固体和淤渣在低流速区沉淀出来，从而促进浓差电池的形成，并成为细菌生长的理想部位。管线上的流速不应低于0.9m/s。

（3）避免高流速区　过高的流速将导致漏流，特别是存在悬浮颗粒和气泡时将加速腐蚀，而且冲击腐蚀和冲蚀腐蚀也会发生。当经济可行时，建议流速维持在0.9～2.1m/s的范围内。

有时应用大曲率半径弯管代替弯头，弯管曲率半径最好不小于管径的5倍。用两个45°弯管代替一个90°弯管在减轻流体方向突变造成腐蚀方面也非常有效。另一个流行且有效的方法是用一个如图3－4所示的一边为盲管的T形接头来代替弯头。

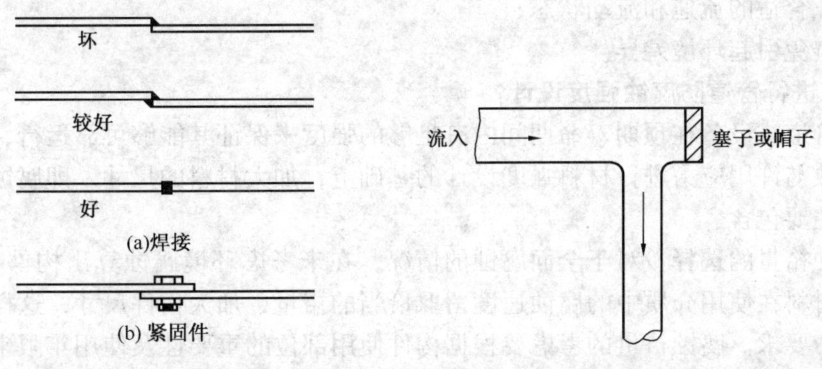

图3－3　焊接和紧固件　　　　图3－4　一边是盲管的T形接头

14. 防腐蚀结构设计应遵循什么原则？

在设计油气管道等生产设备时，应同时考虑防腐蚀方面的要求，以防止或减轻管道及设备在生产使用中所产生的腐蚀危害。在结构设计中一般应遵循以下几个原则：

（1）结构件形状应简单、合理；

（2）避免残留液和沉积物造成腐蚀；

（3）防止电偶腐蚀；

（4）防止缝隙腐蚀；

（5）防止液体流动形式（湍流、涡流等）造成的腐蚀；

（6）避免应力过分集中；

（7）避免局部温度过高；

（8）设备和构筑物的位置要合理。

15. 防腐蚀结构设计时如何避免缝隙腐蚀？

在管道及设备防腐蚀结构设计时，为了避免缝隙腐蚀，一般采用如下措施：

（1）尽可能以焊接代替铆接，在采用焊接时，尽量采用双面对焊和连续焊；

（2）改善铆接状况，在铆缝中可填入一层不吸潮的垫片；

（3）容器底部不要直接与多孔基础（如土壤）接触，可采用支座等与之隔离；

（4）法兰连接处垫片不宜过长，尽量采用不吸湿的材料作垫片，或者在垫片上涂上羊毛脂和铬酸锌的缓蚀脂膏，或采用圆型截面的密封环等；

（5）加料时避免溶液飞溅到器壁，引起沉积物下的缝隙腐蚀。为此，加料管口应尽量接近容器内的液面。

16. 防腐蚀结构设计时如何降低应力？

应力的来源有工作应力、装配应力、热应力和残余应力，在设计时应尽量减低各种应力，需注意以下几点：

（1）避免应力集中；

（2）降低焊接残余应力；

（3）冷加工时易产生较大的残余应力，加工过程中应采取消除应力的措施，或者采用热加工和进行热处理；

（4）减小振动，消除腐蚀疲劳；

（5）保证合适的流速和流动状态；

（6）要避免引起环境差异。

17. 如何进行管道防腐蚀强度设计？

为了使管道或设备在预期寿命期间内有足够的强度来保证其能够可靠运行，必须在按一般的安全系数与许用应力进行材料强度设计的基础上，加大材料的尺寸，即腐蚀裕量。防腐蚀强度设计主要包含：

（1）腐蚀裕量的选择　对于全面腐蚀的情况，在未考虑环境腐蚀算出构件材料尺寸后，应根据这种材料在使用介质中的腐蚀速度留取恰当的裕量，加大构件尺寸，这样就可以保证原设计的寿命要求。腐蚀裕量的考虑要根据构件使用部位的重要性及使用年限来决定。

（2）局部腐蚀的强度设计　局部腐蚀类型是多种多样的，而且因材料、环境、条件不同而不同，目前还很难根据局部腐蚀对材料的强度降低进行估计。对于晶间腐蚀、孔蚀、缝隙腐蚀等应采取正确选材或控制环境介质、注意结构设计等措施来防止。对于应力腐蚀断裂、腐蚀疲劳，在材料的数据资料齐全的情况，尽可能做出合适可靠的设计。

（3）注意加工及施工处理　在加工及施工处理时，可能会引起材料耐蚀强度特性的变化，应加以注意。如某些不锈钢在焊接时，由于敏化温度的影响产生晶间腐蚀使材料强度下降，导致在使用中发生断裂事故。

18. 何谓管道的柔性，如何进行管道柔性设计？

管道柔性是反映管道变形难易程度的概念，表示管道通过自身变形吸收热胀、冷缩和其他位移变形的能力。

进行管道设计时，应在保证管道具有足够柔性来吸收位移应变的前提下，使管道的长度尽可能短或投资尽可能少。在管道柔性设计中，除考虑管道本身的热胀冷缩外，还应考虑管道端点的附加位移。设计时，一般采用下列一种或几种措施来增加管道的柔性：

（1）改变管道的走向；

（2）选用波形补偿器、套管式补偿器或球形补偿器；

（3）选用弹簧支吊架。

19. 管道柔性设计的目的是什么?

管道柔性设计的目的是保证管道在设计条件下具有足够的柔性，防止管道因热胀冷缩、端点附加位移、管道支承设置不当等原因造成下列问题：

(1) 管道应力过大或金属疲劳引起管道破坏；

(2) 管道连接处产生泄漏；

(3) 管道推力或力矩过大，使其相连接的设备产生过大的应力或变形，影响设备正常运行；

(4) 管道推力或力矩过大引起管道支架破坏。

20. 防腐钢管在布管时有何要求?

防腐钢管在布管时一般要求：

(1) 钢管布管时首尾相接、呈锯齿状分布，钢管放置在柔性物体上，不得接触石块、冰雪、泥土等物体；

(2) 在危险地段，包含河道、陡坡需要随布随用，避免损坏钢管或出现安全事故。

二、材料防腐蚀技术

21. 油气管道及设备的耐腐蚀材料分为哪几类?

石油采输工业中油气管道及设备的防腐蚀材料主要分为耐蚀金属材料与非金属材料两类，但油气管道由材料加工而成，所以油气管道及设备的防腐蚀问题首先应考虑从选材和材料开发方面解决。由于金属材料具有良好的机械强度和加工性能，因此在分析管道设备内腐蚀问题时首先应考虑耐蚀金属材料。

22. 碳钢的腐蚀特性是什么?

碳钢不属于耐蚀材料，由于它有极其广泛的用途，因此了解其腐蚀特性对于缓解碳钢质构件的腐蚀是非常必要的。

(1) 化学成分对腐蚀的影响　普通碳钢的化学成分很简单，主要是碳、硅、锰、硫、磷这五个常规元素以及氮、氧、氢等杂质。各种元素的含量不同会造成碳钢的耐腐蚀性质不同。

(2) 钢组织对腐蚀的影响　钢的组织不仅受化学成分的影响，还与材料热处理有关。一般而言，含碳量愈低，热处理的影响愈小；含碳量愈高，热处理的影响愈大。这是因为随着含碳量的增加，钢中渗碳体也相应增加。不同的热处理，渗碳体析出数量不同。碳化物作为阴极性夹杂，对于非钝化体系的碳钢而言，阴极效率的增大，必然导致腐蚀速度的增加。在含碳量相同条件下，珠光体组织的形状与分布对腐蚀有一定的影响。

(3) 碳钢在普通环境中的腐蚀倾向　碳钢在一般干燥空气中比潮湿空气的腐蚀性小。水溶液中的腐蚀比大气更为复杂，绝大部分酸、碱和盐的水溶液对碳钢有很强的腐蚀性。海水对碳钢的腐蚀，与水中溶解的氧、流速、pH 值、温度和细菌等因素有关。碳钢在土壤中的腐蚀受土壤的 pH 值、杂散电流、化学反应、电阻率和细菌等作用的影响极大，氧和水是影响土壤腐蚀的关键因素。由于土壤组成和性质的不均匀性，极易构成氧浓差电池等腐蚀宏电池，造成地下管道设施严重的局部腐蚀。

23. 什么是“不锈钢”，其分类及特点如何?

在大气条件下和中性电解质中耐腐蚀的钢称为“不锈钢”，在各种化学试剂和强腐蚀性介质中耐腐蚀钢称为“不锈耐酸钢”。通常我们把不锈钢和不锈耐酸钢统称为“不锈钢”。

按照钢的组织结构，不锈钢可分为：

（1）铁素体不锈钢　铁素体不锈钢以铬为主要合金元素，含铬量为12%～30%，含碳不大于0.25%，大多数含碳量在0.12%以下。此类钢具有铁素体或半铁素体组织，有磁性，耐蚀性随钢中铬量的增加而提高。随钢中含铬量或含铬、钼量的不同，它们分别用于耐大气、蒸汽、水(包括海水)以及氧化性酸、碱和一些有机酸的腐蚀。与普通Cr－Ni奥氏体不锈钢相比，铁素体不锈钢具有优异的耐氯化物应力腐蚀性能，但对晶间腐蚀则较为敏感。

（2）奥氏体不锈钢　当钢中含0.02%～0.10% C、18% Cr、8% Ni时，钢在室温下便具有稳定的奥氏体组织。铬镍奥氏体不锈钢系列是奥氏体不锈钢的典型代表，它是各类不锈钢中综合性能最好的一类，因而得到广泛的应用。当钢中含碳量不大于0.02%～0.03%时，即所谓超低碳不锈钢，其耐敏化态晶间腐蚀性能显著提高，钢中含Ni量越高，它的耐应力腐蚀性能就越好，钢中含Cr、Mo量高时，钢的耐孔蚀、缝隙腐蚀性能可获得显著改善。

（3）马氏体不锈钢　此类钢按化学成分的不同，可分为马氏体铬不锈钢和马氏体铬镍不锈钢。马氏体铬不锈钢除含Cr外还含有一定量的C，且钢中Cr含量越高，耐蚀性越佳；C含量越高，其强度和硬度也越高。马氏体铬镍不锈钢中除含Cr、Ni外，有些还含有Al、Ti、Mo、Cu等元素，而且其含C量均较低(不大于0.10%)。由于此类钢化学成分以及组织结构上的特点，它在具有高强度的同时，在强度与韧性的配合、耐蚀性、可焊性等方面均优于上述马氏体铬不锈钢。最常用的马氏体铬镍不锈钢是1Cr17Ni2。

（4）铁素体－奥氏体双相不锈钢　双相不锈钢，是指钢的显微组织中主要由两种相组成，且每种相都占有较大的体积比。大部分实用双相不锈钢中通常是由铁素体和奥氏体两相组成。由于其组织结构上的特点，性能又兼有铁素体不锈钢和奥氏体不锈钢的特征：奥氏体的存在，降低了不锈钢的脆性，防止了晶粒长大倾向，提高了钢的韧性和可焊性；铁素体的存在，提高了钢的屈服强度和耐晶间腐蚀的性能，增大了钢的导热系数，降低了线膨胀系数；由于复相组织的存在，双相不锈钢的耐氯化物应力腐蚀、耐孔蚀、耐腐蚀疲劳等性能也较纯奥氏体钢有显著改善。目前广泛应用的铬镍双相不锈钢，按钢中含Cr量的高低可分为Cr18型、Cr21型和Cr25型。随钢中Cr含量的增加，Mo、N等元素的合金化，此类双相钢的耐蚀性提高，但脆化倾向也提高。

24. 耐蚀合金在油气田中主要应用在什么领域？

耐蚀合金在氧化－还原性复合介质中比较稳定，在氯化物溶液、多种有机酸和无机酸、湿氯气、氟硅酸、次氯酸、次氯酸盐等许多强腐蚀介质中都有较好的稳定性，且耐蚀合金还具有一定的耐热能力，使用温度可达900℃，机械加工性、焊接性、抗晶间腐蚀性优越，因此耐蚀合金适宜用作钻杆、套管、储油(水)罐、输油(气)管道等油气田恶劣腐蚀环境中的重要耐蚀构件。

25. 石油化工行业中常用的有色金属及其合金有哪些？

金属通常分为两大类：黑色金属和有色金属。钢铁、铬、锰称之为黑色金属，除此以外一切金属材料均属有色金属，也称非铁金属。石油化工行业中常用的有色金属及其合金有：

（1）铝及其合金　石化工业中通常使用的纯铝分为高纯铝、工业高纯铝和工业纯铝三个等级。铝合金的种类很多，可分为铸造铝合金和变形铝合金，变形铝合金按性质和用途可分为防锈铝合金(LF)、硬铝合金(LY)、锻铝合金(LD)等。

铝是比较活泼的金属，在空气中极易氧化，生成致密而坚固的氧化膜，因此铝在淡水、海水、浓硝酸、硝酸盐、汽油及许多有机物中都具有足够的耐蚀性，但在还原性环境、强酸、强碱中却不耐蚀。

(2) 铜及其合金　铜的强度较高，塑性较好，导电导热性良好且有很好的耐腐蚀性。铜及其合金可分为紫铜、黄铜、青铜和白铜四类。紫铜，又称纯铜，主要用于导电、导热和耐腐蚀的部件。黄铜指以锌为主要合金元素的铜合金，主要用作导水、导热、耐磨、耐蚀材料。青铜指以锡、铝等为主要合金元素的铜合金，如锡青铜、铝青铜等，可用作高强、高弹性、耐磨、耐蚀材料。白铜是指以镍为主要合金元素的铜合金，其耐海水腐蚀性良好。

(3) 锌及其合金　锌是一种银白色的金属，具有金属光泽，在大气和淡水中耐蚀性能良好。纯锌在潮湿的大气(或水)中，表面常生成白色的碱式碳酸锌，有一定的保护性，因此锌在大气中有较好的耐蚀性。锌的钝化作用很小，但在铬酸盐溶液中却能显著钝化，这是由于它生成了铬酸锌的保护膜。锌的抗蚀性与它的纯度有关，一般而言，高纯度的锌比低纯度的锌耐蚀。锌相对于钢铁及常用的金属结构材料来说是负电性的，在电化学阴极保护技术中是牺牲阳极的主要材料之一，也是常用的镀层材料。

(4) 镁及其合金　镁是工业合金中密度最小的一种金属。镁的电位较负，其氧化膜比较疏松，不像氧化铝膜那样致密而有保护性，所以镁合金的耐蚀性能较差。若在镁中加入Mn、Al、Zn等元素能改善镁的耐蚀性，从而形成变形镁合金。变形镁合金可以分为Mg－Mn、Mg－Mn－Ce、Mg－Zn－Zr和Mg－Al－Zn系列。

26. 锌在腐蚀防护技术中发挥的作用是什么?

(1) 镀锌层

镀锌是钢铁腐蚀最有效的防护方法之一，获得镀锌层的方法也较多，例如热镀锌、电镀锌、渗锌、喷镀锌等方法。镀锌层对钢铁的保护作用主要体现在以下三个方面：①镀锌层可以避免钢材和腐蚀介质直接接触；②当镀锌层出现钢铁暴露点或因腐蚀或机械损伤后显露出钢铁基体时，钢铁基体与镀锌层就会构成微电池，由于锌比铁活泼，所以镀锌层充当微电池的阳极被腐蚀，铁则成为微电池的阴极而受到保护；③当镀锌层因选择性溶解出现较小的不连续间隙时，镀锌层因为形成腐蚀产物而发生体积膨胀，使得间隙愈合从而阻碍电化学腐蚀的进一步发展。

(2) 锌阳极

锌是最早用作牺牲阳极的材料之一。锌阳极有纯锌、Zn－Al系合金、Zn－Sn系、Zn－Hg系、Zn－Al－Mn系和Zn－AL－Cd系合金等。锌阳极的特点是密度大，理论发生电量小，在海水中的电流效率高。锌阳极适用于保护大面积钢结构，如舰船壳体或钢铁管道。锌阳极片通常每隔一定距离安装在钢材上，这样一方面锌阳极被腐蚀，另一方面由于Fe和Zn之间的电位差大，消除了钢铁表面的局部电化学不均匀性。锌阳极在海水环境中应用较广，除船壳外还有漂浮码头、浮桥、浮标等，也可以应用在盐水、淡水及各种土壤环境中。

27. 石油化工行业通常采用的耐腐蚀非金属管材有哪些?

石油化工行业常用的耐腐蚀非金属材料主要有：

(1) 挤压热塑性管　适用于含水系统的管材包括聚氯乙烯(PVC)、氯化聚氯乙烯(CPVC)、聚乙烯、聚丙烯、丙烯腈－丁二烯－苯乙烯(ABS)，其中应用最广的是PVC。

(2) 玻璃纤维增强热固塑料管(FRP)　通常使用的有两种：①玻璃纤维增强环氧树脂；

②玻璃纤维增强聚酯。玻璃纤维增强环氧树脂通常用在油田，这是强度最高的非金属管材，也是最昂贵的。它具有较其他非金属管所不具备的特色，即在断裂或是爆裂前发生渗漏。由于具有高强度和相对高的耐热性(3000 ℉)，玻璃纤维增强环氧树脂已经用在高压注水系统中。

(3) 水泥石棉　水泥石棉由普通水泥、石棉纤维和石英组成，是三种非金属材料中最老的一种。这种材料的最大工作压力可达150psi，但相对易碎，必须小心使用。

28. 非金属管的优缺点如何?

非金属管具有耐水腐蚀、质量轻、易于连接和安装、不需外部防护、流体摩擦损失小等优点，但它也有以下缺点：

(1) 工作温度和工作压力极限低；

(2) 工作温度和工作压力极限难以准确预测，且温度越高，许用工作压力越低，另外非金属管的物理性能还随时间而改变；

(3) 由于容易碰伤，在装载、卸载和安装时要仔细操作；

(4) 塑料管要埋地，以免阳光辐射、机械损伤、冷冻和燃火等的冲击；

(5) 玻璃纤维增强环氧树脂管会发生渗漏；

(6) 对振动和压力波动的抵抗力低。

29. 影响非金属材料腐蚀的环境因素有哪些?

非金属材料的腐蚀直接受环境因素的影响。环境因素包括潮湿、温度、氧和臭氧、生物、压力和应力、紫外线和红外线、核辐射等。潮湿环境下，陶瓷材料吸水后会产生变形、强度受损及电绝缘性能破坏等，高分子材料吸水后产生溶胀或溶解；高温下许多非金属材料会分解出挥发性腐蚀气体，自身受到腐蚀破坏，并对周围其他材料产生腐蚀作用；臭氧加速非金属材料的氧化；生物对非金属材料有腐蚀破坏作用；非金属材料存在应力腐蚀破坏问题，真空中非金属会挥发有机气体而引起材料性能改变；紫外线和红外线能使高分子材料腐蚀变质，使高聚物的强度和韧性显著降低；高能射线辐射使高聚物发生裂解、氧化等反应，使其迅速腐蚀变质等。

30. 非金属材料较金属材料有什么腐蚀特点?

非金属材料腐蚀具有不同于金属材料腐蚀的特点，其腐蚀形态和腐蚀规律也与金属材料有较大差别。金属材料腐蚀多是以金属离子溶解进入电解液的形式发生，基本符合电化学腐蚀的规律，而非金属材料中的陶瓷材料腐蚀主要是化学溶解；高分子材料腐蚀有化学裂解、溶胀和溶解、银纹和开裂及渗透破坏等形式的老化变质；复合材料中除金属基复合材料外，陶瓷基复合材料和高聚物基复合材料的腐蚀分别与陶瓷材料和高分子材料的规律基本相同。

31. 什么是玻璃钢，有哪些种类?

以合成树脂为黏结剂，以玻璃纤维及其制品作增强材料而制成的复合材料，称为玻璃纤维增强塑料。因其强度高，可以和钢铁相比，故又称玻璃钢。

按照树脂受热行为的不同，可把树脂分为热塑性树脂和热固性树脂。根据这两类树脂的不同，可将玻璃钢分为热塑性玻璃钢和热固性玻璃钢。同热塑性树脂相比，一般热固性树脂具有更好的机械强度和耐热性。目前世界上85%以上的玻璃钢是由热固性树脂组成的，常用的耐蚀玻璃钢几乎全是热固性玻璃钢，其主要树脂品种是不饱和聚酯树脂、环氧树脂、酚醛树脂和呋喃树脂。

32. 玻璃钢有哪些性质，影响玻璃钢耐蚀性的主要因素有哪些?

玻璃钢的基本性质主要有：

(1) 轻质高强度；

(2) 优良的耐化学腐蚀性；

(3) 优良的电绝缘性能；

(4) 良好的热性能和表面性能；

(5) 良好的施工工艺性和可设计性。

玻璃钢是一种复合材料，影响其耐腐蚀性能的因素很多，最主要的有合成树脂的种类及固化度、增强材料的种类及特性、增强材料与基材的黏结性、玻璃钢的结构形式等。

33. 玻璃钢在石油工业中的应用如何?

玻璃钢最早于1932年在美国出现。最初，玻璃钢主要应用于军事工业，以后扩大到建筑、船舶、汽车等领域，成为工业部门中发展较快的产品之一。目前，玻璃钢在石油工业中也得到了广泛的尝试和应用，特别是在油田上尝试使用玻璃钢抽油杆和玻璃钢管道，取得了较好的效果。

(1) 玻璃钢抽油杆

玻璃钢抽油杆诞生于20世纪70年代，由于具有质轻、耐蚀及通过合理设计可达到增产效果等优点，在国外已得到较普通应用。20世纪80年代中期，我国一些单位开始研制玻璃钢抽油杆，大庆油田于1989年从美国引进玻璃钢抽油杆1250m，应用于四口井，取得一定成效。1991年江汉油田沙市钢管厂引进并生产玻璃钢抽油杆，至1996年已生产八十多万米，在华北、江汉、吉林、新疆及吐哈油田使用，取得较好效果。

(2) 玻璃钢管道

自20世纪50年代机制玻璃钢管诞生以来，其制造技术和工艺不断改善，质量和性能不断提高。玻璃钢管由于具有耐腐蚀性强、管内壁光滑、输送能耗低等一系列优点，目前已广泛应用于腐蚀性较强的生产系统。玻璃钢管可用于油田很多领域，如油气集输管线、注水管线、污水处理管线和油管及套管等都可采用玻璃钢管。

(3) 国外油田应用情况

国外陆上油田(例如壳牌公司)，玻璃钢管主要用作输油管线和注水管线，与需要防腐措施的碳钢钢管相比，使用玻璃钢管可大大节约成本。在海上油田，玻璃钢管主要用于各种水管，如冷水管、注水管、污水处理管等。在井下，玻璃钢管的应用不是很广泛，玻璃钢管的压缩强度小于其抗拉强度。井中长时间的压缩应力、最大允许压力、CO_2的存在、射孔方法等都会对玻璃钢管在井下的应用产生影响。

(4) 国内油田应用情况

国内有几个油田尝试在腐蚀较强的环境中用玻璃钢管代替钢管，其中胜利油田取得了较好的效果。胜利油田为防止污水对金属管道的严重腐蚀，已采取了系统密闭隔氧、配套加药等一系列措施，但应用玻璃钢管道更有优越性。胜利油田腐蚀与防护研究所对玻璃钢管道进行的为期一年的中试应用及解剖试验结果表明，对于输送强腐蚀介质的低压管线，宜采用玻璃钢管。在强腐蚀区站内短管道系统和施工条件复杂的站外长管道，玻璃钢管更有优越性。

34. 什么是塑料?

塑料是一类以天然的或合成的高分子化合物为主要成分，在一定温度和压力下塑制成型，并在常温下能保持其形状不变的高分子材料。一般的塑料都是多组分体系，单一组分的不多，如聚四氟乙烯。现在的绝大多数塑料都是以合成树脂为主要原料，根据需要加入一定比例的其他材料，如填料、增塑剂、增韧剂、稳定剂等，以改善塑料的某些性能。

35. 塑料的特性有哪些，石油化工业中常用的塑料有哪些?

塑料的种类很多，不同塑料具有不同的物理机械性能，但综合起来，塑料有下述特性：

①质量轻；②强度高；③优越的化学稳定性；④优异的电气绝缘性能；⑤优良的减摩、耐磨性能；⑥可以自由着色。

石油化工业中常用的塑料主要有聚氯乙烯、聚乙烯、聚丙烯塑料、氟塑料、氯化聚醚、聚苯硫醚、酚醛塑料以及环氧塑料等。

36. 什么是橡胶，橡胶如何分类?

橡胶是指具有橡胶弹性的高分子材料，按其来源，可分为天然橡胶和合成橡胶两大类。

天然橡胶是由橡胶树的树汁经炼制而成的，它是不饱和的异戊二烯高分子聚合物。根据硫化程度的高低，即含硫量的多少，天然橡胶可分为软橡胶、半硬橡胶和硬橡胶。

合成橡胶是用人工方法制成的和天然橡胶相类似的高分子弹性材料。其品种繁多，目前全世界生产的合成橡胶主要的七大品种：丁苯橡胶、顺丁橡胶、异戊橡胶、氯丁橡胶、丁基橡胶、乙丙橡胶和丁腈橡胶。按性能和用途分类，合成橡胶可分成两类：通用合成橡胶和特种合成橡胶。

37. 石油工业中常用的橡胶有哪些?

橡胶是石油工业中使用的一种重要工程材料，特别是作为密封制品，其作用是其他材料无法替代的。随着石油工业的发展，橡胶的应用越来越广泛，涉及勘探、开发、储运和炼制等多个方面。适于石油工业应用的几种橡胶有丁腈橡胶、氢化丁腈橡胶、氯醚橡胶、丙氟橡胶等。

38. 混凝土在防腐蚀工程中的应用现状如何?

混凝土是一种人造石材，是当代用量最多、用途最广的建筑材料之一。混凝土不仅用途广泛，性能优异，而且品种繁多，其中耐腐蚀混凝土是重要的一类。

国外耐腐蚀混凝土的研究与应用较早，我国耐蚀混凝土的研究与应用主要是从20世纪50年代开始，当时主要是学习原苏联等国的经验，耐蚀混凝土的品种也很单一，只有沥青混凝土和水玻璃混凝土两种。20世纪50年代后期及60年代以后，我国对水玻璃混凝土进行了系统、深入的研究，并在冶金、石化、轻工系统广泛使用。1965年我国研制成功硫磺混凝土，并在淮南化肥厂工程的某些设备基础、耐酸地面和池壁等部位实际应用，取得了较好的效果。

我国聚合物混凝土的研究起步于20世纪70年代。在它的研究和开发应用上，主要侧重于耐腐蚀稳定性的研究和防腐蚀工程的应用方面。这项工作虽然开展时间不长，但发展很快，应用范围很广，经济效益显著。例如，树脂混凝土抗冲磨面层已经在我国新安江发电厂、长江葛洲坝工程得到应用；又如，树脂砂浆整体防腐蚀地面已在我国最大的钢铁基地——宝山钢铁总厂得到广泛应用，标志着我国聚合物混凝土的研究和开发应用已达到世界先进水平。

39. 高分子材料的腐蚀形式与特点如何?

高分子材料在加工、储存和使用过程中，由于内外因素的综合作用，其物理化学性能和机械性能逐渐变坏，以致最后丧失使用价值，即高分子材料的腐蚀，习惯上称为“老化”。

其内因指高聚物的化学结构、聚集态结构及配方条件等。老化主要表现在：

(1) 外观的变化　如出现污渍、斑点、银纹、裂缝、喷霜、粉化以及光泽、颜色的变化；

(2) 物理性能的变化　包括溶解性、溶胀性、流变性能以及耐寒、耐热、透水、透气等性能的变化；

(3) 力学性能的变化　如抗张强度、弯曲强度、抗冲击强度等的变化；

(4) 电性能的变化　如绝缘电阻、电击穿强度、介电常数等的变化。

40. 复合材料有什么耐腐蚀特点？

复合材料是由基体、增强体及它们间的相界面构成的。复合材料的腐蚀特性，除分别受这三部分的各自影响外，还取决于这三部分之间的相互影响。一般而言，对复合材料耐腐蚀性起决定作用的是复合材料基体的性质。

金属基复合材料的耐腐蚀性与其基体金属的耐腐蚀性基本一致，一般具有良好的耐候性，在自然环境下几乎不吸水，也不发生老化。陶瓷基体的性质，决定了陶瓷基复合材料具有优良的耐化学腐蚀性能，常用于高温氧化环境，因此考察它的高温抗氧化性。聚合物基复合材料，由于作为基体的聚合物的多样性，其耐腐蚀性能差别很大，决定了它们广泛的应用范围、充分的选择余地和灵活的可设计性。聚合物基复合材料具有较其他类材料更为优异和经济的耐化学介质腐蚀的综合性能，常常作为其他材料的保护层(衬里)使用。在考察它的耐腐蚀性时，有时需要连同被保护材料综合考虑。

三、药剂防腐蚀技术

41. 什么是缓蚀剂，它有什么特点？

缓蚀剂又称腐蚀抑制剂，是指将一些抑制金属腐蚀的物质，少量地添加到腐蚀环境中，在金属与腐蚀介质的界面产生阻滞腐蚀进行的作用，从而有效地减缓或阻止金属腐蚀。由于使用量很少，介质环境的性质基本上不会改变，也不需要太多的辅助设备。因此，使用缓蚀剂是一种适应性强、经济而有效的油气管线内防腐蚀措施。

缓蚀剂的特点有多效性、针对性、非永久性、灵活性、系统性等。

42. 缓蚀剂如何分类？

缓蚀剂应用广泛，种类繁多，缓蚀剂的缓蚀机理又十分复杂，目前常见的分类方法主要有以下几种：

(1) 从电化学反应的观点出发，按照缓蚀剂对电极过程的影响，可将缓蚀剂分为阳极型缓蚀剂、阴极型缓蚀剂和混合型缓蚀剂三类。

(2) 按缓蚀剂的化学组成分类，缓蚀剂可分为无机缓蚀剂和有机缓蚀剂两大类。

(3) 按缓蚀剂在金属表面形成保护膜的特征分类，可分为氧化型膜缓蚀剂、吸附型膜缓蚀剂和沉淀型膜缓蚀剂。

除以上分类方法外，常见的分类方法还有按使用介质分类和按缓蚀剂使用范围分类等分类方法。在实际工作和生产应用中，我们通常提到和采用的一般是按使用范围进行的缓蚀剂分类方法。

43. 氧化型膜缓蚀剂与沉淀型膜缓蚀剂的缓蚀机理有什么区别？

氧化型膜缓蚀剂直接或间接氧化被保护金属，在其表面形成金属氧化物薄膜，阻止腐蚀反应的进行。氧化型膜缓蚀剂一般对可钝化金属(铁族过渡性金属)有良好保护作用，而对于不钝化金属如铜、锌等非过渡性金属则没有多大效果，当然在可溶解氧化膜的酸中也不会有效果。建立保护性氧化膜需满足以下条件：保护膜必须薄(一般小于0.01μm)；膜形成的电阻率一般低于0.01Ω·cm；膜是电子导电体；具有阳极钝化曲线的特征形状；在能氧化金属上成膜速度快；膜憎水并相对不溶于酸。

沉淀型膜缓蚀剂本身是水溶性的，但与腐蚀环境中共存的其他离子作用后，可形成难溶或不溶于水的沉积物膜，对金属起保护作用。其中聚合磷酸盐和锌盐等为水中离子型，前者与钙离子、铁离子等共存可形成难溶盐。要使这类难溶盐具有保护效果，应注意以下几点：

(1) 水中析出的难溶盐的微结晶与金属表面之间发生静电引力；

(2) 在局部电池的阴极区产生的氢氧根离子易析出氢氧化物沉积物；

(3) 金属表面和已析出的盐结晶表面是盐析出的结晶核；

(4) 缓蚀剂和钙离子等在金属表面被富集(由于吸附等因素)而形成过饱和溶液。

这种膜是多孔的，其效果要比氧化型膜差，和金属表面结合强度也差。吸附型膜缓蚀剂分子中有极性基团，能在金属表面吸附成膜，并由分子中的疏水基团来阻碍水和去极化剂到达金属表面，从而保护金属。

44. 缓蚀剂的应用有何技术要求?

具备工业使用价值的缓蚀剂应具有以下性能：

(1) 投入腐蚀介质后立即产生缓蚀效果；

(2) 在腐蚀环境中有良好的化学稳定性，可以维持必要的寿命；

(3) 在预处理浓度下形成的保护膜可被正常操作条件下的低浓度缓蚀剂修复；

(4) 不影响材料的物理、机械性能，具有良好的防止金属腐蚀和局部腐蚀的效果；

(5) 毒性低或无毒。

45. 石油工业中常用的缓蚀剂有哪些?

石油工业是应用缓蚀剂最多的生产部门。从石油的钻探、开采、集输到炼制，经常需要使用缓蚀剂。尤其是开发高含硫的油气田，由于硫化氢气体对钻杆设备和油套管的严重腐蚀，必须使用抗硫化氢腐蚀的缓蚀剂，油气井进行酸化，必须应用高温酸化缓蚀剂；此外，油田含油污水处理回注等也要使用缓蚀剂进行防腐处理。

(1) 酸化缓蚀剂

油井酸化工艺又称酸处理工艺，作为一项重大增产和稳产的技术措施，我国许多油气田都采用了酸化技术。20世纪70年代，我国石油工业生产进入了一个发展新阶段，由于高温井浓酸酸化技术的开展，迫切要求研究和生产更好的高温酸化缓蚀剂。现已开发出数十个品种和近百个现场使用配方，初步解决了我国陆地和海上油田深井酸化施工的需要。

(2) 采油、采气生产用缓蚀剂

① 油溶性气井缓蚀剂　由于采出的天然气带有大量硫化氢、二氧化碳、卤水等浸蚀性物质，严重腐蚀井口采气设备和井下油管、套管，造成闸门丝杆断裂，油管、套管穿孔断裂，集输管线爆破等事故。对于高含硫化氢气田的大部分地面集输系统，碳钢加缓蚀剂仍然是最经济适宜的防护方法。

② 油井缓蚀剂　油井采出液中含CO_2、H_2S、溶解氧、有机酸、硫酸盐还原菌，且水的矿化度高，对油井油管、套管和原油集输系统造成腐蚀。不少油田发现油井油管、套管腐蚀

穿孔、变形和断裂，原油集输系统管线穿孔现象日益严重，直接影响了油田的正常生产。油井加药防腐不但可以保护油管、套管及井下设备，而且也可以起到保护集油管线和设备的作用，是一项成本低、容易实施、见效快的措施。目前，国外较好的缓蚀剂，主要类型有丙炔醇类、有机胺类、咪唑啉类和季铵盐类等。

（3）酸洗缓蚀剂

结垢和金属表面的污泥沉积是油田生产中普遍存在的问题，生产中通常采用机械和化学方法处理。对污水管线、注水管线和锅炉等采用化学清洗，能大大节约人力、物力和时间，在油气田中已广泛应用。但是，为了防止酸洗过程中金属被强酸腐蚀，必须根据条件选用相应的高效酸洗缓蚀剂。

（4）油田污水缓蚀剂

油田含油污水矿化度高，含有溶解氧、硫化氢、二氧化碳和细菌等，对油田污水处理及回注污水用注水系统的钢管线及设施普遍存在着腐蚀现象。但由于介质中腐蚀因素含量不同，腐蚀性有很大差别。油田水系统使用的有机缓蚀剂主要类型有：季铵盐类、咪唑磷酸胺类、脂肪胺类、酰胺衍生物类、吡啶衍生物类、胺类和非离子表面活性剂复合物等。对油田注水效果较好的是季铵盐类和咪唑琳类缓蚀剂。

46. 目前油田使用的缓蚀剂主要有哪些型号，分别适用于什么介质？

目前油田使用的缓蚀剂种类很多，见表 3－1 所示。

表 3－1　石油工业用缓蚀剂分类表

序号	缓蚀剂名称	主要组分	适用介质	设备系统	研制单位
1	TG100	咪唑啉含硫衍生物类		油水井	中油集团管材研究所
2	TG200	氢化噻唑衍生物类		气井	中油集团管材研究所
3	TG300	季铵盐类		注水系统	中油集团管材研究所
4	IMC－M3	咪唑啉类		注水及输油管道	中科院腐蚀所
5	IMC－30－G	多元醇磷酸酯		注水系统	中科院腐蚀所
6	IMC－80－ZS	炔氧甲基胺及其季铵盐	含 CO_2	油井和输油管线	中科院腐蚀所
7	WSI－02	有机季铵盐与有机硫化物		油水井	华北钻采研究所
8	CT2－12	含 N、S、P 的松香铵衍生物		注水系统	四川天然气所
9	Cortron RN－82	季铵盐			CHAMPION（美）
10	NACLO－3554	咪唑啉季铵盐			NACLO（美）
11	IMC－80－N	含炔氧基、胺基、芳香基、季胺基化合物	H_2S	油井和输油管线	中科院腐蚀所
12	TG500	硫代磷酸酯、含氮化合物	H_2S/CO_2	油气井	中油集团管材研究所
13	KS－1	咪唑啉衍生物类	H_2S	污水处理系统系统	华北油田设计院
14	CT2－15	有机胺类	H_2S/CO_2	油气井	四川天然气所
15	N－11	丙二胺衍生物			陕西化工研究所
16	581	咪唑啉、酰胺	H_2S		北京化工大学
17	BARAFLM	成膜胺		油气井	Baroid（美）
18	DRILLCOROI				Ewabo（德）
19	IMC－921	炔氧甲基胺和多硫化物	O_2-CO_2-	油田污水	中科院腐蚀所
20	SL－2	咪唑啉磷酸酯/咪唑啉硫代磷酸酯	H_2S-SRB	油田污水	胜利油田设计院

47. 如何选用缓蚀剂?

缓蚀剂的选择通常要按照下述步骤来进行:

(1) 确定腐蚀原因和腐蚀类型。这是选择腐蚀控制方法的第一步,也是选择缓蚀剂的第一步。这通常需要测定溶解气体的类型和含量,分析腐蚀产物等。

(2) 如果已经清楚腐蚀问题所在,缓蚀剂销售商通常可以帮助进行缓蚀剂选择,也可以利用实验室和现场试验来进行缓蚀剂的初步选择。

(3) 缓蚀剂的初步选择完成后,便可进行现场试验通过不间断的观察,确定缓蚀剂的保护效果。当确定缓蚀剂及加注浓度后,还需继续监测,因为系统的腐蚀性会随时间而变化。

48. 缓蚀剂的选用原则是什么?

缓蚀剂的选用应遵循以下八个方面的原则:

(1) 腐蚀介质　不同的腐蚀介质应选用不同类型的缓蚀剂,以达到有效的金属防护。一般来说,中性水介质使用的缓蚀剂大多为无机物,以钝化型和沉淀型为主;酸性水介质使用的缓蚀剂大多为有机物,以吸附型为主。但现代的复配型缓蚀剂,也将根据需要在用于中性水介质的缓蚀剂中添加有机物质;在用于酸性水介质的缓蚀剂中添加无机盐类。

(2) 缓蚀剂溶解性　水溶性缓蚀剂通常在注水系统中使用。水分散性缓蚀剂也可在注水系统中使用,而且常常比水溶性缓蚀剂保护效果更好。但是应考虑水分散性缓蚀剂不完全溶解造成堵塞的可能性。

(3) 金属　不同金属的电子排布、电位序列、化学性质等可能很不相同,它们在不同介质中的吸附和成膜特性也不同。钢铁无疑是使用最广泛的金属,钢铁用缓蚀剂也是研究和使用得最多的。但许多高效的钢铁用缓蚀剂对其他金属往往效果不好。因此,如果需要防护的系统是由多种金属构成,单一的缓蚀物质一般难以满足防护要求,此时应考虑多种缓蚀物质的复配使用。

(4) 溶解氧　一般的有机缓蚀剂对于抑制溶解氧腐蚀不是很有效。有一些缓蚀剂对于溶解氧腐蚀有一定效果,但是它们不是普通的有机缓蚀剂,且在无溶解氧时不太有效。

(5) 缓蚀剂的去垢性　大多数缓蚀剂具有去垢性,从而可以清洁系统表面。因为缓蚀剂只有到达表面才能发挥作用,当缓蚀剂首次注入时,可能导致大量固体粒子松动形成堵塞,因此,建议第一次加注以前,要检测设备表面,如果表面太脏,建议加注前清理表面。

(6) 配伍性　如果要与其他化学药剂,如阻垢剂、脱氧剂或杀菌剂一块使用,则应当检查不同化学药剂的配伍性。各类药剂之间若发生化学反应,则其有效性可能会减弱或遭到破坏。由于金属腐蚀情况的复杂性,现代缓蚀剂很少是采用单种缓蚀物质的。多种缓蚀物质复配使用时的总缓蚀效率比单独使用时的缓蚀效率之和要高,这也是当前为提高缓蚀剂效率而需要研究的重点课题。

(7) 缓蚀剂的毒性　许多高效缓蚀物质往往带有毒性,致使它们的使用范围受到限制。例如铬酸盐在钢铁表面能形成稳定的钝化膜,对大多数非铁金属也能产生有效的保护,但由于六价铬可在人体和动物体内积蓄,对人体健康产生长远的危害,因此在许多场合必须改用其他缓蚀物质来代替铬酸盐。所以,现代缓蚀剂的研制和应用都必须特别注意环境保护问题。

(8) 缓蚀剂价格　选择什么价格的缓蚀剂,要依据试验评价所得的缓蚀效率来进行综合分析。

49. 缓蚀剂缓蚀效果的影响因素有哪些？

缓蚀剂的缓蚀效果主要受以下因素影响：

（1）溶解度的影响

不同腐蚀介质中采用的缓蚀物质，必须考虑它们在这些介质中的溶解度问题。石油工业用的缓蚀剂应在油相中有一定的溶解度；对于气相缓蚀剂来说，就是要求具有一定的挥发度。溶解度太低将影响缓蚀物质在介质中的传递，使它们不能有效地到达金属表面；即使它们的吸附性很好，也不能发挥应有的缓蚀作用。在这种情况下，可考虑加入适当的表面活性物质，以增加缓蚀物质的分散性，如切削油中所加的乳化剂或助溶剂便是这类物质。有时也可通过化学处理的方法在缓蚀物质的分子上加接极性强的基团，以增加它们在水中的溶解度。

（2）温度的影响

① 温度升高，缓蚀效率显著下降。这是由于温度升高时，缓蚀剂的吸附作用明显降低，因而使金属腐蚀加剧，大多数有机及无机缓蚀剂都属于这一情况。但随着温度的升高，缓蚀效率也可能增高。这是由于温度升高时，缓蚀剂可依靠化学吸附与金属表面结合，生成一种反应产物薄膜。或者是温度较高时，缓蚀剂易在金属表面形成一层类似钝化膜层，从而降低腐蚀速率。因此，当介质温度较高时，这类缓蚀剂最有实用价值。

② 在一定范围内，缓蚀率不随温度升高而改变。用于中性水溶液和水中的一些无机缓蚀剂，其缓蚀效率几乎是不随温度升高而改变的。对于沉淀膜型缓蚀剂，一般也应在介质的沸点以下使用才会有较好的效果。

（3）介质流动速度对缓蚀作用的影响

① 流速加快，缓蚀速率降低。大多数情况下，提高介质的流速会造成缓蚀效率降低。有时，由于流速的增大，甚至还会加速腐蚀，使缓蚀剂变成腐蚀的激发剂。但是，当缓蚀剂由于扩散不良而影响保护效果时，流速增加时，缓蚀效率提高。这是由于增加介质流速可使缓蚀剂能够比较容易、均匀地扩散至金属表面，而有助于缓蚀效率的提高。

② 介质流速对缓蚀效率的影响，在不同使用浓度时，还会出现相反的变化。

因此，缓蚀剂的选用，应根据实际生产情况，在大量实验的基础上才能确定。

50. 缓蚀剂用量与缓蚀效果有何关系？

缓蚀剂用量对金属腐蚀的影响大致有三种情况：

（1）金属的腐蚀速率随缓蚀剂用量增加而降低　大多有机及无机缓蚀剂在酸性及浓度不大的中性介质中，都属于这种情况。实际使用中应结合保护效果，考虑综合效益，合理确定缓蚀剂用量。

（2）缓蚀剂的浓度和金属腐蚀速率的关系存在极限值　即在某一浓度时缓蚀效果最好，浓度过低或过高都会使缓蚀效率降低。因此在使用这类缓蚀剂时，必须注意缓蚀剂不要过量。

（3）缓蚀剂用量不足会加速金属腐蚀　大部分氧化剂如铬酸盐、重铬酸盐、过氧化氢以及硅酸钠等属于这类缓蚀剂。对于这类缓蚀剂加量太少是危险的，必须十分注意。一般情况下，对于长期需要采用缓蚀剂保护的设施，为了能形成良好的基础保护膜，首次缓蚀剂用量往往比正常操作时高4~5倍。对于陈旧设备采用缓蚀剂保护时，因金属表面存在的垢层和氧化铁等要额外消耗一定量的缓蚀剂，剂量应适当增加。

51. 如何对缓蚀剂进行测试与评价？

缓蚀剂的测试与评价方法可分为以下几种：

（1）管流挂片失重法　缓蚀剂的测试方法实际上就是金属腐蚀速率的测量方法，即在不同条件下于腐蚀介质中使用缓蚀剂后测量金属的腐蚀速率，并与空白实验（不加缓蚀剂，其他条件相同）进行对比，从而确定缓蚀率和适宜的加药浓度。

（2）弱极化法　碳钢在油田采出水中的腐蚀属于电化学腐蚀，因此可用动电位扫描法，测量金属材料在不同介质中的极化曲线，得到金属在腐蚀介质中的腐蚀电流密度。但在近中性介质中碳钢的强极化区（Tafel 线性区）不明显，因此根据腐蚀电化学原理，采用三参数方法对极化曲线中的弱极化区（即极化曲线阴、阳极段为 ±10 ~ ±60mV 范围）用最小二乘法进行拟合，计算出相应的阳、阴极 Tafel 斜率和腐蚀电流密度，再根据法拉第定律求得腐蚀速率，由未加和加有缓蚀剂的腐蚀速率计算缓蚀率，同时根据加药前后腐蚀电位和极化曲线形状的改变，判断缓蚀剂的作用类型。

（3）管流腐蚀试验　胜利油田腐蚀与防护研究所设计研发的多相流腐蚀动态模拟试验装置，由储罐、循环泵、管路系统、温控系统、监测系统和电化学综合测试系统组成，对影响腐蚀速率的温度、流速、矿化度、溶解氧、pH 值等主要因素可精确控制，可同时进行管柱实物、双流速挂片试验及电化学在线监测，进行油田多相流腐蚀机理研究和涂层、缓蚀剂等防腐技术的快速评价、筛选。

52. 结垢的危害有哪些，油田水常见的水垢有哪些？

结垢是油田水质控制中遇到的最严重问题之一。结垢可以发生在采油系统、油田水处理和注水系统的任何部位。垢的形成能大大降低传热效果；垢的沉积会引起设备和管道的局部腐蚀，使之短期内穿孔而破坏；垢还会降低水流截面积，增大水流阻力和输送能量，增大清洗费用和停产检修时间，因此结垢会给生产带来严重危害。

油田水常见水垢主要有碳酸钙、硫酸钙、硫酸钡、硫酸锶、铁化合物（硫酸亚铁、硫化亚铁、氢氧化亚铁、氢氧化铁、氧化铁）等。

53. 如何鉴别垢？

垢的鉴别有现场鉴别和实验室分析。两种鉴别垢样组成的方法，无论是在实验室中还是在现场进行快速分析，其一般步骤大致相同。主要不同点是，实验室分析通常可得出每种组分的数量，而现场分析则仅为定性分析。

在现场垢质分析中，可根据下列方法鉴别垢质的组成：

（1）把样品浸入有机溶剂中，溶去所有烃类。

（2）检查样品是否带磁性，如果磁性强，那么样品很可能含有大量的 Fe_3O_4（磁性氧化铁）。如果磁性很弱，就表明只含有少量 Fe_3O_4，也可能是硫化铁。

（3）把样品放在15%的盐酸中，注意是否发生强烈反应。注意样品的臭味（若有 H_2S 的气味，就证明垢样中含有 FeS）。注意酸的颜色，如果变成黄色，则表明有铁化合物。还应注意，当硫化铁与空气接触，它将被氧化并覆盖一层氧化铁，这就是说，垢的组成或最初含有的硫化铁沉淀物与其暴露于空气中的时间长短有关，样品离开系统几天或几周后的分析结果常常是以氧化铁为主，而硫化铁很少或没有。

（4）检验样品在水中的溶解度，NaCl 溶于水，其他成分不溶于水。

按以上鉴别方法，硫酸盐、砂子、淤泥或黏土均不发生反应，用放大镜可以辨认砂子颗粒或发现硫酸盐晶体。但如果在现场分析没有得出什么结果，那么就要把新鲜样品送往工业实验室进行检测。

54. 选择阻垢剂时应考虑哪些因素？

当选择一种阻垢剂时，应考虑以下因素：

（1）垢的化学组成　某些化合物对于处理特殊的垢是更有效的。

（2）结垢的严重程度　许多阻垢剂的效果受过饱和程度的影响，当每单位体积水中只有少量垢产生时，许多化合物都有好的效果，在结垢速度较高时，实验室的评价实验可指导选择有效的防垢剂。

（3）温度　阻垢剂效果通常是随温度增高而降低。每种阻垢剂都有一个上限温度，超过此限，就会失去效能。

（4）与其他化学药剂的相溶性　阻垢剂与加到系统中的其他化学药剂是否互溶，是否起反应互相干扰，这一点对选择阻垢剂十分重要。

55. 石油工业常用的缓蚀性阻垢剂有哪些？

我国石油工业使用的阻垢剂种类繁多，其中我国常用的具有缓蚀作用的阻垢剂有 EDTMPS、DCI－01 复合阻垢缓蚀剂、DDF－1 水质稳定剂、改性聚丙烯酸、CW－1901 缓蚀阻垢剂、NS 系列缓蚀阻垢剂、W－331 阻垢缓蚀剂、CW－1002 水质稳定剂、CW－1103 缓蚀阻垢剂、CW－2120 缓蚀阻垢剂、HAS 型水质稳定剂、HW－钨系阻垢缓蚀剂。

56. 油田污水及注水系统中常见的细菌有哪些？

油田污水及注水系统中的细菌主要有：

（1）硫酸盐还原菌（SRB）

硫酸盐还原菌是一种在厌氧条件下可使硫酸盐还原成硫化物，并以有机物为营养的细菌。硫酸盐还原菌是成群或成菌落地附着在管壁上，在流动的液体中不易找到。

（2）腐生菌（TGB）

在某些特定环境下，很多细菌都可以形成黏膜附着在设备或管线内壁上，也有些悬浮在水中。凡是能形成黏膜的细菌都称为黏泥形成菌。该菌是好气异养菌的一种，国内习惯称之为腐生菌。

许多油田水都有能满足腐生菌生长的物理条件和营养物质，因此腐生菌的存在极其普遍。它们产生的黏液与铁细菌、藻类、原生动物等一起附着在管线和设备上，造成生物垢，堵塞注水系统和地层，同时也产生氧浓差电池而引起腐蚀。

（3）铁细菌（FB）

凡是具有以下生理特征的细菌均为典型的铁细菌，即能在氧化亚铁或高铁化合物中起催化作用；可以利用铁氧化中释放出来的能量来满足其生命的需要；能大量分泌氢氧化铁并形成某种特定结构。

铁细菌是一种好气异养菌，是在与水接触的结瘤腐蚀中常见的一种菌。它一方面像其他许多菌一样具有附着在金属表面的能力，能分泌大量的黏性物质从而造成注水井和过滤器的堵塞；另一方面能形成氧浓差电池，同时给硫酸盐还原菌提供局部的厌氧区，使腐蚀加剧。

（4）其他生物

在油田污水及注水系统中，除硫酸盐还原菌、腐生菌和铁细菌外，还存在着藻类、硫细菌、酵母菌和霉菌、原生动物等其他生物。它们也可能造成堵塞和产生浓差腐蚀电池等，但一般来说，产生的危害较上面几种细菌小。

在各类细菌中危害最严重的为硫酸盐还原菌。

57. 硫酸盐还原菌的主要繁殖部位有哪些?

在油田水系统中，SRB 存在的主要部位有：

（1）水管线的滞流点，也存在于垢下或管底沉积物中能够局部形成厌氧的环境中；

（2）各种水罐罐壁垢下及罐底淤泥中；

（3）滤罐滤料及垫层中；

（4）回注污水的注水井油管与套管环形空间中。

硫酸盐还原菌在厌氧环境下将水中无机硫酸盐还原成硫化氢，从而对系统形成腐蚀。其产生的腐蚀产物 FeS 随水注入地层引起堵塞，该菌菌体也可堵塞地层，因此，具有极大的危害性。

58. 如何判定硫酸盐还原菌的存在?

在油田中可以从以下几个方面来判断硫酸盐还原菌(SRB)的存在：

（1）注入水逐渐变为酸性，或通过系统中的可溶性硫化物含量增加，在较严重的情况下，注入水可能变成黑水；

（2）注水井酸化处理频繁及注水量下降；

（3）任何停滞或水流不急的区域，金属设施和部件迅速损坏；

（4）注水井反洗或反吐时，可以看到大量的黑水和黑色黏液。

59. 如何判定铁细菌的存在?

在油田注水系统中，对于铁细菌(FB)的生长繁殖，可以根据以下情况来判定：

（1）水的混浊度和色度增加，有时 pH 值也发生变化；

（2）铁含量增加；

（3）溶解氧减少；

（4）过滤器、管线和设备里有红褐色的沉淀物；

（5）注水能力降低，井口压力升高，过滤器堵塞以及管线、设备发生腐蚀。

60. 怎样选择和评价杀菌剂?

选择和评价杀菌剂时应注意以下几个方面：

（1）根据不同的水质、所含细菌的种类以及要求控制的条件，选择合适的药剂。不同的水质所含菌种和菌量存在差异，对杀菌剂的要求也不同，必须在实验室内尽量模拟系统环境条件进行药效和杀菌时间等试验，筛选和评定杀菌剂。

（2）所选择的杀菌剂与系统中加入的其他化学药剂如缓蚀剂、阻垢剂、净水剂等有好的配伍性，不互相降低效果；杀菌剂与污水互溶，不产生混浊或沉淀现象。

（3）考虑细菌的抗药性，至少选择两种杀菌剂，以便在细菌对一种杀菌剂产生抗药性时，换用第二种杀菌剂。

（4）要用低凝固点或改性的药品，在夏季，则要避免杀菌剂中的溶剂挥发而产生黏滞、沉淀。

（5）当处理水用于排放时，应选择高效低毒的杀菌剂，防止造成环境污染和公害。对高效高毒的药剂，如果降解容易，也可以考虑选用。

细菌分析和杀菌剂评价按标准 SY/T 0532《油田注入水细菌分析方法 绝迹稀释法》执行。

61. 水处理用杀菌剂的种类有哪些?

水处理常用的杀菌剂主要分为两大类：氧化型杀菌剂与非氧化型杀菌剂。

氧化型杀菌剂都是氧化剂，它们的杀菌作用是通过它们的强氧化作用，破坏原生质结构或氧化细胞结构中的一些活性基团而产生的。在油田水处理及注水系统中，一般都含有还原剂 Fe^{2+}、H_2S、SO_3^{2-}等。如果使用氧化型杀菌剂，那么还原剂与杀菌剂作用会消耗一部分，降低杀菌效果。在油田处理后的污水中还含有较高溶解状态的有机物，当加入氧化型杀菌剂后，可将有机物氧化成无机物以悬浮物的形式悬浮在水中，增加了悬浮物含量，影响注水水质。因此，油田使用的一般为非氧化型的有机杀菌剂。

62. 油田水处理常用的杀菌剂有哪些?

油田水处理一般使用非氧化型有机杀菌剂，其品种主要有：

(1) 氯酚及其衍生物；

(2) 季铵盐化合物；

(3) 二硫氰基甲烷；

(4) 醛类化合物；

(5) 咪唑啉醋酸盐与季铵盐复配、各种多胺的醋酸盐、各种长链的二胺等，都是较好的杀菌剂，在油田水处理中都有使用。

四、表面处理技术

63. 什么是表面预处理技术，其目的是什么?

通常为了使金属及部分非金属材料表面的保护层具有良好的附着力及外观表现，在涂装、电镀或化学镀、防锈封存、表面改性、表面膜转换等施工前必须对其表面进行预处理，表面预处理又称表面调整及净化。其目的在于：

(1) 把被污染的钢铁表面处理成清洁的表面或工业纯净的表面，以获得适宜于涂覆物质和涂覆方法的基体钢表面。增加防护层的附着力，延长其使用寿命、减少引起钢铁腐蚀破坏的因素，以便充分发挥保护层的作用，这也是能否获得优质涂镀层的关键。

(2) 良好的前处理是后续工序得以顺利进行的条件。前处理不好，涂漆、电镀等工序难以进行，有时甚至无法施工。因此，涂镀前的钢铁表面必须达到所要求的粗糙度。

因此，表面调整及净化是表面处理技术中不可缺少的工序，是保证防护层质量的重要环节。

64. 钢材表面氧化皮和铁锈是怎样生成的，有什么危害?

(1) 钢材表面在轧制和焊接等高温条件下会迅速被氧化，生成一层氧化皮。氧化皮是由几层不同的氧化铁组成的，结构比较复杂(见图3－5)。当受外力作用或冷却时，因氧化皮和钢铁的热膨胀系数不一样，容易开裂和脱落，使氧化皮失去完整性。防腐时如果不把氧化皮清除干净，它对防腐层有很大的破坏作用：

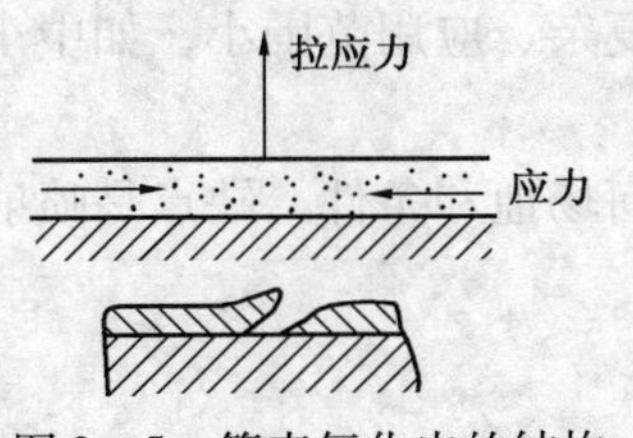

图3－5　管表氧化皮的结构

① 氧化皮的电极电位比钢材高0.26V，使氧化皮脱落和裂缝处暴露的钢材表面成为微电池的阳极而遭到腐蚀；

② 在氧化皮的裂缝处容易凝结水汽，若 SO_2 溶于其中则可生成硫酸亚铁，它将增加电解液的导电性，促进腐蚀作用；

③ 没有被除掉但已松动的氧化皮，当管道温度波动较大时，

它可能完全脱落并隆起，防腐涂层可能被隆起的氧化皮和继续腐蚀生成的体积较大的铁锈所拱破，从而失去防腐作用。

（2）钢管、容器的储存和运输大都是在露天进行的，在常温的潮湿空气中，表面的氧化皮迅速松动、翘起和脱落，钢管受到大气腐蚀，在管表生成疏松、多孔、吸水的褐色铁锈（见图3－6）。大气成分和腐蚀产物的性质是影响腐蚀的重要因素。在大气中含有 SO_2 时，加速腐蚀最甚。管表上疏松的铁锈容易脱落，使钢管继续受到腐蚀。铁锈中含有硫酸亚铁，可在涂层下促进生成体积较大的铁锈而拱破涂层。

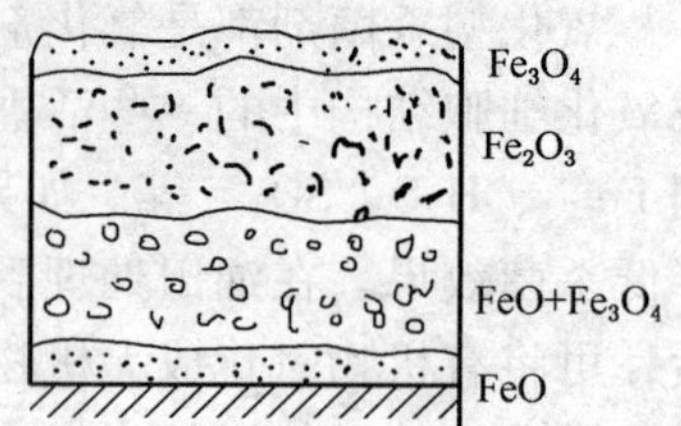

图3－6　氧化皮翘起、松动

65. 涂镀前表面预处理的方法有哪些?

涂镀前金属表面预处理主要包括除油、酸洗和机械处理。在表面处理的过程中，表面调整及净化的方法并不完全一样，应根据不同情况选择其处理方法。对于油污及某些吸附物，较薄的氧化层可先后用溶剂清洗、化学处理和机械处理，或直接用化学处理。对于严重氧化的金属表面，氧化层较厚，就不能直接用溶剂清洗和化学处理，而最好先进行机械处理。

66. 表面预处理技术中机械处理的方法有哪些?

机械处理就是借助机械力除去金属及非金属表面上的腐蚀产物、油污、旧漆膜及各种杂物，以获得洁净的表面，从而有利于后续工序的施工，并保证防护层的牢固附着和质量，延长产品的使用寿命。表面预处理技术中机械处理的方法主要有刷光、磨光和抛光、喷砂和喷丸。

67. 什么是工具除锈，其分类有哪些?

工具除锈通常用于暴露在正常大气环境中和室内使用的钢材。使用具有良好可湿性涂料做维修涂层时也常采用这种方法。工具除锈分手动工具除锈和动力工具除锈两种：

（1）手动工具除锈方法

① 用敲锈榔头等敲击式工具除掉钢表面上的厚锈和焊接飞溅。

② 用钢丝刷、铲刀等手工工具刷、刮或磨，除掉钢表面上所有松动的氧化皮、疏松的锈和疏松的旧涂层。

（2）动力工具除锈方法

① 用由动力驱动的旋转式或冲击式除锈工具，如旋转钢丝刷等，除去钢表面上松动的氧化皮、疏松的锈和疏松的旧涂层。

② 表面上动力工具不能达到的地方，必须用手动工具做补充清理。

③ 冲击式工具除锈时不应造成钢表面损伤，用旋转式工具除锈时不宜将表面磨得过光，以免影响附着力。

68. 喷射、抛射除锈有何优缺点?

抛射除锈的优点是效率高、动力消耗小，缺点是抛丸器结构复杂、应用范围小，如中小口径的管道内抛丸无法进行。

喷丸除锈使用的喷枪或喷嘴尺寸较小、结构简单，适用于任何场地和条件，缺点是喷射效率低、动力消耗大。

69. 目前世界上应用较多的钢材表面除锈标准有哪些?

目前世界上应用较多的钢材表面除锈标准有：

(1) 瑞典标准 SIS：Swedish Standard Institution(1967)；

(2) 美国钢结构涂料委员会“表面处理规范”SSPC：Steel Structures Painting Council (1963)；

(3) 美国材料与试验协会标准 ASTM；

(4) 英国标准 BS：British Standard；

(5) 日本造船研究协会“涂装前钢材表面处理标准”JS－RASPSS：JSRA Standard for theP-reparation of Steel Surface Prior to Painting(1975)；

(6) 德国标准 DIN；

(7) 加拿大标准 CGSB：Canadian Government Specilfication Board；

(8) 日本国营铁路标准规范 JRS。

70. 什么是金属材料的脱脂，如何进行脱脂?

金属材料或零件表面的油脂，按其性质可分为皂化油和非皂化油两类。两类油均不溶于水，只能通过溶解、乳化、电解或机械方法来清除。

(1) 碱液化学除油　将金属材料或零件浸在热碱中，使其表面的油脂经皂化或乳化作用而除去，这种方法称为碱液除油。

碱液一般是以氢氧化钠为主，加入碳酸钠、磷酸三钠、硅酸钠以及表面活性剂组成，以发挥各自的特性，增加清洗除油效果。可用水漂洗的可溶性乳浊液清洗剂，具有强烈的脱脂能力，而且不产生污染问题。它们由强乳化性的乳化剂和润湿剂组成，可在冷态下应用或用水稀释。碱液除油用喷雾清洗比浸渍法效率高。

(2) 电化学除油　电化学除油方法是将材料或零件作为除油液中的阳极和阴极进行短时间的通电，从而电解除油。在碱性除油液中进行电解除油时，由于电极的极化作用，降低了油－溶液表面的张力，利用阴极反应生成的氢气及阳极反应生成的氧气，将附着在金属表面的油膜迅速撕裂，转变为细小的油珠而被除掉。

(3) 有机溶液除油　有机溶剂对去除碱液难以除净的高黏度、高熔点的矿物油具有较好的效果，但溶剂挥发后溶剂中的脏物会残留在部件的表面。因此，有机溶剂除油只能用作表面处理的初步清洗，然后再进行电解除油才能获得清洁的表面。

生产中实际使用的有机溶剂有：汽油、煤油、苯类及酮类等有机烃类，另外还有三氯乙烯、四氯乙烯等氯化烃类。

(4) 除油后的质量检查　除油后的最终结果不应有油脂和乳浊液等污物。应目视检查处理表面能润湿水膜的连续性。

71. 除油剂的除油机理是什么?

除油时可以使用各种除油剂，它们的作用机理不尽相同，归纳起来有以下几种：

(1) 皂化作用　指氢氧化钠和碱性强的盐类与油脂反应生成肥皂和甘油后溶于水而除去油脂的作用。皂化作用只能去掉动、植物油。

(2) 乳化作用　指将油脂变成微小的液滴散布在溶液中，成为乳浊液而除去油污的作用。矿物油等非皂化油，只有通过乳化作用才能除去。

(3) 润湿作用　指溶液渗入油脂中，并在金属表面扩散，以减少油脂对金属表面的附着力，使之脱落。各种表面活性剂都具良好的润湿作用。

(4) 分散作用　指将油脂从金属表面脱落之后，分散进入到溶液中的作用。除表面活性剂外，硅酸钠、磷酸钠等也有较好的分散作用。

(5) 溶解作用　指利用有机溶剂对油脂的溶解作用，把油污除去。

72. 管道、容器表面预处理中对除油剂的要求有哪些？

管道、容器表面预处理中对除油剂的要求有：

(1) 对所要除掉种类的油污应有良好的脱脂能力，而其成本低；

(2) 对管道、容器无腐蚀作用，使用安全、无毒；

(3) 操作方便，易于用水洗净；

(4) 对后续工序无不良影响；

(5) 便于进行废水处理，不致引起公害。

现在市场上出售的除油剂，还没有一种能全部满足上述要求，所以应根据沾污油脂的性质和程度，选择较合适的除油剂或自己配制。例如动、植物油，可用碱液清洗；矿物油则多用有机溶剂或含表面活性剂的碱液进行清洗。

73. 什么是气相沉积及三束表面改性技术？

随着离子束、激光束、电子束的应用和发展，在传统热化学气相沉积、真空蒸镀、溅射、表面改性的基础上，衍生出了许多新兴的表面工程技术，如等离子体增强化学气相沉积、非平衡磁控溅射、激光化学气相沉积、电子束气相物理沉积及三束表面改性技术等。

化学气相沉积是利用加热、等离子体激励或光辐射等方法，使气态或蒸气状态的化学物质发生反应并以原子态沉积在置于适当位置的衬底上，从而形成所需要的固态薄膜或涂层的过程。

物理气相沉积是利用蒸发、溅射之类的物理方法形成气态的原子、分子或离子，然后通过气相运输步骤，在适当温度的衬底上凝聚形成所需要的薄膜或涂层的过程。

离子束、激光束和电子束统称为三束。离子束辅助沉积和双束溅射沉积利用离子轰击作用可以获得性能改善的具有定向结构的膜层，利用激光化学气相沉积方法可低温沉积金刚石薄膜，电子束气相物理沉积用于沉积热障涂层可获得具有足够应变容限的柱状晶结构。三束作为特殊的能量方式和实施气相沉积的重要方法，在表面工程领域的应用及其广泛。

74. 什么是电镀技术，有什么作用？

电镀是将直流电通入一定的电解质溶液（镀液）中，使金属或合金沉积到阴极（镀件）表面上的过程。在不改变零件主体性能的情况下，在镀件表面电镀获得一层薄镀层来达到提高零件的耐腐蚀、装饰、耐磨等目的。随着现代工业和技术的飞速发展，对电镀层的功能性提出了越来越高的要求，如高耐腐蚀性、抗氧化性、良好的导电性、高硬度以及某些特殊的物理、化学特性。

通过电镀或化学镀能够得到的镀层有：防护性镀层、装饰性镀层以及功能性镀层（耐磨性、减磨性、抗高温氧化性、耐热性、电性能、磁性能、光学性能、半导体性能以及超导性能）等。电镀和化学镀技术在国民经济建设中占有十分重要的地位，并具有良好的应用前景。

75. 什么是热浸镀技术，主要有哪些热浸镀材料？

热浸镀简称热镀，是将被镀金属材料浸于熔点较低的其他液态金属或合金中进行镀层的方法。此方法的基本特征是在基体金属与镀层金属之间有合金层形成。因此，热浸镀层是由合金金属和镀层金属构成的。被镀金属材料一般为钢、铸铁及不锈钢等，用于热镀的低熔点金属有锌、铝、铅、锡及其合金等。

热镀锌层是价廉而耐蚀性能良好的镀层，由于锌的电化学特性，使它对钢基体具有牺牲性保护作用，因而被大量用于钢材的保护；热镀铝层不仅抗工业大气和海洋大气腐蚀性能优异，其铁－铝合金层还具有良好的耐热性；由于锡资源短缺，热镀锡仅少量用于电器元件和丝材上；由于铅的化学稳定性好，热镀铅很适合作钢材的保护镀层材料。

76. 什么是热喷涂技术，有何优缺点?

利用各种热源，将欲喷涂的固体涂层材料加热至熔化或熔融状态，借助于高速气流的雾化效果使其形成细微熔滴，喷射沉积到经预处理的工件表面形成堆积结构涂层的技术，称为热喷涂技术。

热喷涂技术可喷涂的材料品种多，所喷涂的涂层功能广，且适用于各种基体，因而应用广泛。此外，热喷涂技术工艺灵活，限制少，物耗少，工效高，对环境污染小，受到生产企业的欢迎。但是，热喷涂技术也有以下缺点：

（1）热喷涂涂层均存在一定的孔隙率，在强腐蚀环境中服役，需要进行适当的封孔处理；

（2）常规热喷涂涂层与基体之间形成机械结合，故结合强度受到一定限制；

（3）喷涂过程中影响涂层质量因素多，须严格控制过程的工艺；

（4）热喷涂操作中存在涂层沉积效率问题和均匀性问题；

（5）热喷涂操作环境恶劣，需采取劳动保护措施和提高机械化、自动化程度。

77. 常用的酸洗方法有哪些，其原理是什么?

酸洗分为化学酸洗和电化学酸洗。酸洗除锈根据金属材料的性质、表面状态以及要求不同而选用不同的酸洗溶液和酸洗方法。一般在金属及其加工件经过表面除油后再进行酸洗。

（1）化学酸洗　化学酸洗是将金属表面浸在适当浓度和一定温度的酸洗液中，在一定时间内通过化学反应除去金属氧化物的方法

（2）电化学酸洗　电化学酸洗是在酸洗液中通直流电，将部件作为阳极或阴极，利用电解作用除去氧化皮和锈蚀产物的方法。电化学酸洗又分为：

① 阳极法　将酸洗件作为阳极，用铜或铅作阴极。其作用原理是利用酸液的溶解过程机械地去除氧化皮。通常适用于高碳钢及合金钢的酸洗。

阳极法酸洗时一般使用硫酸溶液，不使用盐酸，以免造成过腐蚀。酸洗时间不宜过长，复杂零件不宜采用阳极酸洗。

② 阴极法　阴极法酸洗液是靠阴极析出氢使高价氧化物还原和机械地剥离氧化皮的方法。可用铅或高硅铸铁作阳极。

阴极法酸洗是在硫酸、盐酸或它们的混酸溶液中进行。为了防止渗氢，需加入析氢超电压较高的铅锡等，在阴极法酸洗时，它们将通过放电形成一薄层沉积在零件表面，使氢不能从这些金属上析出，从而阻止了氢向已除去氧化皮的金属表面渗入。

阴极法酸洗适用于碳钢，也适用于经过热处理油淬的零件。这些零件上的氧化皮很厚，并且零件孔隙中吸满了油，若采用化学酸洗需较长时间，采用阴极法不但快，而且可以防止化学酸洗的渗氢。

78. 什么是磷化处理?

把金属放入含有磷酸和可溶性磷酸盐的稀溶液中进行适当处理，在金属表面形成不可溶

的、附着性良好的磷酸盐膜，这一过程称为金属的磷化或磷酸盐处理。磷酸盐膜主要用于涂料的底层和金属冷加工时润滑剂的吸附层。

79. 镍－磷化学镀层的特点是什么？

镍－磷化学镀层的结晶细致，孔隙度低，硬度高，镀层均匀，可焊性好，镀液深镀能力好，化学稳定性高，目前在许多行业中得到广泛应用，其中石油和天然气工业是镍－磷化学镀的一个重要市场。

80. 镍－磷化学镀在石油行业有何应用？

由于石油和天然气生产中的设备和工具常会受到含 CO_2、H_2S、污水的腐蚀，有时也遇到砂子和粗砂岩的冲刷而被磨损破坏。镍－磷化学镀广泛用于石油和天然气生产中的管道、泵的零部件、地面加热装置、油水分离器等装置及固定件的防腐。如由软钢制成的管子，如果进行了保护，在恶劣环境下可能持续几个月，若用 50～100μm 的高磷化学镀镍－磷金属保护，腐蚀速率可降低到与哈氏合金相当的水平。

81. 常用的镀锌方式有哪些？

表面镀锌作为一种钢铁制品表面处理的最常用方式之一，自它诞生起就一直被广泛地应用于各行各业之中。在实际应用中，镀锌的主要方式一般可分为热浸镀锌(热镀锌)、电镀锌(也被称为冷镀锌)、机械镀锌以及近期被广泛应用的一种被认为可以替代传统镀锌方式的新防腐涂层——达克罗。

82. 什么是脉冲真空氮化防腐油管技术，该技术有什么优点？

脉冲真空氮化防腐油管技术是在一定温度下，通过向油管表面基体渗入 0.015～0.06mm 的氮化物耐蚀层而制成，是一种真空化学热处理工艺技术，从根本上提高了材质表层的耐蚀性，并形成致密均匀的耐蚀白亮层，在不降低原有机械性能的前提下其表面抗蚀性能较常规处理的油管提高了 6～8 倍，使油管表面层具有了比本体材料更高的耐磨性、抗腐蚀性和耐高温等能力，在油管防腐、防偏磨、防黏扣性能方面均具有较为明显的优势。

氮化防腐油管其氮化层是由致密的、抗腐蚀的氮化物所组成，具有较高的耐蚀性；同时，氮化层的自腐蚀电位也较高，是未氮化油管自腐蚀电位的 1.5 倍，其电化学腐蚀的趋势较小。

氮化油管的最大优点是油管的内外螺纹均可以进行氮化防腐处理，而不影响螺纹的密封性能、连接性能和上卸扣性能。氮化使油管的表面硬度大大提高，可达到 HV1000 左右，因此在作业中其整个表面尤其是螺纹表面不易被破坏。

83. 表面清洁度如何检验？

表面清洁度，一般是指经去油、去锈、去氧化皮及其他腐蚀产物、去旧涂膜，甚至包括磨光与抛光等工艺处理后，获得所需表面的洁净程度。目前判断表面清洁度的检验方法主要有以下几种：

(1) 肉眼检查　这是判断整个表面清洁度的最重要而又最简单的方法。它用于检查所有可见的污染物。这种视觉检查法不需要辅助的光学仪器，如放大镜等。

(2) 荧光试验　使用紫外线可非常清楚地看见各种脂类污染物。

(3) 擦拭试验　用于局部检查可见的污染物。白色或黑色亚麻布、滤纸均可作为检查用品。检查是不要使皮肤与被检查表面接触，也不要使亚麻布纤维留在表面上。表面很粗糙时，要轻轻擦拭。如果亚麻布变色或在擦过的表面上发生反射变化或留下擦拭痕迹时，则表明表面有污物。

(4) 指甲试验　附着力较差而又可见的污染物可用指甲除去。

(5) pH 试纸检查　用 pH 试验可检查表面是否残留酸或碱。当 $pH<6.4$ 时，蓝色的石蕊试纸变红；当时 $pH<8.3$ 时，红色的石蕊试纸变蓝。

(6) 测量相对湿度　测量大气条件以判断表面是否能出现可见或不可见水分，准确测量只能用湿度计(干－湿泡湿度计)。

(7) 水浸润试验　用于检查是否有油膜的存在。这种方法是利用水不能浸润油脂的特点把水喷到金属表面上，若无油则水膜完整连续，不形成水滴；若表面有油，则水膜中断、破裂，并形成水珠从油污上滚下。也可用含有0.1%红色染料的溶液滴在受试验的表面：如果液滴向四周扩散并形成圆形的边界，表明该表面较清洁；反之，液滴若没明显扩大，会留下锯齿形的边界，是表面有油污的象征。应注意的是，金属表面沾染的污物有时是亲水物质，为了避免试验不准确，可在最终清洗之前用稀硫酸浸洗一下，再观察水膜润湿金属表面情况。

84. 表面预处理技术方法的选择标准是什么?

在选择表面预处理方法时，应首先考虑以下四个因素：

(1) 后续工序和工件外观　电镀、涂装、金属防锈封存等后续工序对前处理的表面质量要求是不同的，其中电镀要求最高，采用化学除油不能满足要求，所以在化学除油后应再进行电解除油；涂装要求次之；防锈封存即要求去除油污，又要防止金属腐蚀，而且更注重后者，因此对去油要求较低。就外观而言，装饰性要求高的工件，在表面处理中需进行精整如装饰性电镀，而涂装则不需要。

(2) 材质　材质不同处理过程有差异，非金属表面只需去油污，钢铁一般需除油、除锈，必要时加磷化处理，铝材则采用除油、弱腐蚀和氧化处理。

(3) 材料或工件的表面状态　预处理中的除油是共同的，除锈则视表面状态而定，工件表面无锈，则不需进行除锈处理。

(4) 生产条件　条件允许时采用电解除锈法可加快除锈速度，提高生产效率。在生产场地狭小、产量较低、资金不足情况下，采用去油、除锈及磷化分步处理有困难时，也可考虑去油、除锈一步法等综合处理工艺。

五、涂层防腐蚀技术

85. 防腐层的作用是什么?

防腐层对金属的保护有以下三方面的作用：

(1) 隔离作用　将金属与腐蚀性介质隔离，以达到防腐蚀的目的；

(2) 缓蚀作用　借助涂料的内部组分(如铬锌黄等阻蚀性颜料)与金属反应，使金属表面钝化或生成保护性物质，提高防腐层的保护作用；

(3) 电化学保护作用　在涂料中使用比铁活性高的金属作填料(如锌等)，起到牺牲阳极保护作用，减缓腐蚀。

86. 影响防腐层保护效果的因素有哪些?

影响防腐层保护效果的因素主要有：

(1) 环境因素　涂敷环境及使用环境。

(2) 材料因素　被涂敷设施的材质、表面状态、涂料性能及防腐层的配伍性(如底漆和面漆的配伍性等)。

(3) 施工因素　施工方法及施工质量。

以上几方面因素，在设计、施工等应用环节中应加以重视，使防腐层的选择及应用更加合理、有效。

87. 有效防腐涂层需要具备哪些特性?

我国油气田分布较广，各油气田的腐蚀状况千差万别，因此对防腐涂层的要求也各不相同。总地来说，油气田腐蚀状况的特殊性要求防腐涂层应具有以下特性:

(1) 在腐蚀介质中具有良好稳定性与持久耐蚀性;

(2) 涂层致密性好，对水、CO_2、H_2S 等有良好的抗渗透性能;

(3) 具备良好的抗冲击能力，具有对土壤应力的抵抗力;

(4) 有效的电绝缘性，埋地管道外防腐层绝缘电阻率不应小于 $6000\Omega \cdot m^2$;

(5) 良好的抗阴极剥离性能;

(6) 较好的抗老化性和耐温性;

(7) 防腐层材料及施工工艺对被涂敷的母材不应有不良影响;

(8) 化学物理性质稳定;

(9) 施工方便，经济上合理，在施工及使用中对环境无害;

(10) 具有良好的易修复性。

88. 油气田生产中管道对其防腐层有何要求?

管道，特别是埋地管道，所遭受的腐蚀十分复杂。对管道内防腐和管道外防腐用的涂层要求也不相同。

(1) 管道内防腐涂层的技术要求

① 耐油、耐水性好;

② 较好的抗磨损能力;

③ 与金属的附着力强，涂层表面光滑平整，以降低输送介质的阻力;

④ 某些管道内防腐涂层还要求具备耐热性及防结蜡性等。

(2) 管道外防腐涂层的技术要求

① 耐水性好，耐酸、碱、盐及其他化学介质;

② 绝缘性能好，抗细菌腐蚀;

③ 对金属附着力良好，并且具备良好的机械性能，施工简便;

④ 暴露在大气中的管道外防腐涂层还应具有耐紫外线、耐大气老化等特点。

89. 油气田生产中储罐对其防腐层有何要求?

储罐防腐蚀涂层分为储罐内防腐涂层和储罐外防腐涂层。

(1) 储罐内防腐涂层的技术要求　涂膜对被涂物体有很好的附着性能，耐油、水及化学介质腐蚀性好，不能对成品油造成污染或使其着色、变质，并能经受低温或较高温度(-20~50℃)的变化，不开裂、不脱落。有的还要求具有防静电作用。

(2) 外防腐涂层的技术要求　能经受日晒、雨淋、风沙磨损，不粉化、不开裂、不脱落，在潮湿环境下可长期使用，性能稳定，漆膜耐水性好。

总之，由于各种油气田管道、储罐等设备所遭受的腐蚀状况不同，在选择防腐蚀涂层时应根据各自的特点和要求进行筛选，才能获得较理想的防腐效果。

90. 油气田生产选用防腐层主要考虑的因素有哪些?

选用防腐层应符合因地制宜的原则，因为没有一种防腐层能适应所有的环境。同时合理应用防腐层材料不仅是一个技术问题，也是一个经济问题。所以选用防腐层主要考虑以下几方面因素:

(1) 环境因素　介质运行温度、湿度、环境中的细菌及腐蚀性、紫外线等。首先应对被保护金属所处的腐蚀环境做详细的调查和正确的评估，尤其对造成腐蚀的最主要因素作出正确的判断，这是选择适当的防腐蚀涂料最重要的基础。由于各油田地域辽阔，环境恶劣，油、气、水的质量和理化性能不同，这就决定了腐蚀状况的复杂多样化。在正确评价腐蚀状况的基础上选择适用范围与之相适应的涂料品种，就能获得良好的防腐效果。

(2) 涂层的综合性能　作为油气田防腐蚀涂层，具有适应油气田防腐蚀要求的性能当然是确立品种和配方时应优先考虑的。例如，油罐用内防腐涂层就主要考虑它的耐油性、防静电性及对油品质量的影响，但是也不能忽视涂层的其他性能，如附着力、耐冲击等物理力学性能及施工性能等。值得注意的是，这些因素往往是相互矛盾、相互制约的。

(3) 施工、运输、储存因素　这些环节过程中的环境温度，金属表面处理及防腐层施工要求，装卸、储存及安装要求等。

(4) 地理位置、自然场所及系统可接近性　根据油气田施工现场的实际状况因地制宜，选择适当涂料品种。例如在通风条件差的现场施工，宜采用无溶剂防腐涂料、高固体份防腐涂料或水性防腐涂料；在不具备烘烤条件的现场施工，就不能选用热固化涂料，而只能选用常温固化涂料和自干型涂料。

(5) 涂层的配套性　涂层的配套性包括以下 4 个方面的内容:

① 涂层和基材之间的适应性;

② 各涂层之间涂料品种的配套性;

③ 涂料与施工方法之间的适应性;

④ 涂料与辅助材料之间的配套性。

(6) 该系统原有防腐层类型　在系统原有防腐层满足防腐要求、应用效果较好的前提下，新防腐层应尽量选用与原防腐层相同的类型。

(7) 技术经济综合效益　选择防腐涂料不仅要考虑其防腐性能，还要考虑综合经济效益的合理性，在计算涂装费用时一定要把表面处理与施工费用包括在内。在选择涂料时一定要根据使用要求，进行技术和经济上全面的综合考虑，以求获得最好的经济效益。

91. 油气田常用的防腐蚀涂料是如何划分的?

(1) 按组分在涂料中的作用划分　防腐涂料通常由成膜物质、溶剂、颜填料三种基本成分组成，各个成分所起的具体作用是不相同的。

(2) 按涂料在涂层结构中的作用划分　在油气田防腐蚀应用中，一般情况下，涂层系统结构中包括底漆、中间漆和面漆，有时简化为底漆和面漆。

92. 防腐蚀涂料各组分的作用是什么?

防腐蚀涂料各组分的作用是:

(1) 成膜物质　又称成膜基料。它主要由树脂，如环氧树脂、聚氨酯树脂、氯化橡胶树脂等组成，具有胶结和成膜的性能，是使涂料牢固附着于被涂物体的表面上并形成连续薄膜的主要物质。它是构成涂料的基础，在一定程度上说，它决定着涂料的基本性质。

（2）溶剂　又称分散介质，其主要作用在于使成膜物质分散而形成黏稠液体。溶剂本身不能构成涂层，但它有助于涂料的施工和改善涂膜的某些性能，是涂料制造和施工中不可缺少的。一般将成膜基料和溶剂(分散介质)的混合物称为漆料。

（3）颜色填料　在漆料中加入各色颜色，会使涂料变得五颜六色，色泽鲜艳。填料的加入会改善涂膜的性能，还会降低涂料的成本。总之，颜料和填料的加入能够增强涂膜的保护、装饰作用，同时使涂料价格便宜。

此外，为了改善涂料的某些性能，还可根据需要加入各种辅助材料(即助剂)，如流平剂、催干剂、防结皮剂、防沉淀剂、增塑剂等。这些助剂本身不能成膜，用量也较小，但在涂料的生产、施工及成膜过程中起着相当重要的作用。

93. 防腐蚀涂料各结构的性能是什么?

（1）底漆应具有的主要性能是:

① 对底材有良好的附着力及润湿性;

② 由于金属腐蚀时在阴极呈碱性，所以底漆基料亦具耐碱性;

③ 底漆基料具有屏蔽性能，能阻挡水、氧、离子的透过;

④ 底漆一般含有较多的颜填料，使漆膜表面粗糙，增加与中间漆或面漆的附着性，而且使漆膜的收缩率降低，减少腐蚀介质的渗透;

⑤ 涂膜较薄，以减少收缩应力。

（2）中间漆的主要性能是:

① 与底漆和面漆附着良好;

② 在重防腐涂料体系中，能较多地增大涂层的厚度以提高整个涂层的屏蔽性能。

（3）面漆的主要性能是:

① 防腐性能高，可以阻止腐蚀介质对涂层的破坏和侵蚀;

② 遮蔽日光紫外线对涂层的破坏;

③ 屏蔽性能好，某些耐化学品涂料(如过氯乙烯漆)的最后一道面漆常选择清漆，以获得致密的涂膜，提高其屏蔽性。

在油气田防腐蚀应用中，应根据实际情况灵活控制涂层系统结构，考虑的因素应包括腐蚀状况、防腐要求、施工程序等，不同的涂层防腐蚀效果大不相同，应认真加以分析处理，以获得最佳的防腐效果。

94. 管道、储罐常用的防腐蚀涂料有哪些?

管道、储罐防腐蚀涂料品种较多，性能也各不相同。使用时应根据腐蚀环境、输送介质、施工要求等条件加以选择。油气田管道、储罐等常用的防腐涂料有环氧树脂防腐涂料、氨酯防腐涂料、高氯化聚乙烯涂料等。

95. 环氧树脂防腐涂料有哪些特性?

环氧树脂防腐涂料的特性有:

（1）极强的附着性　因为环氧树脂含有极性的烃基和醚键，环氧基能与金属表面的游离键形成化学键，此外，与玻璃、木材、水泥等也有很好的附着性。

（2）良好的韧性　因为环氧基位于分子的两端，交联间距大，因此，固化后的漆膜具有很好的柔韧性。

（3）优良的耐化学性　环氧树脂分子结构内含有醚键，而醚键在化学上是最稳定的，所以对于水、溶剂、酸、碱等都具有良好的抵抗能力，尤以耐碱性突出。

96. 环氧树脂防腐涂料分为哪几类?

按环氧树脂的组成形态，环氧树脂涂料可分为五类：

(1) 溶剂型环氧树脂涂料，常可分为胺(多元胺、聚酯胺、胺加成物)固化、热固化和环氧酯三种。

(2) 无溶剂型环氧树脂涂料。

(3) 水性环氧树脂涂料。

(4) 环氧粉末涂料。

(5) 其他环氧树脂涂料，主要是高相对分子质量热塑性环氧树脂涂料。耐温、耐化学腐蚀、附着力好，但耐水性欠佳，主要用于化工防腐蚀涂装。

97. 高氯化聚乙烯涂料有什么特点?

高氯化聚乙烯涂料(HCPE)单组分包装，常温固化，干燥快，施工方便，固体含量高，用较少的涂刷道数便可获得较厚的涂层。如选用带锈底漆还可降低涂装前除锈标准，节约施工费用。漆膜坚硬、平整、光滑，颜色鲜明、寿命长，可耐酸、碱、盐等化学药品浸蚀，耐水、耐油、阻燃、耐寒、耐湿热老化、耐臭氧，且附着力高，耐冲击性能、柔韧性好，其综合防腐性能优于氯磺化聚乙烯、氯化橡胶等防腐涂料，且价格适中。

98. 油气田管道常用的涂装工艺有哪些，各有什么特点?

油气田管道常用的涂装工艺有：

(1) 刷涂　刷涂是比较古老而又最普遍的施工方法，其特点是设备简单，投资少，操作容易掌握，适应性强，对工件形状要求不严，节省涂料。缺点是手工劳动生产效率低，劳动强度大，涂层外观欠佳。油性调和漆、酚醛漆等可用这种方法施工。

(2) 喷涂　采用压缩空气及喷枪使涂料雾化的涂装方法称为喷涂。该法施工具有涂膜均匀、效率高等优点，但涂料浪费较大，有一部分被蒸发损耗。同时由于溶剂大量蒸发，会影响操作者的健康并污染环境。常用的喷涂方法有空气喷涂、高压无气喷涂、静电喷涂等，其中油气田常用的是空气喷涂及高压无气喷涂法。

99. 管道内防腐涂层的技术要求有哪些?

管道内防腐涂层的技术要求有：

(1) 钢管应有质量证明书，质量应符合有关标准和设计要求。

(2) 钢管内表面处理方法应符合 SY/T 0407《涂装前钢材表面预处理规范》的规定，除锈等级应达到 GB/T 8923《涂装前钢材表面锈蚀等级和除锈等级》规定的 Sa2.5 级。

(3) 喷涂涂料前钢管内表面采用压缩空气吹扫干净，管内无砂粒尘埃。

(4) 管端防腐处理：表面预处理后的钢管内表面，在管端 40～100mm 范围内可刷涂两遍硅酸锌或其他可焊涂料，干膜厚度 25～30μm。喷涂底漆、面漆时，管端应留出 50～80mm，以免焊接时烧坏涂层。对于承插口连接的管道，在喷砂除锈前管端应进行胀口处理。

(5) 选择的液体涂料和粉末涂料应有出厂证明书，其性质符合设计要求。在没有把握时应对涂料进行室内实验，确认后方可使用。

100. 液体涂料的内涂敷方法有哪些?

液体涂料的内涂敷方法有：

(1) 离心内涂法　将预先配制好的液体涂料送入钢管中，旋转钢管，靠旋转所产生的离心力使涂料在管中流动并形成厚度均匀的涂层。

（2）有气喷涂法　将已配制好的液体涂料装入涂料压力罐中并密封，然后打开通过涂料压力罐的压缩空气，涂料和空气的混合物高速流向特制的涂料喷头而形成环形雾状，以一定的速度移动涂料喷头，从而在管道内表面形成均匀的涂层。

（3）无气喷涂法　配制好的涂料由高压无气喷涂机泵入高速转动的电动或气动旋喷器的旋杯中，在旋杯离心力的作用下，涂料得到雾化，以一定的速度从钢管的一端后移旋喷器到钢管的另一端，在钢管内表面上形成均匀光滑的涂层。这种喷涂方法具有效率高、涂层均匀、附着力好、回弹少、喷射损失少和不污染涂层等优点，是目前国内外广泛采用的管道液体涂料内涂敷的方法。

101. 如何对内涂层进行修补和复涂？

（1）经质量检验不合格的内涂层，有针孔或局部损伤的可以采用双组分液体环氧涂料，用人工涂刷的方法进行修补。

（2）涂层的修补采用液体环氧涂料作为修补涂料。修补前应清除修补部位的污物，用细砂纸对修补部位进行打磨，将表层涂层去掉后，清理掉灰尘，根据双组分环氧涂料的使用要求配制好涂料。采用人工涂刷进行修补。

（3）质量检查不合格又不能进行人工修补的内涂层，整根钢管应进行复涂。复涂前应进行整根钢管的喷射除锈清理，使涂层表面粗糙，以利于下次涂敷时有很好的黏结力。复涂后，涂层的最小厚度不得小于规定厚度，最大厚度允许为规定厚度的两倍。同一根钢管只能进行两次涂敷，如质量检查仍不合格，本根钢管只能另行使用，不得涂敷第三遍。

102. 架空管道外防腐涂层有何技术要求？

架空管道外防腐涂层的主要性能要求是能耐大气老化、气温变化、空气中雨露的干湿变化及风砂的吹打。大气中架空管道与储罐的腐蚀环境较为恶劣，气温变化大、日夜温差大、季节温差大，且反复循环，光照周期变化大，风雨交替、干湿交替，紫外线照射强烈，时有风沙袭击(特别是西部地区)等，在此种恶劣腐蚀环境下要求外防腐涂层材料能够：

（1）耐老化性要强；

（2）柔韧性好，伸缩率高；

（3）与钢铁的膨胀系数应接近；

（4）机械强度高，耐冲蚀性强。

103. 架空管道常用的外防腐涂层材料有哪些？

架空管道与储罐外防腐涂料的选择应根据大气介质的性质、环境条件并结合工程中使用部位的重要性及涂料的性能、施工要求等因素综合选定。按腐蚀程度可选择的涂料品种见表3－2与表3－3。

表3－2　常温涂料的选用

腐蚀程度	涂　料　名　称
强腐蚀	过氯乙烯涂料、聚氯乙烯涂料、氯磺化聚乙烯涂料、氯化橡胶涂料、生漆、漆酚漆、环氧树脂涂料
中等腐蚀	环氧树脂涂料、聚氯乙烯涂料、氯磺化聚乙烯涂料、氯化橡胶涂料、高氯化聚乙烯涂料、聚氨酯涂料(催化固化型)、沥青漆、酚醛树脂涂料、环氧沥青漆

续表

腐蚀程度	涂　料　名　称
弱腐蚀	酚醛树脂涂料、醇酸树脂涂料、油基涂料、富锌涂料、沥青漆

注：1. 在碱性环境中，不应采用生漆、漆酚漆、酚醛漆和醇酸漆。
2. 富锌涂料适用于海洋大气，在酸碱性环境中只能作底漆。
3. 室外不宜采用生漆、漆酚漆、酚醛漆和沥青漆。

表 3－3　耐高温涂料的选用

腐蚀程度	耐温度/℃	涂　料　名　称
中等腐蚀	≤250	氯磺化聚乙烯改性耐高温涂料、改性聚氨酣涂料
弱腐蚀	300～450	有机硅耐热涂料

104. 埋地管道常用的防腐层种类有哪些，有何使用条件及标准？

我国石油行业经过几十年的研究、开发及引进，在埋地管道外防腐层应用技术上已形成了一系列技术，建立了八大埋地钢质管道外防腐层应用技术，即石油沥青、环氧煤沥青、煤焦油瓷漆、聚乙烯胶黏带、熔结环氧粉末、两层、三层聚乙烯防腐层及硬质聚氨醋泡沫塑料防腐保温层等。

(1) 石油沥青防腐层　沥青防腐层外保护层采用聚氯乙烯工业膜。石油沥青防腐等级分为普通级、加强级和特加强级三级。在选择石油沥青作为埋地管道外防腐层时，应按管道输送介质温度来选择材料。

(2) 煤焦油瓷漆防腐层　煤焦油瓷漆防腐层分普通级、加强级和特加强级三个等级，由设计部门根据管道建设质量要求、土壤腐蚀环境和使用阴极保护情况等因素综合确定。煤焦油瓷漆防腐层吸水率低，与金属的黏结性、抗细菌性能均优于石油沥青，但具有低温脆性、高温流淌等特点。

(3) 环氧煤沥青防腐层　环氧煤沥青防腐层是用环氧树脂改性煤沥青，黏结性方面和耐温性方面较煤焦油瓷漆均有进一步的改善，是一种将环氧树脂优良的物理化学性能与煤焦油沥青优良的耐水、抗微生物性能结合起来的涂料。但此防腐层对施工质量要求较高，较易受机械损伤。

(4) 熔结环氧粉末防腐层　熔结环氧粉末防腐层采用静电喷涂工艺涂敷环氧粉末涂料，一次成膜。该防腐层抗冲击和抗弯曲性能好，耐温性高，与金属的黏结力好，耐腐蚀性能强，适应温度范围广，耐土壤应力和阴极剥离性能好。但由于该防腐层较薄，所以抗机械损伤能力较差。

(5) 二层聚乙烯防腐层　二层聚乙烯防腐层主要性能特点是机械性能高，防腐蚀性能好，施工技术较成熟。但如果胶黏剂的黏结性不好，就会使剥离的聚乙烯层对阴极保护产生屏蔽作用。

(6) 三层聚乙烯防腐层　三层聚乙烯是集中了环氧涂料和聚乙烯的优点，即吸收了环氧涂料附着力好的优点，又引入了聚乙烯（或聚丙烯材料）机械性能强的优势，使组合后的防腐层系统可适用于各种腐蚀性强、多石方区等恶劣土壤环境。同时由于电绝缘性能好，可扩大阴极保护站的保护范围，节省维修费用。对恶劣土壤环境、长距离、长寿命管道工程尤为经济、适用。

(7) 聚乙烯胶黏带防腐层　聚乙烯胶黏带防腐层具有电绝缘性能好、吸水率低、易施工、价格低的优势，所以获得了比较广泛的应用。但据国外有关报道，在高 pH 值或近中性 pH 值的土壤中易导致埋地管道发生应力腐蚀破裂(SCC)。由于材料、施工等原因，聚乙烯胶黏带在焊缝等处易出现剥离。

(8) 硬质聚氨酯泡沫塑料防腐保温层　聚氨醋泡沫具有低的导热系数、低吸水率、低环境污染和较高的保温效率，施工机械化程度高，已成为油田防腐保温的主要材料之一。

105. 硬质聚氨酯泡沫塑料防腐保温层较其他种类防腐层有何优点?

总结近十几年该技术的发展经验，硬质聚氨酯泡沫塑料防腐保温层主要在以下几方面有所改进:

(1) 材料方面　将聚氨酯泡沫塑料耐温提高到150℃，且低容重、高比压强。在发泡材料中不再加入易产生酸性离子腐蚀的阻燃剂。适应了重质油热采管线保温、防腐的需要。同时研制成功了不含氟里昂聚氨酯泡沫材料。

(2) 结构方面　形成了无机-有机复合结构保温层(即高温区无机保温隔热，外层用聚氨酯泡沫塑料)，使保温层材料应用更加合理。同时用电晕技术将聚氨酯泡沫塑料与聚乙烯塑料黏结起来，防止层间浸水。

(3) 配套技术　完善了保温材料性能系列测试技术，以及废硬质聚氨酯泡沫塑料再利用技术等。

106. 如何合理选择管道外防腐层?

在选择防腐层时应考虑以下几个因素:

(1) 技术可行　选择既能满足管道沿线环境防腐要求，又能满足安全运行、施工工艺等要求的防腐层。这是保证防腐层质量合格的先决条件。

(2) 经济合理　既要考虑防腐层的价格、成本等经济因素，又要结合管道工程及国情条件。例如，从环境保护要求来看，煤焦油瓷漆的使用受到局限。

(3) 因地制宜　一条长输管道穿过的地区中，环境条件差异可能很大，可以根据不同情况选择不同防腐层，但也不宜分类、分段过多，否则不利于施工组织，并会增加施工及运行维护的费用。

107. 环氧煤沥青用于钢质管道外防腐时有何性能要求?

环氧煤沥青防腐层是用环氧树脂改性煤沥青，改性后的防腐层系统无论在与金属的黏结性方面，还是耐温性方面较煤焦油瓷漆均有进一步的改善，是一种将环氧树脂优良的物理化学性能与煤焦油沥青优良的耐水、抗微生物性能结合起来的涂料，但此防腐层对施工质量要求较高，较易受机械损伤。环氧煤沥青用于埋地钢质管道外壁防腐蚀时，应根据土壤腐蚀性选用不同等级与结构的覆盖层，见表3-4。

表3-4　环氧煤沥青防腐层性能指标

序号	项　目	指　标	实验方法
D1	剪切黏结强度/MPa	≥4	SY/T 0041—97
2	阴极剥离/级	1~3	SY/T 0037—90
3	工频击穿强度/MV·m^{-1}	≥20	SY/T 0447—96 附录 A
4	体积电阻率/Ω·m	≥1×10^{10}	SY/T 0447—96 附录 B

续表

序号	项　目	指　标	实验方法
5	吸水率(25℃，24h)/%	≤0.4	SY/T 0447—96 附录 C
6	耐油性(煤油，室温，7d)	通过	SY/T 0447—96 附录 D
7	耐沸水性(24h)	通过	SY/T 0447—96 附录 E

108. 什么是聚乙烯防腐层，其特点是什么?

聚乙烯防腐层技术是目前国内外埋地管道外防腐的主要技术体系之一。聚乙烯防腐层因其防腐性能好、吸水率低、机械强度高等特点，近 20 年来在国内埋地输水、输气、输油管道上获得了越来越广泛的应用。我国过去都采用两层结构的聚乙烯防腐层(胶黏剂 – 聚乙烯)，从 1995 年开始应用三层结构(熔结环氧粉末或液体环氧涂料 – 胶黏剂 – 聚乙烯)的聚乙烯防腐层。

二层结构聚乙烯防腐层的主要性能特点是机械性能高，防腐蚀性能好，施工技术较成熟。但如果胶黏剂的黏结性不好，就会使剥离的聚乙烯层对阴极保护产生屏蔽作用。三层聚乙烯是集中了环氧涂料和聚乙烯的优点，即吸收了环氧涂料附着力好的优点，又引入了聚乙烯(也有用聚丙烯材料)机械性能强的优势使组合后的防腐层系统可适用于各种腐蚀性强、多石方区等恶劣土壤环境。同时由于电绝缘性能好，可扩大阴极保护站的保护范围，节省维修费用。对恶劣土壤环境、长距离、长寿命管道工程尤为经济、适用。

109. 埋地管道外防腐层的施工要求是什么?

埋地管道外防腐层施工技术及质量管理的科学性及先进性是关系到能否最终形成有效防腐层系统的关键之一。对外防腐层施工要重视以下几点：

(1) 严格金属表面预处理。金属表面预处理的好坏直接关系到防腐层与金属的粘结力及耐久性。我国在借鉴国际标准的基础上建立了 GB/T 8923—1988《涂装前钢材表面锈蚀等级和除锈等级》标准，其中规定了钢材表面预处理的除锈质量等级标准在表面处理过程中不仅要注意按上述规定除锈，还要注意除油及除尘，保持金属表面干燥和清洁。

(2) 注意环境因素。涂敷环境的湿度、温度等因素均会影响防腐层施工质量。一般预制厂预制的室内温度宜为 20 ~ 25℃，相对湿度不宜大于 85%。现场施工时下雨、雪、砂尘、降露对在施工过程中的防腐层质量均不利。

(3) 严格按防腐层标准规定的涂敷程序进行施工。表面预处理干净的表面应在规定的时间内涂底漆，在规定的固化和干燥时间内、温度下使防腐层充分固化或干燥等。

(4) 达到防腐层规定的厚度。

(5) 严格进行预制厂出厂检测、防腐层管下沟前后检测及补伤等。

近年来我国在管道外防腐层的施工技术方面有了长足的发展，形成了较为成熟、配套的相关施工机具、技术和规范化的管理。

110. 熔结环氧粉末防腐层有什么特点?

熔结环氧粉末防腐层是近 20 年来发展起来的新型防腐层技术，采用静电喷涂工艺涂敷环氧粉末涂料，一次成膜。该涂层技术具有操作简便、无污染、涂层抗冲击和抗弯曲性能好、耐温性高等优点，在国外尤其是美洲地区得到广泛应用，在我国也已应用了十几年。熔结环氧粉末防腐层在性能上最突出的优点是与金属的黏结力好，耐腐蚀性能强，适应温度范围广，耐土壤应力和阴极剥离性能好。但由于该防腐层较薄，所以抗机械损伤能力较差。

111. 什么是衬里，常用的衬里有哪些？

为了防止腐蚀介质与金属相接触，在工业生产中常常采用各种耐蚀材料贴衬或黏合在金属设备表面，这种做成保护层的方法成为衬里。

在油气管道和储罐上应用较多的衬里主要有橡胶衬里、玻璃钢衬里、玻璃鳞片涂料衬里以及水泥砂浆衬里。

112. 中国埋地管道外防护层体系是怎样的？

中国管道外覆盖层最早使用沥青，20 世纪 30 年代就开始应用：以 10 号建筑沥青和防腐石油沥青等为基体，中碱玻璃纤维布为增强材料，最外层为 PVC 或 PE 塑料膜防水层。普通级到特强级的厚度分别为：大于 4. 0mm、大于 5. 5mm 和大于 7. 0mm。60 年代开始引进使用熔融环氧粉末材料和聚乙烯(PE)胶带、夹克板等作为覆盖层材料。近年来国内外管道工程流行的三层 PE 结构是一种复合覆盖层：先在钢管外表喷涂熔融环氧粉末层，然后再施加一层中间胶黏层，最后采用高密度聚乙烯板制成整体管道外层。这种结构有良好的综合防腐蚀性能，但价格偏贵。

六、管道与储罐电化学保护技术

113. 常用的管道与储罐电化学保护类型有哪些？

在管道及储罐电化学保护工程中，经常使用的电化学保护类型有：外加电流阴极保护、牺牲阳极阴极保护、直流杂散电流排流保护、交流杂散电流排流保护等。

114. 什么是外加电流阴极保护法，其应用范围如何？

外加电流阴极保护又称强制电流阴极保护。它是根据阴极保护的原理，用外部直流电源作阴极保护的极化电源，将电源的负极接被保护构筑物，将电源的正极接至辅助阳极。在电流的作用下，使被保护构筑物对地电位向负的方向偏移，从而实现阴极保护。

外加电流阴极保护主要应用于淡水、海水、土壤、海泥、碱及盐等环境中金属设施的防腐蚀。它的适用范围比较广，只要有便利的电源，邻近没有不受保护的金属构筑物的场合几乎都适合选用外加电流阴极保护。

115. 什么是牺牲阳极阴极保护法，其主要应用在哪些领域？

把某种电极电位比较负的金属材料与电极电位比较正的被保护金属构筑物相连接，使被保护金属构筑物成为腐蚀电池中的阴极而实现保护的方法称为牺牲阳极阴极保护。

为了达到有效保护，牺牲阳极不仅在开路状态(牺牲阳极与被保护金属之间的电路未接通)有足够负的电位，而且在闭路状态(电路接通后)有足够的工作电位。这样，在工作时即可保持足够的驱动电压。

牺牲阳极阴极保护在淡水、海水、土壤、海泥、碱及盐等环境中金属设施的防腐蚀领域已被广泛应用。由于它具有不需要外部电源、对邻近金属构筑物干扰较小等特点，因此该方法特别适用于缺乏外部电源和地下金属构筑物较复杂地区的管道及储罐的防腐蚀。

116. 什么是杂散电流，如何实施杂散电流保护？

设计或规定回路以外流动的电流统称为杂散电流。金属的电阻较小，当土壤中存有杂散电流时，杂散电流必将从金属体流过。此时，埋地金属体上杂散电流流入部位形成阴极，金属得到保护，流出部位形成阳极，金属发生腐蚀。为与自然腐蚀相区别亦简称电蚀，并将流入或流出埋地金属导体的杂散电流称为干扰电流。电蚀具有腐蚀激烈、腐蚀集中于局部位置及有防腐层时往往集中于防腐层的缺陷部位的特点。杂散电流保护可分为直流排流保护与交流排流保护。

(1) 直流排流保护　将管道中流动的直流杂散电流排出管道，使管道免受电蚀的方法称为直流排流保护。依据排流接线回路的不同，排流法可分为直接、极性、强制、接地四种排流方法。

(2) 交流排流保护　将管道中流动的交流杂散电流排出管道，使管道免受电蚀与损坏，避免在管道上施工作业的人员遭受电击的方法称为交流排流保护。

目前最有效的是钳位式交流排流法。

117. 阴极保护的准则是什么?

阴极保护的准则有:

(1) 最小保护电位　金属经阴极极化后达到完全保护所需要的、绝对值最小的负电位值称之为最小保护电位。最小保护电位与金属的种类、腐蚀介质的组成等有关。

(2) 电位偏移指标　管道表面与同土壤接触的参比电极之间测得阴极极化电位差不得小于100mV。这个准则可以用于极化的建立过程中或衰减过程中。

(3) 最大保护电位　在阴极保护条件下，所允许施加的绝对值最大的负电位值称为最大保护电位。当管道和储罐运行时，由于压力或其他因素可能会产生应力腐蚀开裂，这时实现阴极保护所需的极化电位要比 -0.85V 更负一些。最大保护电位的限制应根据防腐层的材质和环境确定，主要是防止覆盖层遭到破坏，或对高强度钢材产生氢破坏。因此，最大保护电位主要以不损坏覆盖层黏结力为准，一般取 -1.5V。对优质覆盖层，根据需要可取更负值，但应有实验依据。

118. 各类电化学保护技术各有什么优缺点?

各种类型电化学保护的优缺点见表3-5。

表3-5　各种类型电化学保护优缺点

方法		优点	缺点
阴极保护	外加电流	① 输出电流、电压连续可调 ② 保护范围大 ③ 不受土壤电阻率的限制 ④ 工程量越大越经济 ⑤ 保护装置寿命长	① 必须要有外部电流 ② 对邻近金属构筑物有干扰 ③ 管理、维护工作量大
	牺牲阳极	① 不需要外部电源 ② 对邻近金属构筑物无干扰或较小 ③ 管理工作量小 ④ 工程量小时，经济性好 ⑤ 保护电流均匀且自动调节，利用率高	① 高电阻率环境不经济 ② 防腐层差时不适用 ③ 输出电流有限
排流保护	极性排流	① 利用杂散电流保护管道 ② 经济实用 ③ 方法简单易行，管理量小 ④ 对杂散电流无引流之忧	① 对其他构筑物有干扰影响 ② 电铁停运时，管道得不到保护 ③ 负电位不易控制

续表

方法		优点	缺点
排流保护	强制排流	① 保护范围广 ② 电压、电流连续可调 ③ 以轨道代替辅助阳极，结构简单 ④ 电铁停运时，管道仍有保护 ⑤ 存在阳极干扰	① 对其他构筑物有干扰影响 ② 需要外部电源 ③ 排流点易过保护

119. 实施阴极保护的条件是什么？

金属设备或结构要实施阴极保护，应具备以下条件：

(1) 环境介质必须导电，是极化电流回路的一部分；

(2) 被保护金属材料在环境介质中应易于阴极极化；

(3) 结构、形状复杂的金属设备不宜采用阴极保护，否则因电流分布不均或“屏蔽效应”会造成局部保护不足或“过保护”的现象；

(4) 具有钝化膜且钝化膜能显著影响腐蚀速率的金属设备不宜采用阴极保护；

(5) 对于具有氢脆敏感性的金属材料，因易造成氢脆问题，不宜采用阴极保护。

120. 阴极保护的应用范围是什么？

随着阴极保护技术的逐步成熟，阴极保护得到了越来越多的应用，一般应用范围见表3－6。

表3－6　阴极保护应用范围

可防止的腐蚀类型	全面腐蚀、电偶腐蚀、缝隙腐蚀、选择性腐蚀、晶间腐蚀、点蚀、应力腐蚀、腐蚀疲劳、冲刷腐蚀等
可保护的金属种类	钢铁、铸铁、低合金钢、铬钢、铬镍(钼)不锈钢、镍及镍合金、铜及铜合金、锌、铝及铝合金、铅及铅合金等
可适用的介质环境	淡水、咸水、海水、污水、海底、土壤、混凝土、$NaCl$、KCl、NH_4Cl、$CaCl_2$、$NaOH$、KOH、H_3PO_4、HAc、NH_4HCO_3、NH_4OH、脂肪酸、稀盐酸、油水混合液等
可保护的构筑物及设备类型	船舶、压载舱、钢桩、浮坞、栈桥、水下管道、海洋平台、水闸、水下钢丝绳、地下电缆、地下油气管道、油井套管、油罐内外壁、桥梁基础、混凝土基础、换热器、复水器、箱式冷却器、水管内壁、化工塔器、容器、储槽、反应釜、泵、压缩机等

121. 如何对比及选用阴极保护与阳极保护？

阳极保护和阴极保护都属于电化学保护，适用于电解质溶液中连续液相部分的保护，但是又具有各自的特点：

(1) 从原理上讲，任何金属在电解质溶液中都可实施阴极保护(有负保护效应者除外)，而阳极保护则只适用于能实现阳极钝化的体系，否则会加速腐蚀。

(2) 阴极保护时，保护效果取决于阴极的极化程度，如果控制合适，甚至可以完全抑制腐蚀，极化电流的大小不反映金属的腐蚀速率的大小。阳极保护时需先用大电流建立钝态，而后用小电流维持钝态，维钝电流密度大体相当于金属的腐蚀速率。

(3) 阴极保护时，电位的偏移只会影响保护效果，不会加速腐蚀(自钝化体系除外)，而阳极保护时，若电位偏离钝化区，则会加速腐蚀。

(4) 在强氧化性或腐蚀性介质中，不适合采用阴极保护，因为需要很大的阴极极化电流。但强氧化性介质有利于金属的钝化，因此适合进行阳极保护，且保护效果好。

(5) 阴极保护时的析氢反应对被保护设备有造成氢脆的可能性，但阳极保护时析氢只发生在辅助阴极上，被保护设备无氢脆的危险。

(6) 阴极保护时，辅助电极是阳极，发生阳极溶解，当介质的腐蚀性较强时，选择耐蚀的辅助阳极材料更加不易。而阳极保护时，辅助电极是阴极，本身受到一定程度的阴极保护，辅助电极的材料容易选择。

一般说来，在强氧化性介质中应优先考虑采用阳极保护，在既可采用阳极保护又可采用阴极保护且两者的保护效果相差不多时，则应优先考虑采用阴极保护，如果存在氢脆问题，则应优先考虑采用阳极保护。

122. 牺牲阳极与外加电流阴极保护对比有何不同?

根据外部阴极极化电流的来源，阴极保护可以分为牺牲阳极保护和外加电流阴极保护。牺牲阳极保护是用一种腐蚀电位比被保护金属的腐蚀电位更负的金属组成短路电偶电池，靠电位更负的金属的不断溶解来提供保护所需的极化电流，在保护过程中，这种电位更负的金属为阳极，被逐渐溶解牺牲掉，而电位较正的金属受到保护。这种偶接后被逐渐溶解掉的阳极就称为牺牲阳极，所以这种靠牺牲阳极提供极化电流的阴极保护方法就称为牺牲阳极保护。而外加电流阴极保护是利用外部直流电源提供阴极极化电流，使被保护金属的电位向负方向变化而受到保护，外部电源的负极接被保护金属，正极接辅助阳极，辅助阳极的作用是为了构成电的完整回路。表 3－7 是牺牲阳极保护和外加电流阴极保护的比较。

表 3－7　牺牲阳极保护和外加电流阴极保护的比较

牺 牲 阳 极 保 护	外加电流阴极保护
不需要外加直流电源	需要外加直流电源
驱动电压低，保护电流小且不可调节	驱动电压高，保护电流大且可灵活调节
阳极消耗大，需定期更换	阳极消耗小，寿命长
与外界无相互干扰	易与外界相互干扰
系统可靠	在恶劣环境中系统易受损
管理简单	管理维护复杂
施工技术简单	安装施工复杂

123. 阴极保护的基本控制参数有哪些?

在阴极保护中，判断金属是否达到完全保护，通常采用最小保护电位和最小保护电流密度这两个基本参数来说明。

(1) 最小保护电位(E_1)　使金属腐蚀过程停止的电位值叫最小保护电位。

(2) 最小保护电流密度(j)　使金属得到完全保护时所需要的电流密度称为最小保护电流密度。它的数值与金属种类、金属表面状态(有无保护膜、漆膜的完整程度)等因素有关。一般当金属在介质中的腐蚀性越强，阴极极化程度越低，所需的保护电流密度越大。因此它的取值是随具体情况而变化的。

(3) 最大保护电位(E_0) 根据金属绝缘层的质量，把通电点的电位增加到刚好使绝缘层剥离，这个电位值叫最大保护电位。

最小和最大电位，都是由实验得来的，保护电位是阴极保护最经常测试的参数，它决定金属的保护程度，而保护电流密度的影响因素较多，数值变化很大，只是一个附加参数。

124. 阴极保护运行管理的主要控制指标有哪些?

阴极保护运行管理应参照执行 SY/T5919《埋地钢质管道干线电法保护技术管理规程》，主要控制指标有以下几种。

(1) 保护率

保护率是反映管道实现有效阴极保护的范围。保护率应达到 100%，一般以施加保护管线总长与未达到有效保护管线长度的百分比计算。

$$保护率 = \frac{施加保护管线总长 - 未有效保护管线长度}{施加保护管线总长} \times 100\% \qquad (3-1)$$

(2) 运行率

运行率反映一年内阴极保护投入运行时间的比率。运行率应达到 98%，不能达到 100% 运行率的原因主要是测试自然电位、设备故障检修和调整等管理工作要占去一定时间。计算公式如下:

$$运行率 = \frac{1\,年内有效运行时间(h)}{全年小时数} \times 100\% \qquad (3-2)$$

(3) 保护度

保护度是衡量阴极保护效果的指标。保护度应大于 85%，一般用失重法计算，计算公式如下:

$$保护度 = \frac{G_1/S_1 - G_2/S_2}{G_1/S_1} \times 100\% \qquad (3-3)$$

式中 G_1——未施加阴极保护检查片失质量，g;

G_2——施加阴极保护检查片失质量，g;

S_1——未施加阴极保护检查片裸露面积，cm^2;

S_2——施加阴极保护检查片裸露面积，cm^2，一般情况下 $S_1 = S_2$。

(4) 保护电位。

125. 如何对阴极保护状况进行测量与监控?

测量及监控的目的是为了了解被保护结构的保护状况，同时检查阴极保护系统的工作情况，以使其能够正常工作。

(1) 测量及监控方法

测量及监控方法很多，主要有下列四种:

① 直接观察 观察结构表面锈蚀状况或测定壁厚来判断保护状态。

② 测定试样失重 在被保护的结构上，安装若干通电试样和不通电试样。经过一定时间后，取出试样，比较两者的腐蚀失重来求出保护率。

③ 测定被保护结构的保护状态 可由其电位是否达到保护电位来判定。测定电位的方法是将参比电极置放在被保护结构附近，用高电阻电压计测定。

④ 对电位的自动监控　当介质条件发生变化时，所需的保护电流值也将随着变化，可以采用恒电位仪自动调节保护电流，使被保护结构保持给定的电位。

（2）电位测量

电位测量是阴极保护系统监控中的主要手段。根据电位测量的结果，可以确定结构的保护状态，测出保护不良的部位、杂散电流通过的部位以及判定对相邻结构干扰的程度。

测量电位时，应该尽量将参比电极靠近被保护结构。对于埋设管道，一般是把参比电极放在管子正上方的地面上，这样测出的电位值要比实际值负，因为其中包含了结构和参比电极之间的电压降 *IR*。从测量值中消除电压降的方法有：计算法、电桥电路法及切断电流法等。

126. 对集输管网实施的区域性阴极保护方法有哪些?

油田区域性阴极保护的主要对象是油水井套管和集输管网。由于油田管网复杂，绝缘情况差别较大，并且油、水井套管伸入地层数千米，所以牺牲阳极的应用受到了限制。其方法有外加电流区域性阴极保护，如只对管网进行保护，或用于其他平面分布的系统，可采用牺牲阳极保护。

127. 在应用常规方法测量管地电位的过程中应注意什么?

在应用常规方法测量管地电位的过程中应注意：

（1）在管地电位测量中，要考虑保护电流在土壤中流动造成的 *IR* 降影响。

（2）参比电极放置的位置对管地电位影响很大，国内通常做法是将参比电极置于管顶正上方的表面上或置于某一侧的地面上。在各次测量中应尽量保持参比电极放置位置一致。

（3）管道纵向上某一测点与在周向分布的各点所测得的管地电位可能不同，特别是大口径管道更容易出现类似情况。

128. 如何对阴极保护设备进行管理?

（1）设备的管理

阴极保护设备管理的目的是尽早发现设备缺陷，以便及时采取维护对策，避免发生停运事故，以保证阴极保护不间断的持续运行。SY/T 5919《埋地钢质管道干线电法保护技术管理规程》中规定了运行率大于 98% 的指标，这个指标意味着阴极保护年有效运行时间应在 8585h 以上，余下的 175h，作为按规定的时间全线停运，进行自然电位测量和真负载条件下调试设备的时间。为了达到运行指标，要求每个阴极保护站必须有一台备用设备，并处于热备用状态。一旦运行设备出现故障，备用设备能自动一次投入运行。

（2）阳极地床的管理

阳极地床的检查和修理，需要测阳极接地电阻，因测量时必须停运阴极保护，影响运行率。实际管理工作中应尽可能与设备维修、测自然电位、停电等结合起来，做到检测阳极不影响运行率。

阳极地床的主要参数是接地电阻，根据经验提出阳极地床接地电阻管理标准为设备额定输出电压除以实际阴极保护电流后，留有 1Ω 的余量即可满足运行要求，用下式表示：

$$R \leqslant \frac{U}{I} - 1 \tag{3-4}$$

式中　*R*——阳极地床电阻允许值，Ω；

U——设备额定输出电压，V；

I——管道实际保护电流，A。

当实际测量的接地电阻大于允许值时，阳极地床应更换或修理。

129. 阴极保护系统故障分哪几类?

阴极保护系统故障主要有阴极保护电源设备故障、电缆、参比电极和阳极的故障、绝缘法兰故障、管道防腐层故障、外部交直流电干扰故障、埋地管道和其他金属体搭接以及外部工程引起的故障。

为了便于管理，可以把以上七种故障归纳为三大类：

(1) 一类故障　强制电流阴极保护系统本身原因造成的故障。这类故障的特点是突发性强，对阴极保护运行的影响大。一旦出现故障，经常导致阴极保护系统瘫痪。另一个特点是故障频率高，但判断和排除比较容易。

(2) 二类故障　管道保护系统中绝缘性能下降所造成的故障。这类故障的特点是经常发生在进入老龄化管道上，发生故障的频率比较低，判断和排除比较困难。

(3) 三类故障　外界干扰所引起的阴极保护系统不能正常运行的故障。这类故障易发生在城市、城郊、工矿企业附近和输油站内。它的特点是查找困难，处理复杂，易留隐患。

130. 牺牲阳极阴极保护技术的适用范围是什么?

牺牲阳极是最早应用的阴极保护方法。根据实践经验一般认为，在埋地金属管道及储罐外壁防腐蚀工程中，牺牲阳极只适用于土壤电阻率较低、埋地管道防腐层电阻率比较高的场合。对于新建管道而言，防腐层电阻率小于 $10^4\Omega \cdot m$ 时，不宜选用牺牲阳极保护。当土壤电阻率大于 $100\Omega \cdot m$ 时，也不宜采用牺牲阳极。

131. 常用的牺牲阳极有哪些，其性能及各自的使用场合是什么?

常用的牺牲阳极有：

(1) 镁及镁合金阳极

① 性能　镁是活泼的碱土金属元素，25℃时的标准电极电位值为 -2.3V。镁及镁合金开路电位高，相对于钢铁的有效电位差在三种牺牲阳极中最高，阳极极化率低，腐蚀产物疏松易脱落。不足之处是电流效率低(约50%)，消耗快。目前常用的是镁合金牺牲阳极材料。

高纯镁(镁含量大于99.95%)具有电位负、机械加工性能好的优点。因其负电位值大，故有时又称为高电位镁阳极。它适合于加工成带状阳极，在电阻率较高的土壤和水中使用。

② 适用场合　镁适用于电阻率比较高的土壤和淡水中。在交流干扰区域里要慎用镁阳极，在有防爆要求的场合不宜用镁阳极，因为镁在碰撞时易产生火花。

(2) 锌及锌合金阳极

① 性能　锌是最早使用的牺牲阳极材料，其标准电位为 -0.76V(SHE)，高纯锌在海洋中稳定的电位为 -1.06V(SCE)。在海水中和在土壤中具有较高的电流效率，其电位稳定，阳极输出电流能随被保护金属的状态、环境的变化而自动调节。当 pH 值小于 6 和 pH 值大于 12 时，其自溶性较大，pH 值为 6~12 范围内锌自溶性较小。研究表明纯锌阳极中含有 Fe、Pb、Cu 等阴极性杂质可使阳极性能变劣，自溶性变差。开发应用锌阳极主要途径有两种：一是采用高纯锌，严格控制杂质含量；二是采用低合金化合金，同时减少杂质含量。

② 适用场合　锌合金阳极不仅能用于低电阻率土壤中，还可以用于海洋环境。锌阳极的不足之处在于其相对钢铁的有效电位差小，只有 0.2~0.25V，因此用于土壤环境时，电阻率应小于 $15\Omega \cdot m$。

(3) 铝合金阳极

① 性能 铝阳极理论电容量大，大约是锌的3.6倍，镁的1.35倍。铝的密度小，与镁阳极和锌阳极比较，单位质量发生电量大，因此价格便宜。铝在海水和含氯离子的环境中性能稳定，阳极开路电位(SCE)在-1.10~1.18V。在保护钢结构时，有自动调节电流和电位的功能。铝的来源充足，制造工艺简单，便于安装。

铝合金阳极的缺点是电流效率和溶解性比锌阳极低，且随阳极成分不同而异。在电阻率高的介质中电流效率低，表面易自钝化。

② 适用场合 铝合金阳极主要应用于海洋、水及含有氯离子的环境中。目前也扩展到海泥、电阻率低的淡水中，但在土壤中应用效果并不理想。

132. 如何设计埋地钢制管道牺牲阳极阴极保护系统?

(1) 牺牲阳极的选择 牺牲阳极种类的选择主要根据土壤电阻率、土壤含盐类型及管道防腐层的状况来选取。牺牲阳极规格的选择依据保护电流的大小而定。

(2) 设计计算 管道牺牲阳极保护需要解决两个主要问题，一是阳极埋设间距，二是每组阳极的埋设支数。

在实际管道工程设计中，在平原或土壤性质较为均一的环境中，牺牲阳极可等距分布埋设；在丘陵、山区则不能等距分布。不论阳极是等距或不等距埋设，都要根据管径、壁厚、防腐涂层电阻率、土壤电阻率、土壤腐蚀性、地形以及施工方便等条件的调查情况，综合确定选用牺牲阳极的种类和阳极埋设位置，并测定埋设位置的土壤电阻率，然后计算确定所需的阳极数量。

(3) 填包料选择 填包料的选择应根据所选择的阳极种类、规格、埋设地点的土壤电阻率等因素。

(4) 阳极分布 牺牲阳极埋设分立式和卧式两种，埋设位置分轴向和径向。阳极埋设位置一般情况下距管道外壁3~5m，最小不宜小于0.3m，埋设深度以阳极顶部距地面不小于1m为宜。成组布置时，阳极间距以2~3m为宜。

(5) 测试系统 牺牲阳极阴极保护的测试系统应能提供被保护体的自然电位、阳极性能、保护电位的功能。通常还应在相邻两组牺牲阳极及管段的中间部位设置测试桩，测试桩间距以不大于500m为宜。

133. 牺牲阳极在油田管道、储罐上是如何应用的?

牺牲阳极位置的选择应当选择在涂层较厚、土地潮湿、电阻率低的地方。阳极与管道的距离最短为1.5m，一般为3~4.5m。埋设深度应以土壤能长期保持潮湿为准，在寒冷的地方，阳极应埋在冰冻线以下。为了减少干扰，牺牲阳极距其他管线的距离要在2m以上。

阳极的设计可采用直立式或水平式。在土层厚度较薄的地方，阳极水平埋放较为适宜。阳极可以单个埋放，或者2~4个阳极合成为一组埋放。通常将阳极交错布置在管道两侧，以使电流分布均匀。

134. 如何对牺牲阳极进行管理维护?

牺牲阳极的管理维护，主要是接点检查和牺牲阳极工作状态的判断。

(1) 定期检查 定期检查周期为每半年一次，与管地电位测量相结合。定期检查主要包括阳极输出电流的测量、装置是否损坏、导线的接触状态等。

(2) 全面检查 全面检查周期为每年一次或根据需要决定。全面检查主要内容除上述要求外，应包括下述测量：阳极组开路电位、阳极组闭路电位；单支阳极输出电流，开、闭电位；阳极组输出电流；阳极组接地电阻。

根据测量结果并综合其他因素，判断阳极的工作状态、技术状态，并决策修理更换，予以实施。

135. 牺牲阳极故障分析有哪几项内容？

（1）阳极输出电流小，达不到保护电位

这种现象的可能原因有：① 阳极消耗掉，可能需要更换；② 阳极/阴极的连接断开；③ 阳极导线接头断开；④ 阴极导线接头断开；⑤ 阳极周围土壤干燥；⑥ 环境污染对阳极性能的影响。

（2）阳极输出电流增大，但保护构筑物电位极化不上去

这种现象的可能原因有：被保护构筑物所需电流过大，阳极输出电流远小于所需电流；被保护体与相邻金属构筑物有电连接；环境改变引起迅速去极化或者水的含氧量增大；绝缘装置失效；覆盖层老化或破坏。

（3）牺牲阳极其他故障

① 阳极体腐蚀不严重，但阳极已不能工作。可能的原因为阳极成分不合理，在工作环境中造成钝化所致，影响因素有温度、含盐类型等。

② 阳极体局部腐蚀严重，造成阳极体断裂。可能的原因是阳极合金化不均匀，造成局部腐蚀。

③ 未达设计寿命，阳极失效。可能的原因为阳极杂质含量高，阳极效率降低。

④ 在交流电干扰状态下，有时阳极会发生极性逆转，管理中，如有交流干扰要严密监视。

136. 阴极保护的发展历史是怎样的？

人类在和腐蚀作斗争的过程中，创立和发展了腐蚀科学。电化学保护技术的发展是与腐蚀科学的进步分不开的。

早在1823年，英国学者汉．戴维先生接受了英国海军部队的木制舰船铜护套腐蚀的研究，他试图用锡、铁和锌对铜进行保护，并将铁和锌对铜的保护列在1824年发表的报告中，这就是现代腐蚀科学中阴极保护的起点。

戴维的学生迈克尔．法拉第力图解释电流的本质，研究电流通过酸、碱、盐溶液，结果在1834年发现电解定律，他的这一发现奠定了电化学的理论基础。

1890年爱迪生曾设想用外加电流来达到船舶阴极保护的目的，然而，由于当时没有合适的阳极材料和电源设备，他的设想未能成功。1902年，K. 科恩思使用外加电流成功地实现了实际的阴极保护。1906年卡尔鲁赫公务工程经理赫伯特．盖波特建起了第一座阴极保护站，用一台容量为10V/12A的直流发电机保护电车轨道电场内300m的煤气和供水管道，并于1908年获得德国专利。1913年秋，在日内瓦在召开的金属学会大会上命名这一方法为“电化学保护”。

为了防止蒸汽锅炉和管子生锈，E. 卡姆博兰德与1905年在美国使用了外加电流阴极保护。1924年芝加哥铁路公司的一些车头配备了有阴极保护的锅炉，极大地延长了锅炉的工作寿命。

1906年德国的F. 哈博和L. 戈尔德史密斯从事一项科学基础研究，他们认为阴极保护

和杂散电流腐蚀都是电化学现象，并在《电化学杂志》上阐述了测量电流密度、土壤电阻和管道对地电位的方法。哈博使用了不极化硫酸锌参比电极测量电位。两年后，麦克兰姆第一次使用了硫酸铜参比电极。

R. J. 科恩于 1928 年在新奥尔良州一条长距离输气管道上安装了第一台阴极保护整流器。他通过实验发现，－0.85V（相对饱和硫酸铜电极）的电位足以防止各种形式的腐蚀。1928 年科恩在国家标准局华盛顿的防腐大会上报告了实验的重要价值，为阴极保护进入现代技术奠定了基础。

1936 年美国成立了中部大陆阴极保护协会，这个协会是后来国家腐蚀工程师协会（NACE）的基础。

1940 年英国应用了牺牲阳极阴极保护，德国和日本分别是在 1950 年和 1946 年开始研究电化学保护理论的，并开始了煤气管道的阴极保护。

阴极保护技术在我国石油管道上的应用研究始于 1958 年。到了 20 世纪 60 年代初期，在新疆、大庆、四川等油气管道上陆续推广了阴极保护技术。20 世纪 70 年代，我国的长输管道已广泛采用了阴极保护。

目前，国外阴极保护技术已做到了法律化、标准化，比较重要的有《美国气体管道联邦最低安全标准》、德国的《长输管道运输危险液体的规定》、NACE 的《埋地及水下金属管道外腐蚀控制推荐做法》等。

中国第一部管道防腐技术标准是 SY/J 7—84《钢制管道和储罐防腐蚀工程设计规范》。中国第一部法规是国务院 1989 年颁布的《石油、天然气管道管理条例》，条例首次将管道阴极保护的要求列入了管理的内容，目前，国内 17000 余公里的长距离油气管道已经全部采用了阴极保护，为国民经济的发展提供了有力保障。

七、管道防腐蚀工程安全技术

137. 管道防腐蚀施工安全管理的重要性是什么？

管道防腐蚀施工安全管理的重要性有：

（1）防腐蚀工程除施工现场固有危险因素外，还有防腐蚀工程生产环境的有害因素。

（2）防腐蚀工程所使用的原材料大多数易燃易爆，易造成火灾、爆炸、中毒窒息等事故。

（3）安全施工是施工企业经营管理的基本原则。

（4）安全施工是实现施工现代化的前提和保证，施工企业施工地点分散、流动性大、交叉作业多、高处作业、容器内作业、电气线路和电动工具的使用、运输频繁，同时还要承担一些管道工程的技术改造、大修项目，这表明了防腐蚀工程施工安全的特殊性、多变性和多样性，发生事故多于其他施工企业，所以必须要有安全施工技术现代化的保证。

（5）安全施工是调动职工生产积极性、增加企业效益的保证。

（6）搞好安全施工也是社会安定的需要。

138. 管道防腐蚀工程现场安全管理制度中对安全生产责任制是如何规定的？

（1）防腐专业施工队长是安全管理工作的主要责任人，组织全队安全施工，形成安全管理网络，每日班前要向施工人员进行安全交底。

（2）工程技术人员做好技术交底，按规范、标准、操作规程贯彻执行，推广使用现代化施工技术，发现违章人员有权制止和及时向上汇报，参加安全事故调查分析工作。

(3) 安全管理人员要做到跟班作业、跟班检查，发现施工安全问题和隐患立即处理，对违章人员有权制止，直至停止施工。经常检查进入施工现场人员的防护佩戴，负责现场防火工作及环保、卫生工作，监督检查安全措施和安全技术费使用情况，负责设置安全施工标志。

(4) 每个作业人员要自觉执行安全法规、遵守劳动纪律、参加民主管理、形成安全监督体系，自觉地佩戴好安全防护品，每个作业者要做到工完料尽，搞好现场文明施工。

(5) 安全工作要坚决贯彻"安全生产、人人有责"、"安全首长负责制"，形成群众性的安全监督检查岗，做到安全工作天天讲，搞好动态安全管理，加强预测和监督工作。

139. 原材料储存安全技术措施有哪些?

原材料储存安全技术措施有：

(1) 防腐蚀工程用的原材料，应由生产厂家提供材料储存、保管、运输的特殊技术要求，入库存储要分类存放。

(2) 危险品要选择具有安全措施并与施工现场有相当安全距离的专用仓库储存。

(3) 每种危险品在库内储存要保持适当的距离，并应设置明显安全标志。

(4) 易燃、易爆、危险品存放区，应配备足够的灭火器，设置严禁动火标志，在其附近严禁动火。

(5) 储存通风、阴凉、干燥、远离明火或热源，防止日光直射。

(6) 各种物资分类单独存放，应将酸类、氧化剂等隔离存放。

(7) 搬运过程中应轻装轻卸，不得撞击、翻滚、倾倒，防止包装容器损坏。

(8) 易燃、易爆材料存放间应采用防爆型电气装置，照明灯具选用防爆型。

(9) 设置防爆型排风机，定期排放有害气体。

140. 除锈及管道、容器内作业的安全技术措施有哪些?

除锈及管道、容器内作业的安全技术措施有：

(1) 喷砂作业区，应布置操作监护人员，无关人员不得进入作业场地。

(2) 监护人员重点监护内容有喷砂罐、输砂高压胶管、空气压缩机和喷砂作业区。

(3) 喷砂工应穿戴好防护服、保护面罩、长袖手套，要保证喷砂操作者的供气畅通，要有合适气压和气量。

(4) 压缩机和空气储罐，按压力容器规定进行定期检查，要保证安全装置运行正常。

(5) 喷砂过程中加强内外联系工作，规定专用联系信号，互相取得一致，方可作业。

(6) 封闭式的塔、槽、罐在防腐蚀工程施工时应设置必要的人孔，一般至少两个以上。

(7) 进行槽、罐、塔管道内作业，应在操作人员进入作业前进行气体分析，合格方可进入作业，要设专人监护作业，设置足够送、排风机。

(8) 防腐蚀施工，绝大多数在易燃、易爆有害气体环境作业，应严格控制在有害气体环境中的作业时间，一般不超过 0.5h，要佩戴好防毒面具。

(9) 在施工作业区严禁明火和吸烟，应设置足够的消防设备，对部分有机溶剂要控制浓度。

141. 管道防腐蚀涂装过程的安全技术有哪些?

管道涂装安全技术是整个管道涂装技术的主要组成部分。涂装前的表面处理，酸化、磷化、重铬酸盐处理，喷砂、喷丸、机械除锈会对人身和环境造成危害。涂装大量使用溶剂型防腐蚀涂料，向大气排放溶剂挥发的有机物(VOC)，既污染大气，又易产生火灾、爆炸和中毒事故。

防腐蚀涂料的运输、储存、配制、涂装操作、干燥成膜过程，以及采用的各种涂装机械设备的噪声及超标污染，都要有安全技术作保证。涂装全过程的各项安全技术可概括为防毒、防尘、防火、防爆、防噪声、防静电以及三废治理技术。

142. 管道防腐蚀涂装过程中防火防爆的安全技术有哪些?

涂料绝大多数是易燃物质，存在着火和爆炸的可能性。因此，为了做好安全生产、保障人身安全、消除火灾隐患，应注意下列事项：

(1) 涂料中的溶剂具有挥发性，易燃、易爆。涂料施工现场内，溶剂的蒸发浓度应控制在规定的范围内。储存涂料和溶剂的桶应盖好，避免溶剂挥发；工作场所应配备排风和排气设备，以减少溶剂蒸气的浓度。

(2) 涂装作业间设计成有限的密闭或半密闭的空间，配置良好的机械通风设备、防火警报系统和防爆电器设备，防止静电，隔绝与远离火源，可以保证涂装作业场所防火防爆、安全生产。

(3) 一般施工场所的火种大多数来源于自燃、碰击产生的火花、电气火花、静电等，应注意排除。当燃烧物质刚与明火接触时，可用覆盖物覆盖，以隔绝空气。

143. 管道防腐蚀涂装过程中防火防爆的安全措施有哪些?

(1) 涂装过程中应尽力排除一切火种

涂装现场的火种主要来源于自燃、明火、撞击火花、电气火花、静电等，在进行涂装作业时均应予以排除。涂料与涂装车间产生静电的情况是很多的，如电动机传动带与带轮，打磨与抛光工序操作设备，有些人穿的工作服也可能产生静电。所以，要防止静电火花的产生，必须把设备、管道、容器等有效地接地。

(2) 配备相应的防火设备与明火接触而开始燃烧时，可用补盖物罩上以隔绝空气，也能消除灾患。在涂料和涂装车间内，若有涂料或有机溶剂着火，千万不能用水扑灭，只能用砂子或泡沫灭火器扑灭，大规模涂装水性涂料时，如房屋建筑墙壁的涂饰，电线应有良好的绝缘，必要时应切断电源，以防意外事故发生。在清理涂装现场时，严禁将汽油洒在地板上或工作台上，再用拖布或棉纱擦洗。

144. 管道防腐蚀涂装过程中防毒安全技术包括哪些内容?

(1) 为了有效防止中毒，首先必须严格限制挥发性有机化合物(主要是有机溶剂)蒸气在空气中的浓度，各国均颁布了各种有机溶剂蒸气在空气中的最高允许浓度。涂装场所必须安装排风设备，通风良好。同时，操作人员应佩戴口罩和防毒面具等。

(2) 部分涂料含有红丹、铅铬黄等有毒颜料，这种涂料能引起急性和慢性铅中毒。当研磨和涂装时，铅的化合物以尘埃的形式进入气管内，与这种涂料接触时，铅的化合物也会侵入皮肤内。由于有剧毒，不宜采用喷涂法喷涂含有红丹和铅铬黄的涂料，对于这类涂料以采用刷涂为宜。

(3) 涂料对人体的毒害，除通过呼吸道吸入之外，还可以通过皮肤和胃的吸收而中毒。长期接触涂料及溶剂，能溶去皮肤中的脂肪，造成皮肤干燥、开裂、发红、并引起皮肤病。因此在涂装过程中，最好不要用手直接接触涂料和溶剂。若皮肤上沾污油漆时，不要用苯类、酮类溶剂擦洗，可用皂糊(由25份肥皂、10份醋酸丁酯、55份高岭土和10份糠麸混合调成)或去污粉、肥皂水及少量松香水的混合物洗涤。

(4) 为了防止漆液的沾污和中毒，操作人员可采用涂抹化学液体的方法进行保护。将乳酪素加入水中热至60~80℃加碳酸钠搅成糊状，再加乙醇及甘油搅匀即成。使用时将洗净的手上均匀地涂上这种糊状物，即可形成一层保护性薄膜，俗称液体手套。此薄膜可在温水中用肥皂洗掉。

145. 防腐蚀涂装中的涂装废气和漆雾如何治理?

在喷涂时有大量的漆雾和有机溶剂蒸气产生，在干燥成膜过程中也有大量有机溶剂挥发出来，尤其是在烘干过程中有机溶剂蒸气更集中，不少涂料产品是以二甲苯为稀释剂的，如果将以上含二甲苯的气体直接排到车间外，将造成严重的环境污染。因此，必须对涂装作业中排放出来的漆雾和废气进行治理。

治理涂装废气和漆雾的常用方法有活性炭吸附法、气液传质吸收法、催化燃烧法和直接燃烧法。

(1) 活性炭吸附法

活性炭的比表面积大(500~1000m^2/g)，利用其毛细管的凝聚作用和分子间的引力，可使有机溶剂蒸气吸附在它的表面上。将有机溶剂挥发气体经过滤、抽风、冷却后送入吸附管内，通过活性炭层，直至饱和；再以一定压力的工业蒸气处理饱和的活性炭，使之解析出被吸附的溶剂蒸气，然后和水蒸气混合至冷却器冷却、分层、回收。

(2) 气液传质吸收法

气液传质吸收法的原理是以吸收液为液相(如柴油等)，溶剂废气为气相，而以特殊结构的斜孔塔型吸收塔为气液传质设备。气液传质吸收法具有装置简易、管理方便、运行费用低、耗能少的特点，适宜于涂装废气中溶剂蒸气浓度范围较大时对其废气的净化。

(3) 触媒燃烧法

将含有涂装废气和漆雾的气体加热至200~300℃，通过触媒层进行氧化反应，这样可以在较低温度下燃烧，热能消耗小，适用于高浓度、小风量的涂装废气。

(4) 直接燃烧法

将含有机溶剂的气体加热至700~800℃，使其直接燃烧，进行氧化反应，分解为二氧化碳和水。燃烧时要另外加入燃料，余热可以利用，也适宜于处理高浓度、小风量的涂装废气。

146. 对于防腐蚀涂装中的废水排放有何标准要求?

在涂装过程中，表面处理的酸洗产生的含酸废水中含有硫酸、硫酸亚铁和其他杂质；磷化、钝化中排出的废水含有重金属铬离子等。在喷涂排放的废水中含有机溶剂、树脂、颜料、重金属、填料、乳化剂及其他污染物，这些物质的排放将造成水质污染。因此必须经过净化处理，使之符合工业“废水”最高容许排放浓度和地面水水质卫生要求。

工业“废水”中有害物质最高容许排放浓度分为两类：

(1) 能在环境或在动物体内蓄积、对人体健康产生长远影响的有害物质，含有此类物质的“废水”，车间或车间处理设备排放出口的水质，应符合表3－8规定的标准，但不得用稀释法代替必要的处理。

(2) 其长远影响小于第一类的有害物质，工厂排出口的水质应符合表3－9的规定。

表 3-8　第一类工业"废水"最高容许排放浓度

有害物质名称	最高允许排放浓度/(mg/L)	有害物质名称	最高允许排放浓度/(mg/L)
汞及其无机化合物	0.05(按汞计)	砷及其无机化合物	0.5(按砷计)
镉及其无机化合物	0.1(按镉计)	铅及其无机化合物	1.0(按铅计)
六价铬化合物	0.5(按六价铬计)		

表 3-9　第二类工业"废水"最高容许排放浓度

有害物质或项目名称	最高容许排放标准/(mg/L)	有害物质或项目名称	最高容许排放标准/(mg/L)
悬浮物(水力排灰、洗煤水、水力冲渣、尾矿水)	500	有机磷	0.5
		石油类	10
生物需氧量(5d、20℃)	60	铜及其化合物	1
化学耗氧量(重铬酸钾法)	100	锌及其化合物	5
硫化物	1	氟的无机化合物	10
挥发性酚	0.5	硝基苯	5
氰化物(以游离氰根计)	0.5	苯胺苯	3

注：造纸、制革、脱脂棉等行业的工业废水悬浮物不大于300mg/L。

147. 管道化学清洗安全技术中化学清洗安全措施有哪些？

管道化学清洗安全技术中化学清洗安全措施有：

(1) 对管道进行严格的检查，如果发现有严重的局部腐蚀和任何形式的裂纹、鼓包，都必须将这些部位进行切换，才能进行清洗。

(2) 临时管道的安装必须保证质量，经过水压试验合格后方可投入使用。对任何渗、漏都必须补焊或将丝扣紧牢，直到完全合格。

(3) 化学清洗最高部位应安装排气口，最好用排气管引出户外，使酸洗过程中产生的二氧化碳和因缓蚀剂效果不好时铁腐蚀产生的氢气，能通畅地排出管道之外，以免影响清洗液的流动和循环。

(4) 酸洗现场必须照明充足，道路通畅。动力电源和照明电源应分开，并将电源控制板设置在离开酸洗系统较远而又操作方便的地方。

(5) 参加酸洗的人员，要使用防酸服、胶靴、防护眼镜、胶制手套和口罩等必要的防护用品。

(6)准备必要的急救药品，如饱和石灰水，2%～3%的碳酸氢钠和碳酸钠溶液，1%～2%的硼酸或盐酸水溶液以及蒸馏水等。

(7) 化学清洗现场不得动用明火，以防空气中的氢气达到危险浓度时发生爆炸。

(8) 酸洗开始时，要根据酸与水垢反应情况掌握进酸速度。如反应剧烈并有大量二氧化碳产生时，应减缓进酸速度或采取间断进酸。

(9) 严禁将酸直接倒入管道内，否则有可能因大量二氧化碳的产生，将酸液溅出造成人身事故。

(10) 清洗操作必须统一指挥，分工负责。对酸箱、酸泵、阀门、加药点等部位，要设置专人值班，不准在酸洗系统旁边休息。

(11) 所有的氟化物都有毒，如误食 150mg NaF 就会造成严重疾病，误食 5 ~ 10g 就会致命。氟化物无论是气态、液态或固态都对皮肤有严重烧伤，所以，无论氟化钠或氟化氢铵接触皮肤时，应立即用水冲洗几分钟，然后在伤口处敷以新配置的氧化镁和甘油悬浮液。

(12) 氟化物要在通风良好的库房内存放，并严加保管，以免人们的误食误用，造成事故。

148. 管道化学清洗安全技术规定化学清洗废液如何处理?

必须严格执行国家规定的废液排放标准，对清洗废液需根据实际情况，采取如下相应的处理方法：

(1) 稀释　对浓度不高的酸、碱废液，用较大量的水冲稀排放。应使进入污水管道的废液 pH 值为 6 ~ 9，悬浮物 $<500mg/L$，以达到国家排放标准。

(2) 中和　对于浓度较高的酸、碱废液采用稀释法排放是不适宜的，需采用中和处理。具体操作是将废液先排到事先准备好的过渡坑内，废酸液用烧碱或石灰中和，废碱液用盐酸中和，使 pH 值为 7 ~ 9 之间，并经适当稀释排放。如果采用完整的化学清洗步骤(即碱洗、酸洗、钝化)时，可将先排放出的碱液在坑内储存起来，用它来中和排出的酸液，这是一种经济简便的方法。

(3) 氢氟酸排放液处理　对含氢氟酸废液一般采用石灰中和法。这样，既可使废液的 pH 值提高到 9 左右，又可使$[F^-]<10mg/L$，达到排放标准。

(4) 亚硝酸盐废液处理　亚硝酸盐废液处理尚没有十分有效的方法。目前较好的方法是在酸性介质中用尿素分解使其生成氮气。亚硝酸盐必须经处理后，方能排放。

(5) 含表面活性剂废液的处理　含有大量表面活性剂的废液，乳化严重，因此首先必须破乳化和凝聚。一般使用加破乳剂(如 $CaCl_2$)、凝聚剂(如明矾)或采用电解法使阳极产生新生态多孔性 $Al(OH)_3$。然后用气浮方法，使通入的空气或电解产生的氧气和氢气吸附于清洗废液中的悬浮颗粒上，最后用细砂或多孔固体吸附剂如煤渣、活性炭等吸附。经上述程序处理后的废液一般可达到排放指标。

149. 安全技术规定的内容是什么?

(1) 参加防腐蚀工程的操作人员和管理人员，施工前必须进行安全技术教育，必要时应进行安全技术考试，考试不合格者不得独立操作。

(2) 易燃、易爆和有毒材料，应存放在专用仓库内。存放时每个品种应隔开适当距离。仓库应有专人管理，库内设置明显标志。

(3) 材料仓库及施工现场必须有足够的消防水源，配备相应的消防设施，并应经常检查。消防道路应畅通。

(4) 所有的电气设备必须接地。每个电源开关应安装漏电安全保护开关。一切电气工具在使用完后或操作人员离开工作岗位时，必须关闭电气开关，切断电源。

(5) 金属表面喷砂前，应检查喷砂设备、管道压力表等，一切正常时方可开车。操作时，待操作人员拿好喷枪并发出信号后，方可将压缩空气送入喷砂设备。操作终了或中途停车时，应等喷砂管内压缩空气排净后方可放下喷枪。喷砂时，无关人员不得靠近喷砂现场。

(6) 用水稀释硫酸、盐酸、硝酸时，必须一面搅拌，一面将酸慢慢倒入水中，不得将水直接倒入酸内。操作时应备有 2% ~5% 的碳酸钠溶液。如酸接触皮肤时，应及时用水冲洗。

(7) 在高度 2m 以上的脚手架或吊架上进行操作时，应戴安全帽及安全带。对高血压、低血压、弱视、耳聋、平足等健康上有异常的人，严禁高空作业。

(8) 起重机、绞车、绑绳套及叉车的开动，要有专人操作，并应规定操作信号。对起重机具要进行定期检查。

(9) 施工现场应设置排风通风设备，有害气体粉尘不得超过允许含量极限。对工作间和防腐容器内，每日均应使用有害气体检测管进行多次快速检测。

(10) 氟硅酸钠有毒，苯磺酰氯对呼吸道及黏膜有强烈的刺激性。操作人员未穿戴必备的劳动保护用品时，不得进行施工。有接触防腐蚀材料过敏的人员不得从事防腐蚀工程的施工。

(11) 现场玻璃钢衬里的施工，应添加阻燃剂。如未添加时，必须进行特殊交底。

(12) 橡胶硫化作业前，硫化罐应定期检查。硫化时要有专人操作，硫化后应注意在罐内不得发生负压。必须严格遵守压力容器管理规定。

(13) 在封闭式容器内进行防腐蚀作业时，至少应设有两个人孔，并按设备容积和每日防腐作业量，设置送排风机，保证足够的换气量。并应有操作人员出入的专用口。

(14) 在易燃、易爆气体环境中，动火除必须办理动火证外，还应经安全部门批准后方可动火。

(15) 操作人员必须熟悉有关氧气瓶、乙炔瓶及用电方面的安全技术知识。操作时，乙炔瓶、氧气瓶和喷枪必须成三角地带放置，相隔 10m 以上，乙炔瓶应有可靠的防止回火安全装置。

(16) 易挥发的可燃气体，如苯、汽油、乙醇和各种溶剂，应保存在密封的容器内，避免日光曝晒，并应与热源、火种和施工现场隔离。

(17) 易燃、易爆区操作人员不得穿带钉鞋，不得穿非阻燃型化纤织物，不得携带火柴、打火机等引燃物。并应防止铁件互碰引起火花，设备均应设有静电接地。

(18) 严禁熔融的铅与水或潮湿的物质接触，以防飞溅。

(19) 承受压力的施工机具、设备应备有安全装置和压力表，严格遵守压力容器管理规定，并应进行定期校验。

(20) 从事防腐蚀工程的操作人员，应采取劳动保护措施。

150. 从事防腐蚀工程的操作人员，应采取什么劳动保护措施？

(1) 操作人员应根据规范要求，配备必要的劳动保护用品，如工作服(呢子、绸子、防静电)、鞋、手套、帽、防护眼镜、防尘防毒口罩、防护面具、急救氧气呼吸器、毛巾、肥皂及防护油膏等。

(2) 操作人员每半年应进行一次健康检查，不适合从事某项防腐蚀作业的人员，应调离此项工作岗位。

(3) 食物、饮料不得带入施工现场，更不得在现场进餐，下班后应洗漱更衣方得离开施工现场。

(4) 操作人员应按国家有关规定享有必要的保健待遇。

第四章　管道腐蚀与防护技术发展动向

一、管道腐蚀监检测的新技术及发展

1. 目前普遍应用的不开挖管道外腐蚀检测技术有哪些，其各自有何特点？

通过检测管道防腐层的损坏程度，可以得出管道受腐蚀的情况。在实现不开挖、不影响正常工作的前提下，对管道腐蚀状况进行检测的方法有管中电流法、密间隔电位检测法、瞬变电磁法等。

（1）管中电流法(PCM)

管中电流法是目前国内外应用比较成熟的一种检测方法，可长间距快速探测整条管线的防腐层状况，也可缩短间距对破损点进行定位，属于非接触地面测量，受地面环境影响较小。其特点如下：

① 适合于埋地钢管防护层质量的检测、评价及破损点的定位、检测管线的走向及埋深、搭接的定位、评价阴极保护系统的有效性。输送管线较长时准确度较高。适于外加电流保护系统，不适于涂层太厚。

② 操作简单，效率高，可建立数据库。

③ 数据处理软件只能分别对各个异常点分析解剖，绝缘层电阻值为某一段的平均值。

④ 对穿孔过多的管道或设施过多的管道，如油田生产中的集油环或双管流程集、掺水管道，检测误差较大。

⑤ 只能评价管道的外防腐层情况，对管道是否腐蚀或腐蚀程度不能准确判断。

（2）变频选频法

埋地管道防腐层质量的好坏可以通过实测绝缘电阻值作出质量评价，变频选频法通过对管段防腐绝缘层电阻(率)的测量衡量防腐层质量状况。变频选频法有以下优点：

① 测量方法简便、快捷，测量结果真实、明确、定量、实现性好；

② 适用于不同管径、不同钢质、不同防腐绝缘材料、不同防腐层结构(包括石油沥青、三层 PE、环氧煤沥青、熔结环氧粉末、聚乙烯胶带、防腐保温等)的埋地管道；

③ 可测量连续管道中的任意长管段，不受有无均压线影响及有无分支影响；

④ 无需开挖管道，不影响管道正常工作，测量时无需关停外加电流阴极保护；

⑤ 不受交流干扰影响；

⑥ 专用测量仪器及计算软件全国化、数字化，经济可靠；

⑦ 特别适用于长输油(气)管道、城市燃气管道、油(气)田管网防腐层质量普查，并可建立“数据库”跟踪评估防腐层质量。

（3）直流电压梯度法(DCVG)

直流电压梯度测试技术是目前世界上比较先进的埋地管道外防腐层缺陷检测技术，该测量技术能够检测出较小的防腐层破损点，并可以精确定位。其特点是：

① 适用于复杂管路的腐蚀监测，可用于城市地下管道，甚至对于存在中等杂散电流情

况下也可获得相当满意的效果；

② 防腐层缺陷检测精度高；

③ 可定义和其他技术配合使用；

④ 操作简单，一个人即可进行测量。

(4) 密间隔电位检测法(CIPS)

密间隔电位测量(CIPS)是国外评价阴极保护系统是否达到有效保护的首选标准方法之一。其特点是：

① 可以很详细地了解阴极保护电位从 CP 站出来到末端详细的连续变化情况；

② 可以确定防腐层缺陷点处保护点位是否处在有效保护电位以上，判定该处管道是否发生腐蚀；

③ 分析检测结果曲线图能够发现管道防腐层存在的严重缺陷；

④ 评价阴极保护系统保护点位的方法更科学、更准确，测量结果更接近实际保护情况。

(5) 瞬变电磁检测法(TEM)

利用瞬变电磁(TEM)法检测管体的腐蚀状况，实际所测定的是管体物性的差异。只要检测出因腐蚀所致的物理差异，就可以确定腐蚀地段并对腐蚀程度作出判断。其优点是：

① 由于施工效率高，纯二次场观测以及对低阻体敏感，使得它在当前的煤田水文地质勘探中成为首选方法；

② 瞬变电磁法在高阻围岩中寻找低阻地质体是最灵敏的方法，且无地形影响；

③ 采用同点组合观测，与探测目标有最佳耦合，异常响应强，形态简单，分辨能力强；

④ 剖面测量和测深工作同时完成，提供更多有用信息。

(6) DCVG 和 CIPS 综合检测技术

为克服单一检测技术的局限性，国外检测技术的最新发展是组合几种检测方法对防腐层缺陷进行检测，将记录管道真实保护状态和防腐层缺陷定位、定量综合，但检测效率较低，目前国外已开始试用这种技术。CIPS 与 DCVG 综合检测技术就是近年发展起来的防腐层破损地面检测技术。用这个方法可定量缺陷，可确定缺陷(含微小缺陷)分布，可确定阴极保护情况，可实现实时存储及处理数据。

2. 目前埋地管道内腐蚀有哪些检测技术，应用情况怎样?

目前埋地管道内腐蚀主要有以下几种检测技术：

(1) 测径检测技术　该技术主要用于检测管道因外力引起的几何变形，确定变形具体位置。有的采用磁力感应原理，可检测出凹坑、椭圆度、内径的几何变化以及其他影响管道有效内径的几何异常现象。

(2) 漏磁检测技术　目前较为成熟的技术是压差法和声波辐射方法。前者由一个带测压装置的仪器组成，被检测的管道需要注以适当的液体，泄漏处在管道内形成最低压力区，并在此处设置泄漏检测仪器；后者是以声波泄露检测为基础，利用管道泄漏时产生的 20 ~ 40Hz 范围内的特有声音，通过带适宜频率选择的电子装置对其进行采集，再通过里程轮和标记系统检测并确定泄露处位置。

(3) 漏磁通检测技术　在所有管道内检测技术中，漏磁通检测历史最长，因其能检测出管道内、外腐蚀产生的体积型缺陷，对检测环境的要求低，可兼用于输油和输气管道，可间接判断涂层状况，其应用范围最为广泛。该技术的精度不如超声波的高，对缺陷准确高度的确定还需依赖操作人员的经验。

(4) 压电超声波检测技术　压电超声波检测技术的原理类似于传统意义上的超声波检测，传感器通过液体耦合与管壁接触，从而测出管道缺陷。超声波检测对裂纹等平面型缺陷最为敏感，检测精度很高，是目前发现裂纹最好的检测方法，但仅限于液体输送管道。

(5) 电磁声波传感检测技术　超声波能在一种弹性导电介质中得到激励，而不需要机械接触或液体耦合。这种技术是利用电磁物理学原理以新的传感器代替了超声波检测中的传统压电传感器。由于基于电磁声波传感器的超声波检测最重要的特征是不需要液体耦合剂来确保其工作性能，因此该技术提供了输气管道超声波检测的可能性，是替代漏磁通检测的有效方法。

(6) 清管器检测技术　清管器是一种利用管道内输送介质作推动力，沿管内运动时可自动找准管中心，并用装置上硬质橡胶球或软毛刷清除管内壁沉积物的装置。为了检测管内壁缺陷，在传统清管器的基础上，搭载了磁力检测工具和超声波检测工具及其相关附属设备(如清管器跟踪、信号发送/接收和传感设备、数据显示器、解释软件、自动制图和报告编制以及微处理机等一系列组件)等腐蚀信号检测、记录、收发等装置。通过清管器在管道内的运动，达到检测管道缺陷的目的。

管道外防腐层检测方法多种多样，除了上述六种方法外，还有标准管/地电位检测技术、皮尔逊监测技术、电化学暂态检测技术、红外成像管线腐蚀检测技术等。为克服单一检测技术的局限性，在实际应用综合两种或几种检测方法，可以弥补各项技术的不足。

3. 埋地管道内腐蚀检测技术的发展趋势是什么?

埋地管道内腐蚀检测技术有以下发展方向:

(1) 目前采用的漏磁式智能清管缺陷检测技术对金属损失缺陷检测准确度高，但对管道的裂纹缺陷和焊缝缺陷检测的准确度都不高，而这又是20世纪90年代前管道的主要问题，有待发现新的检测方法。

(2) 漏磁式智能清管缺陷检测技术在低压管线(<2.0MPa)检测精度低，主要是因为工具在低压天然气管道中运行十分不平稳，造成检测数据丢失。因此用于风险较大的城市输气干线的智能清管技术还需要开发。

(3) 超声波检测将向高精度方向发展，并适用于不同的工作环境。由于超声波检测技术本身存在的不足，如对较浅的凹坑(其面积通常小于压电超声波探头的面积)以及较浅的陆架形或阶梯形缺陷(面积为0.32 ~6.45cm^2)检测时常出现误差，应利用先进的数据处理方法来弥补，使数据处理的结果更加多样化。

(4) 由于施工、维修或工艺等原因，管道不可能是光滑笔直的，这就需要清管器有良好的越过障碍(如阀门、三通、弯管)的能力。对于现有的石油天然气管道运输行业而言，为适应社会发展需要，已逐步形成了城市管网、地区管网甚至是整个世界能源运输管网，因此，目前的石油天然气管道已经不是单一的一条线路。为此要想设计出应用范围广的清管器，应对在分叉点时的自动选择路径的能力进行研究。

(5) 对现有的清管器仍然停留在管内运动、检测等方面，而对工程有实用价值的是管内运动、检测、修复一体化作业，因此必须考虑清管器的实时检测修复功能。

(6) 发展基于光导玻璃纤维的内窥镜技术。这项技术目前在我国腐蚀领域内刚刚开始应用，例如大庆油田应用GN－1管道内窥仪和工业电视技术来检查管道内表面的金属腐蚀状况和涂层质量，但其推广仍需要科技工作者的努力。

4. 什么是超声导波检测法(UGV)，有什么优点?

超声无损检测技术是现代工业领域中不可缺少的检测手段之一。常规的超声无损检测采用逐点扫描的方法，能够较好实现缺陷的成像，但它费时费钱，不适合检测大型结构。超声导波具有沿传播路径衰减小、传播距离远的特点，在检测信号中还可以包含从激励点到接收点间的整体信息，非常适合长距离管道的缺陷检测因而受到广泛关注。

超声导波检测技术与传统检测方法相比具有突出的优点：一方面，由于超声导波沿传播路径衰减小，可沿管道传播几十米远的距离，且回波信号包含管道整体性信息，因此相对于超声检测漏磁检测等常规无损检测技术，导波检测技术实际上是检测了一条线；另一方面，由于超声导波在管的内外表面和中部都有质点的振动，声场遍及整个壁厚，因此，整个壁厚都可以被检测到，这就意味着既可以检测管道的内部缺陷也可以检测管道的表面缺陷。

5. 什么是磁致伸缩超声导波技术，有什么应用?

导波的产生，是基于磁致伸缩效应(焦耳效应)，即在铁磁性材料被外部的磁场磁化时，其几何形状会产生微小的变化，称之为磁致伸缩效应，产生导波；检查时，铁磁性材料由于机械应力(或应变)造成其磁导率的变化，即应变效应(法拉第效应)，就会将材料上的缺陷信号反射到探头。通过一个传感器在待检材料中产生导波，并进行缺陷检查的技术即为磁致伸缩超声导波技术。由于探头也是基于磁致伸缩效应，因此叫做磁致伸缩传感器(MsS)。

MsS传感器是由一组交流线圈和带状铁钴带(强磁性材料)组成，磁化后的带状铁钴带形成直流偏磁场，通过环氧树脂胶紧密地粘贴在管道上，再将交流线圈放置在铁钴带上方，铁钴带上的直流偏磁场与交流线圈形成交流磁场的相互作用(磁致伸缩效应)，在铁钴带上产生机械弹性波，通过密实的胶层直接耦合到管道上，并沿着管道双向传播——产生超声导波。当超声导波沿着管道传播并遇到缺陷或焊缝时，就会有一部分波反射回来并被MsS传感器接收，信号转换成电信号之后在仪器主机内进行分析处理，从而得到管道壁厚中的缺陷位置和缺陷损失。

6. 什么是电指纹法(FSM)监测技术，有什么优点?

在监测的金属段上通直流电，通过测量所测部件上微小的电位差确定电场模式。将电位差进行适当的解剖或直接根据电位差的变化来判断整个设备的壁厚减薄。

FSM可以不受干扰地监测设备内部腐蚀。监测所用的灵敏电极和其他部件均安装在被监测管道、罐和容器的外侧。FSM的独特之处在于将所有测量的电位同监测的初始值相比较。这些初始值代表了部件最初的几何形状，可以将它看成部件的“指纹”，电指纹法名称即缘于此。和传统的腐蚀监测方法探针法相比，FSM在操作上有以下优点：

(1) 没有元件暴露在腐蚀、磨蚀、高温和高压环境中；

(2) 没有将杂物引入管道的危险；

(3) 不存在监测部件损耗问题；

(4) 在进行装配或发生误操作时没有泄漏的危险；

(5) 腐蚀速度的测量是在管道、罐或容器壁上进行，而不用小探针或试片测试；

(6) 敏感性和灵活性要比大多数非破坏性试验(NDT)好。

7. 什么是无接触式磁力层析检测方法(MTM)，有何特点?

无接触式磁力层析检测方法的原理是在允许的偏差范围内，利用地球磁场，沿着管道轴线移动磁力计设备来快速测定管道磁场异常的位置，查找防腐层破损或管道泄漏。运用无接触式设备(扫描指数不大于0.25m的磁力计)，以连续模式进行诊断，主要用于识别金属缺陷或管道弯曲应力引起的异常。

该技术能够对目标管道进行100%诊断检测，据报道检测准确率能够达到85%。此外，其具备的十大优点使其日益受到管道检测人员的重视：①不中断管道正常工作；②无需最大或者最小运转压力；③无需最大或者最小管内介质流速；④对管体几何形状没有限制，如直径、曲度等；⑤无需接触管体或改变管道状态；⑥无需清管器收、发装置；⑦无需清理管道；⑧无需对管道内表面进行处理；⑨无需特殊管道装备或特殊处理；⑩无需对管道加电。

该技术适用于：①制管缺陷、机械缺陷、焊接缺陷、局部腐蚀缺陷、局部应力变形增加区域的直接检测与评价；②可识别的不良防腐层；③局部管段地灾影响检测与评价；④新建管道的基线检测与评估。

8. 管道检测技术的发展以及存在的问题有哪些？

纵观管道检测历史，管道检测技术已经有了飞速的发展，伴随着新技术、新工艺的不断涌现，管道检测技术手段也日趋成熟和科学，管道检测设备已由原来单纯的漏磁腐蚀检测器发展到当今常规的、集高清晰度、GPS和GIS技术于一体的高智能检测器。

检测的最终目标是尽可能地发现存在于管道中所有类型的缺陷并准确地定位和确定其尺寸大小。根据测量的结果可以评估出管道潜在的风险和剩余使用寿命。目前存在的问题是：

(1) 所有的内检测对于缺陷的探测、描述、定位及确定大小的可靠性仍不稳定。

(2) 检测机具的工作环境极其苛刻(高压、低/高温)，检测器在运行中不可避免地会由于运行速率、杂质等引起检测结果偏差或设备损坏。

(3) 现有分析检测结果的方法不一致。另外现有的可用来证明结果的概念、检测工具的测量原理以及操作的可靠性没有达到用户所要求的程度。

(4) 完成检测是一个多步骤的过程，取决于计算机算法与最终决策人员的经验。

(5) 目前还没有针对如何诊断、分析、识别缺陷三维大小的推荐做法。每个在线检测机具供应商为了各自的商业利益，都是在自己的公司内部采取保密的方式对检测结果进行解释和评价。现在还没有任何一种被公认的方式来对人为因素所产生的解释错误进行评价。

9. 埋地油气管道泄漏检测技术应用现状如何？

目前国内外应用的部分埋地泄漏检测技术由于其检测方法及适用环境与介质单一的局限性，使其在埋地管道泄漏检测的应用过程中无法取得满意的效果，仍属于试验阶段，检测方法尚未标准化。而对于埋地输油管道的泄漏检测，目前世界上还没有比较适用的直接检测方法。

埋地管道输送介质的不同决定了其泄漏原因及泄漏特点的不同，进而决定了各种泄漏检测方法的针对性和适应性，总结胜利油田腐蚀与防护研究所利用多种组合泄漏检测技术在胜利油田开展埋地管道泄漏检测工作的实践经验，针对埋地油、水、气管道泄漏检测提出了组合检测方法及步骤，获得较好的效果。

10. 现阶段管道在线监测有什么特点？

管道设备腐蚀监测技术是在现场腐蚀检验方法与实验室的腐蚀试验方法互相结合的基础上，吸收新的检测技术和数据处理技术而发展和充实起来的。按照所依据的原理和提供信息参数的性质，可将腐蚀监测方法分为物理方法、无损检测方法和电化学－化学方法三大类。

(1) 油气管道设备腐蚀监测的物理方法

这类方法所检测的信息都是物理量，有警戒孔监视法、挂片法、电阻法和氢压法等。

① 警戒孔监视法 警戒孔监视法是在容器或管壁上钻出一些精确深度的小孔，通过监视警戒孔处泄漏的出现，而掌握设备或管道剩余腐蚀裕量的一种方法。这种方法在石油工业上应用较为广泛。

② 挂片法 挂片法是管道设备腐蚀检测中应用最广泛的方法之一。它的局限性主要在于试验周期受设备维修计划制约，不能准确地确定腐蚀出现的时间和非均匀腐蚀情况下腐蚀速度的变化，也不能反映偶发的局部严重腐蚀状况。

③ 电阻法 腐蚀监测电阻法就是在运转的设备中插入与待测设备结构材料完全相同的探针，周期性地测量探针电阻的变化，以监测设备的腐蚀状况，但这种方法不适用于监测局部腐蚀的情况。

④ 氢压法 氢是腐蚀反应的产物。氢进入金属则会降低材料的延性，使金属变脆，这些都可能导致管道设备破坏。当阴极反应为析氢反应时，由析氢量便可测量腐蚀速度。

(2) 油气管道设备腐蚀监测无损检测方法

① 目视法 直接观察法是凭借肉眼或简单仪器、工具来发现待检管道外壁存在的腐蚀、冲蚀、磨损与开裂等缺陷的检测方法。该方法简便、直观，但监测的灵敏度不高，带有观察者的主观因素，只能获得定性或半定量的结果。

② 渗透法 它是一种以毛细管作用原理为基础的检查表面开口缺陷的无损检测方法。灵敏度要大大高于目视法，主要用于非铁磁性材料的表面检测，因为此时漏磁法无法使用。

③ 漏磁法 铁磁性材料表面被磁化后，利用铁磁材料的导磁率与空气及非磁性夹杂物的导磁率不同的特性发现缺陷。该方法对表面裂纹的检测灵敏度较高，只适合铁磁材料的表面或近表面缺陷的检验。

④ 超声波法 超声波法是利用高频声波(100～200MHz)穿过材料，测量回声返回探头的时间，来检测缺陷或测量壁厚。超声波检查经过长期的使用考验，应用十分广泛。

⑤ 射线照相法 X射线和高能γ射线的波长很短，具有穿透固体物质的能力。射线照相法结果直观、可靠，大量用于焊缝的质量检查。

⑥ 涡流法 涡流检测方法是用交流磁场在导电材料中感应出涡流。这个涡流的分布及大小与被测金属材料表面或接近表面的缺陷有关。在一定条件下可用于在线测量，但需要专用仪器和定标技术。

⑦ 声发射法 材料和结构在受力变形或断裂过程将释放声能，某些腐蚀过程都伴有声能释放。通过监听或记录这种声波来监测设备腐蚀损伤的发生和发展。

⑧ 热像显示法 使用合适的红外探测系统测量材料表面的温度和温度场的变化，可以了解引起这种变化的材料缺陷和腐蚀等的原因。热像显示技术的优点是可以非接触地进行在线测量。

(3) 油气管道设备腐蚀监测的电化学方法

电化学腐蚀监测方法是利用金属在电解质溶液中的腐蚀速度(或状态)与腐蚀电流(或电位)之间的关系，通过插入设备工作介质中并与设备材质完全一样的测量电极(探针)对设备的腐蚀过程进行监测。

① 线性极化阻力法 线性极化阻力腐蚀监测方法的优点是其对生产过程的干扰小，测量迅速，而且比较灵敏，能及时反映设备工况的变化，非常适用于设备腐蚀的在线监测。但是这种方法只适用于电解质中的腐蚀。

② 交流阻抗法　通过全频谱阻抗特性的研究，可以全面了解电极过程各阻抗分量。交流阻抗法还可以用于监测局部腐蚀，可以将它制成多通道和遥测形式的仪器，这是一种很有发展前途的腐蚀监测技术。

③ 腐蚀电位监测法　金属的腐蚀电位与它的腐蚀状态之间存在着某种特殊的相互关系，可以用来作为是否产生腐蚀的判据。腐蚀电位监测法可以直接从设备本身获取腐蚀状态的信息，而无需另外设置测量元件。

④ 电偶法　电偶法是一种很简单的电化学方法，测量浸于同一电解质溶液中的两种金属电极之间流过的电偶电流，可以求出电位较负金属的腐蚀程度。它不需外加电流，设备简单，可以测定瞬时腐蚀速度的变化，但测量结果一般只能作相对的定性比较。

⑤ 氢渗透法　氢渗透法测量装置内原电池电流可以求得从探针外部渗入试片的氢量，由此可监测析氢腐蚀的强度。氢探针被成功地用于监视酸性油气输送管道、高压油气井及化工设备中的酸腐蚀。

⑥ 介质分析法　检测介质中金属离子浓度的变化，可以粗略估计设备的腐蚀浓度。经过一定时期的经验积累，能找出数据与设备腐蚀行为之间的关系，并且可用来判断生产条件是否符合技术要求。

11. 管道腐蚀监测技术应满足何种要求?

腐蚀监测的目的在于揭示腐蚀过程以及了解腐蚀控制的应用情况和控制效果，所获得的数据是指导腐蚀工作的科学依据，是评价腐蚀防护效果的有效手段。由于管道所处的地理环境的多样性、管道类型的多样性、管道输送介质的多样性以及管道腐蚀形式的多样性，为了操作的方便和使用的可靠，管道腐蚀监测技术应满足以下几项要求：

(1) 耐用可靠，可长期在线使用，有较高的精度，以便能准确判断腐蚀速度和状态；

(2) 有足够的灵敏度和响应速度，测量迅速，并能满足油、气生产中的自动控制的要求；

(3) 适合不同管道环境、不同管道类型以及不同输送介质；

(4) 操作方便，维护简单，不要求对操作人员进行特殊的训练。

12. 管道腐蚀监测具有什么意义?

对管道进行腐蚀监测具有以下几方面的意义：

(1) 了解管道运行中的实际状态，及时发现腐蚀问题，监视腐蚀变化规律，进而采取措施控制腐蚀过程，使腐蚀速度控制在允许范围内，避免设备在危险状态下运行或过早失效；

(2) 评价所采用的防腐措施的效果，改进腐蚀控制技术，使管道运行更安全、更有效；

(3) 提供腐蚀速度随时间变化的数据，以便对异常情况进行事后分析，帮助查明腐蚀原因；

(4) 防止由于腐蚀造成的油、气泄漏，保护环境。

13. 现代腐蚀监测使用的仪器发生了什么变化?

腐蚀监测技术是从实验室试验方法和现场检测技术发展而来的。现代腐蚀监测使用的仪器从便携式单一仪器发展到包括自动扫描测量、多路自动记录和数字显示以及报警和控制等功能在内的腐蚀自动监控系统。

14. 油气管道阴极保护系统监测技术的意义及应用现状怎样?

为了提高管道阴极保护系统的工作性能和对管道的有效保护，必须定期准确地采集管道沿线的阴极保护参数。目前国内除了少数新建管道阴极保护站和部分电控阀室安装了阴极保护参数远传遥控系统外，管道沿线测试桩的阴保电位仍需人工现场采集。由于部分管道远离铁路、公路和人口稠密区，社会依托条件差，测量人员为测量数据经常要徒步穿越荒漠、沙漠、沟壑之间，既费时又费力。采用人工周期性检测管道保护电位耗时长、成本高、难度大、不能及时发现问题，致使部分管道失去保护。因此，建立管道阴极保护远程在线监测系统非常必要。

目前，美国、德国、英国、加拿大等发达西方国广泛应用了数据采集及监控(SCADA)技术，在诸如埋地管线、储罐、煤气管网、海洋钻井平台、码头设施等阴极保护系统中取得了很好的应用效果。目前，在该领域的研究可分为两个方面：一方面是对已比较成熟的监控系统进行完善，以提高系统的整体性能并降低系统的投入成本和运行成本；另一方面是针对一些特别的系统，开发并完善这些系统的监控系统，如混凝土结构的阴极保护自动监控系统等。

我国的阴极保护技术开始于1958年，当时仅限于小规模的试验，20世纪60年代初开始在各油田试用，到1970年长输管道开始建设时，阴极保护已是必不可少的技术，它可以成功控制埋地管道的腐蚀，延长管道的寿命，为管道的安全生产提供了技术保证。陕京线把阴极保护参数测量纳入了数据采集及监控系统，是目前国内较为先进的测试系统，可以测得全线各站通/断的管地电位。

近几年来的技术进步，使得国内的阴极保护技术已达到国际先进水平，在国外可独立完成阴极保护工程的设计和施工，一些阴极保护产品已远销欧美发达国家，但也要看到我们的不足，主要体现在软件、电器设备及遥测技术上。随着我国管道输送业的发展，阴极保护技术必将受到极大的重视，得到迅速的发展。

15. 阴极保护参数评价法的检测原理是什么？

阴极保护参数评价法利用阴极保护系统运行状况检测中所获得的管地电位评估防腐层的防护性能。优点在于采集同一套数据(管地电位)，可以评价阴极保护状况和管道防腐层性能两项内容。阴极保护测量参数评价法在标桩处测量管地电位，评价一段管道防腐层的总体破损程度，这种方法评估的是两个测试标桩之间管段的防腐层性能。

阴极保护测量参数评价法采用“空隙系数”表示一段管道防腐层的平均破损情况。通过计算防腐层绝缘电阻与土壤厚度、土壤介质电阻率等物理量得到空隙系数，而防腐层绝缘电阻则是在已知管道纵向电阻的条件下，根据拟合电位分布曲线所得到的衰减系数计算来的。

16. 国内外天然气管道检测与评价的现状是怎样的？

国外发达国家非常重视天然气管道的完整性管理，将管道的检测检验及评价完全纳入在管理体系之中。从20世纪60年代开始，投入数十亿美元用于开展管道检测评价技术的研究，目前已研制出漏滋法、超声法、涡流法、电磁超声法等不同原理的管道检测器达30多种，配合法制性的定期检测制度，管理者对管道的腐蚀与隐患状态掌握较为准确。目前我国多数天然气管道已进入中老年期，由于历史原因，许多管道从设计到施工都存在着许多缺陷，受检测与评价技术制约，管道的腐蚀与隐患状态不明。为防止管道发生腐蚀穿孔、爆管等恶性事故，我国每年用于油气管道的维修费用达数亿元，造成人力物力的巨大浪费。

国外在天然气管道检测方面，包括了外检测与内检测两大类技术。其中外检测主要针对管道的腐蚀防护性能，评判管道外防腐层性能(评判准确率高于90%)、阴极保护系统的保护情况(评判准确率高于95%)等；内检测技术则针对管道的腐蚀程度及缺陷大小实施检测，例如管道漏滋法内检测技术（缺陷识别精度可达3%截面面积）。国内天然气管道由于施工质量难以保证，加之内检测费用较高，基本停留在实施外检测的时代，只能根据外防腐层性能定性地分析管道腐蚀程度。

由于采取法制性的定期检测，并同时实施内外检测技术，在大量数据积累下，国外发达国家天然气管道外腐蚀直接评价技术（ECDA）与内腐蚀直接评价技术（ICDA）已日趋成熟，并起草有相关标准。国内由于只进行外检测，天然气管道评价仅停留在外腐蚀直接评价阶段，即使配合了TEM非开挖剩余壁厚检测技术（平均壁厚检测）和超声波壁厚检测技术（点壁厚测量），仍然难以快速、全面地检测天然气管道的腐蚀程度。

17. 什么是天然气管道内腐蚀直接评价技术（DG－ICDA）？

近几年，由美国西南研究院首先提出了新的内腐蚀直接评价技术（DG－ICDA）思路，可以对不能进行内检测的天然气管道实施内腐蚀直接评价技术。该思路描述了一种两步操作程序：第一步是确认那些倾斜角度大于关键倾斜角的区域并选择第一个这种区域，第二步是对这些区域进行详细的腐蚀情况检查。如果检查时没发现腐蚀现象，就可以断定下游不太可能发生腐蚀。在此位置上游的具有最大的倾斜度管道处再进行检查，这样就可以知道这两点间管道完全的信息。再继续往上游走，确认可疑的管段并做检查，如此反复，这样就对整个管道进行了腐蚀评估。如果最有可能发生内部腐蚀的管段经过检查没有出现腐蚀情况，就可以确定此管道最重要的部分是完好的。如果在此发生了腐蚀现象，就可确定管道有潜在的损坏问题。

18. 什么是应力腐蚀直接评价方法，一般包括哪几个步骤？

应力腐蚀直接评价方法（SCCDA）是一种结构性操作程序，操作者可根据管线的实际情况对该程序进行修正。SCCDA是不断改进的过程，通过连续不断地应用，SCCDA方法应当能够识别SCC已经发生的位置、正在发生及可能发生的位置。该方法适用于陆上埋地油气（原油、天然气、成品油等）管线，管线材料应当为管线钢。

同其他完整性评价技术相似，SCCDA也包括四个步骤：预评价、间接检测、直接检测、后评价。

（1）预评价　收集当前和历史数据并进行分析，识别可能遭受应力腐蚀的管段并进行排序，选择直接检查的管段。收集的数据通常包括施工资料、操作和维护资料、平面图、腐蚀调查记录、其他地面检测记录、政府备案信息、以前的完整性评估和维修活动中的检测报告。

（2）间接检测　为了进行管段排序和选择开挖点，采集管道操作者认为必要的数据，常需要采集的数据包括密间隔电位（CIS）数据、直流电位梯度（DCVG）数据以及管道沿线周围的环境数据（土壤类型、路由图、排水状况等）。

（3）直接检查　直接检查包括现场确认上面步骤中选择的开挖位置和进行开挖。为了现场确认选择开挖位置的依据，需要进行地面测量和检测。如果根据地面情况对腐蚀性进行了预测，还应对排水状况和土壤类型等进行调查确认。进行开挖，现场评估应力腐蚀的严重程度、范围和类型，并收集后评价阶段需要的数据。

（4）后评价　分析前边三个步骤中收集的数据，并确定是否需要采取措施缓解SCC破坏。如果需要，制定工作措施和步骤。确定下一完整性评估的时间，并确定SCCDA方法的有效性。

19. 什么是旁路管线中试评价法，是如何提出的?

油田管线服役于油、气、水、砂多相流的介质环境中，由于 CO_2、H_2S、溶解氧、SRB、TGB、Cl^- 以及高温、高压、流速、流态变化等的相互作用，对油田管线造成了严重腐蚀，而服役于不同腐蚀环境的管线，其腐蚀失效也表现为局部垢下腐蚀穿孔、冲刷腐蚀、应力腐蚀开裂、湍流腐蚀等多相流作用下的复杂的失效形式。由于缺乏模拟油田现场实际腐蚀环境与工况条件的评价手段，使许多传统实验室研究得到的腐蚀机理与规律无法用于指导油田生产实践，同时也使许多实验室静态试验成功的防腐新技术、新工艺由于不能适应油田油水气多相流的实际腐蚀环境，造成现场应用失败，不但给油田造成损失，也挫伤了对防腐新技术、新工艺应用的积极性。

旁路管线中试评价技术，采用在生产管线上安装旁通管线，在不影响正常生产的情况下，监测管道输送介质的腐蚀性或管线内防腐技术的防护效果。胜利油田腐蚀与防护研究所，建成了全国首个旁路管线防腐技术中试评价系统——胜利油田广利防腐技术现场中试评价系统，在油田多相流腐蚀机理研究以及管线内防腐技术的评价、筛选领域发挥着巨大的作用。

20. 旁路管线中试评价法的功能有哪些?

旁路管线中试评价法的功能有:

(1) 试验管线从集输管道旁路引出，以确保与实际运行管道具有相同的环境和运行条件;

(2) 可对油田现用防腐技术进行应用效果评价，通过试验对防腐技术存在问题提出改进措施，优化筛选最合理的防腐技术;

(3) 可对防腐新技术、新工艺进行中试和预评价，预测推广价值;

(4) 可开展腐蚀在线检测技术应用研究，完善检测手段;

(5) 综合寻找管线腐蚀失效原因，研究腐蚀规律，进行管线腐蚀趋势及寿命预测。

21. 数字化油田集输管网建设有何必要性?

相对于物探、钻井、测井等环节而言，油田地面集输系统特别是集输管网的运行和管理，仍然处于粗放式管理状态。事实上，这一环节却存在着诸多的问题与隐患，日益成为影响安全生产、环保、节能以及降本增效的关键因素，因此开发油田地面管网检测评价信息系统，对于指导管线的维护、维修与更换，确保管线安全运行具有重要的指导意义，同时也是提高油田企业整体管理水平的最佳突破口。

数字化油田集输管网建设即建设基于 GIS 的油田地面管网检测评价信息系统，其意义主要体现在以下几方面:

(1) 摸清家底，为管理提供基础依据

管道电子地图是基于 GIS 的油田地面管网检测评价信息系统所具有的基本功能，通过大量管道探测、测绘数据的采集、录入与应用，可有效解决油田埋地管道家底不清、走向不明，在用管道与废弃未挖出管道混杂不清，出现故障时找不到事故管线的问题，同时方便了巡线工作，也为管理提供了准确的基础数据资料。

(2) 提高油田事故预警、投资决策的科学性

集输管网的腐蚀尽管可以通过防护来延缓，但却是不可避免的，因此必须通过腐蚀检测、评价、数据处理等来对腐蚀可能造成的事故和可能出现的时间、区位进行预警。以大量

的管道腐蚀与防护状况定期检测与评价数据以及管线剩余寿命预测模型为支持，可对管道的腐蚀隐患起到事故预警的作用，同时可为油田埋地管网的日常维护、维修与更换等提供科学依据。

(3) 认清管道腐蚀失效的原因及规律，为新项目技术筛选和原有管网更新改造提供方案

腐蚀是因环境而异的，防护措施的实际效果更因环境而有不同的表现。只有通过大量的检测数据的积累分析，才能了解腐蚀规律以及防护措施对环境的适应性，从而为新项目进行技术筛选和原有管网更新改造提供最佳方案。

(4) 提供集输管网相关数据储存方式和有效利用这些数据的具体形式

油田地面管网检测评价信息系统的建立，可以使数据量庞大的检测数据得以长久有效保存，方便快捷地调用、查找并进行纵横向对比分析。特别是可以利用系统中包含的有关数据分析处理数学模型(如剩余寿命预测数学模型等)，随时进行管道安全方面的分析判断。

(5) 实现油气田企业信息化技术由单一的过程集成扩展到整个石油企业的信息集成

目前石油企业正向信息化、集成化、智能化发展，信息技术已成为提高石油企业核心竞争力的关键因素。我国石油企业无论在地震、测井数据处理以及钻井、作业、采油等生产过程信息化集成上都做了大量的工作，不少已经与国际大公司没有多少差别，差的是存在一些薄弱环节影响了整体信息化集成的实现。油气田集输管网的信息化技术正是这样一个相对比较薄弱的环节。

二、管道防腐技术的新技术及发展

22. 管道用化工陶瓷和化工搪瓷的区别是什么，各有什么应用？

化工陶瓷又称耐酸陶瓷，它具有优良的耐腐蚀性能。化工陶瓷主要原料为黏土、瘠性材料和助溶剂。它们用水混合后有一定的可塑性，能制成一定的几何形状，经过干燥和高温熔烧，形成表面光滑、断面致密、石质似的材料。化工陶瓷随配方及熔烧温度不同，可分为耐酸陶、耐酸耐温陶与工业瓷三种材料。耐酸陶、耐酸耐温陶和工业瓷制造的管子简称耐酸筒、耐温管和瓷管，由它们制造的容器和塔器简称耐酸设备、耐温设备。化工陶瓷在石油化工工业中有广泛的应用，其产品有塔、储槽、容器、过滤器、旋塞、阀门、泵、喷射泵、鼓风机、管道及管件等。

化工搪瓷是将含硅量高的耐酸瓷釉涂敷在钢制设备的表面，经过1173K的锻烧使之与金属密着，形成致密的、耐腐蚀的玻璃质薄层。化工搪瓷兼具有金属的力学性能和瓷釉的耐腐蚀性双重优点，除了氢氟酸和含氟离子的介质以及高温磷酸或强碱外，能耐各种浓度的无机酸、有机酸、盐类、有机溶剂和弱碱的腐蚀，广泛应用于石油、化工、医药、合成纤维等生产中。

23. 什么是不透性石墨，在管材中有何应用？

不透性石墨材料是非金属材料中惟一具有优良导电、导热性能的材料，而且还具有较高的化学稳定性和良好的机械加工性能，因此不透性石墨被广泛用来制作传热、传质设备、反应设备和流体输送设备，解决工业生产中设备的腐蚀问题。

不透性石墨材料的主要品种为浸渍石墨，是由人造石墨经合成树脂或其他组分浸渍制得的。人造石墨在成型烧结过程中和石墨化过程中会挥发出低沸点组分，从而产生密布的微

孔，不能直接制作热交换器等设备。经合成树脂浸渍将微孔填塞，所得浸渍石墨具有不透性，是不透性石墨中最主要的品种。除此之外，还有压型石墨和浇注石墨等品种。

（1）浸渍石墨　浸渍石墨的耐腐蚀性能和耐热性能由浸渍剂和石墨材料两者共同确定，只能用在两者皆耐蚀的介质中。浸渍石墨的主要品种有酚醛浸渍石墨、糠醇树脂浸渍石墨、氟树脂浸渍石墨、沥青六氯苯浸渍石墨等，其中以酚醛浸渍石墨为主要品种，它一般具有良好的耐酸、耐溶剂性能。

（2）压型石墨　用石墨粉作骨料，与合成树脂混合并搅拌均匀，制成坯料或造粒，于液压机注模热压成型，或挤压成型，可以制成压型石墨制品。压型石墨主要用来制作各种类型的列管式换热器。不需浸渍处理，具有良好的化学稳定性，具有导热、导电性能和良好的物理机械性能。

（3）浇注石墨　浇注石墨是采用低黏度液态热固性合成树脂填加粉状石墨和固化剂，于常压、常温或加热条件下注模成型得到的。浇注石墨有良好的化学稳定性和物理机械性能，有一定的导热性能，可制作形状复杂的制品。其缺点是抗冲击强度低，脆性较大，目前应用尚不广泛。

24. 新世纪防腐蚀涂料向何方向发展？

进入21世纪以来，全球的涂料工业向着环境友好型、节省能源型和高性能方向发展。各种新材料、新工艺和新技术为新型涂料的研制提供了基础和条件，新型防腐涂料的发展方向主要有以下二个方面：

（1）环境友好型防腐涂料　环境保护型涂料（又称环境友好型涂料，绿色涂料），从涂料的品种来看，以水性、高固体份、无溶剂、粉末和辐射固化为主要发展方向。水性涂料应用于钢结构保护上，已有自成体系的品种，包括了底漆、中间漆和面漆。水性无机锌底漆已开始应用在各种大型钢结构上。

（2）高性能和节省能源型防腐涂料　在高性能和节省能源型防腐涂料方面，各类工程应用的涂料都有各自的产品和特点。在航空涂料方面，开发出具有含有紫外线光吸收剂和自由基吸收剂的优异抗紫外线的罩面清漆。氟树脂涂料和双层涂料体系将会在航空涂料中有着很好的应用前景。在交通运输上，重防腐涂料体系已普遍应用在大型钢结构梁上，氟碳涂料体系也开始进入桥梁的保护涂料领域。油气管道方面，内防腐涂料已经逐渐得到广泛应用，内防腐涂料以其减少腐蚀穿孔的发生，抑制各类生物膜的形成，成为油气管道腐蚀防护的主要手段之一。

25. 防腐涂料有什么新的品种？

针对非常苛刻的腐蚀环境，要求防腐涂层使用寿命达到10年甚至15年以上。有关业内专家指出，我国工业防腐涂的研发将集中在以下几种类型：

（1）钢结构用水性防腐底漆和面漆　水性防腐底漆必须解决底材“闪蚀”和耐水性差的难题，一些新型的无乳化剂乳液的出现从根本上改进了其耐水性差的问题，今后应重点解决施工性能和应用性能的问题。作为面漆来说，主要是在保证保护性能的前提下，提高其装饰性和耐久性。

（2）高固体分和无溶剂防腐涂料系列　钻井、海洋平台及大型防腐工程中对超耐久防腐性能的涂料要求很迫切，目前这块市场基本上被外商独资企业和进口产品占领。我国产品的主要问题在于技术水平、经济实力、质量保证体系和产品信誉等综合实力与外商差距较大，难以打入市场。为此，首先应在技术开发方面下功夫，尤其是开发无铅和无铬防锈颜料的底漆，即以磷酸锌和三聚磷酸铝为主的防锈底漆。

(3) 水性富锌底漆　无机富锌底漆和环氧富锌底漆是长效的底漆之一，但他们都是溶剂型涂料。而以高模数的硅酸钾为基数的水性无机富锌底漆是经实践考验的高性能防腐防污涂料，具有发展潜力。

(4) 常温固化防腐涂层　换热器需要耐热、导热效率高的防腐涂层，目前使用的环氧氨基涂料需在120℃固化，并需多道涂装，在大型装置上无法使用。开发可常温固化，而且施工方便的涂料，是至今尚未完全解决的问题。其关键是要在涂料的防腐性能、传热性能和可施工性三者之间求得最佳平衡点。

(5) 氯化橡胶系列防腐涂料的代用品　由于氯化橡胶是单组分，施工方便，耐水性、耐油性、耐大气老化性能优异，在船舶、工业防腐等领域应用广泛。但由于生产氯化橡胶采用 CCl_4 作溶剂，破坏臭氧层，工业发达国家纷纷开发其代用品，比较成功的有德国BASF公司的MP氯醚树脂系列、水相法氯化聚乙烯或改性产品。

(6) 鳞片状防腐涂料　云母氧化铁具有优良的耐介质性、耐大气老化性和封闭性能，作为底漆和面漆在西欧应用十分广泛。国内生产的在粒度分布和径厚比、相对密度等方面与国外的产品存在一定差距。在玻璃鳞片涂料的开发中也存在类似的问题。

(7) 有机改性无机防腐材料　近年来，国外应用有机乳液改性混凝土，以改进其强度、耐介质性，广泛应用于工业地坪的涂装。其中环氧水乳液(或溶剂型环氧)发展最快，称之为聚合物水泥。近10年来，我国在防腐工程中也开始采用，但尚未形成系列产品。

26. 目前埋地钢质管道所使用的防腐覆盖层主要有哪些种类?

目前世界各国埋地钢质管道所使用的防腐覆盖层主要有以下几大类：

(1) 环氧树脂防腐涂料系列　环氧树脂涂料主要是由环氧树脂和屏蔽性高的防锈颜料、填料、触变剂、防锈添加剂、固化剂和混合溶剂等配制而成，具有独特优良的防腐蚀性能。环氧树脂具有优异的耐腐蚀性能、良好的附着力、较好的物理机械性，是世界公认的高性能涂料，广泛应用于船舶、海洋工程、桥梁、港口、闸门、矿井、管道、储油罐、储气罐等作为长效或超长效防腐蚀保护涂料。

(2) 氯化橡胶防腐涂料系列　其主要性能有：良好的防腐蚀性；户外耐蚀性良好；附着力优良；干燥迅速；施工时不受气温限制；使用方便；可获得较厚的涂层；维修方便；防毒、延燃性良好；用途广泛。氯化橡胶涂料是一种高性能涂料，广泛适用于船舶、港口码头设施、海上采油平台、铁路桥梁、石油、化工、冶炼、钢结构设备、集装箱、管道、管架、扶梯以及混凝土储槽、厂房构筑物的防护，使其免受大气、海水、化工气体等介质的侵蚀，以延长使用寿命，并起到装饰作用。

(3) 氯磺化聚乙烯防腐涂料系列　氯磺化聚乙烯涂料是我国近期发展起来的一种新颖的防腐蚀涂料，现经国家经委批准列入《工业建筑防腐蚀设计规范》。作为防腐蚀的重要材料，具有良好的稳定性和耐腐蚀性。其综合性能特点如下：有卓越的耐候、耐臭氧、耐气候老化性能；优异的耐酸、碱、盐类的腐蚀，并有耐水、耐油、耐热、抗寒、抗离子辐射等特性；附着力强，柔韧性好，耐磨，水汽渗透率极微；干燥快，施工简便，适用范围广。

(4) 聚氨酯涂料系列　聚氨酯防腐涂料在分子结构中含有氨基甲酸酯重复链节的高分子化合物称为聚氨基甲酸树脂，简称聚氨酯树脂。其综合性能表现在：具有优异的耐候性、装饰性和保光保色性能；漆膜耐石油产品、苯类溶剂；漆膜耐水、耐沸水、耐海水；漆膜耐酸、碱、盐类介质；漆膜具有较好的耐温性(160℃)；漆膜附着力好，既有硬度又有韧性，耐磨性能好；干燥迅速，在0℃时能正常固化；能和多种树脂混溶，可在广泛的范围内调整配方，配制成多品种、多性能的涂料产品，以满足各种通用的和特殊的使用要求；应用范围广，可适用于黑色及有色金属等表面的涂装，如煤气管道、油罐储槽、车辆、机床、电机、船舶、桥梁、码头、煤气柜及各类化工设备支架、管道等。由于聚氨酯具有以上优异性能，该涂料已被列入国家标准《工业建筑防腐蚀设计规范》和《建筑防腐蚀工程施工及验收规范》中，作为主要的防腐蚀材料之一。

(5) 丙烯酸树脂涂料 丙烯酸树脂涂料由丙烯酸树脂加入各种颜料及助剂等配制而成，具有优良的物理机械性能和突出的耐化学品、耐候性及较高的附着力。由于它很少受阳光、雨水和腐蚀性气氛的影响，因而很适合在室外应用。广泛适用于金属、ABS塑料、家具、车辆、船舶、户外设施的保护与装饰。

(6) 醇酸树脂涂料 醇酸树脂涂料是由醇酸树脂、颜料、填料、催干剂、有机溶剂以及各种添加剂，经研磨分散、净化等生产工艺配制而成。醇酸树脂涂料可以与其他多种合成树脂共缩聚或冷混制成各种不同用途的涂料。醇酸漆是一种应用范围较广的产品，可用于耐天然大气和工业大气的防腐蚀。我国《工业建筑防腐设计规范》规定：可用在"腐蚀轻微的酸性介质作用下涂饰"。广泛应用在钢结构建筑物、管道、机械、设备、仪表、桥梁、轻工产品以及家具的涂装防护。

(7) 脲系列涂料 聚脲系列涂料在钢质储罐内、外壁防腐工程中的应用，具有以下突出特点：固化快，立面连续喷涂不流淌；100%固含量，符合环保要求，尤其适合储罐内壁的施工；涂层致密、无接缝，耐介质性能十分突出，可耐受水、酸、碱、盐、油等介质的侵蚀，用途广泛；附着力好，长期使用不起泡、不脱落、不空鼓；耐紫外光老化，在户外长期使用不粉化、不开裂；相对于聚氨酯树脂，聚脲对水分、湿气不敏感，施工时不受环境温度、湿度的影响；使用温度范围宽，可在-50~150℃下长期使用；一次施工即达到厚度要求，克服以往多层施工的缺点。但由于聚脲仍处于高端应用领域，因此全国市场而言，价格高，用量少，据专家介绍，全国聚脲涂料用量仅为3~4千吨。

(8) "互穿网络"(IPN)防腐涂料 互穿网络型聚合物是近一二十年研究、开发的新型高分子防腐涂料，具有非寻常高分子材料的优异性能，是当今高分子材料开发的热点之一，有高聚物"合金"的美誉。"IPN"系列防腐涂料具有高强度、高韧性、耐冲磨、耐老化、耐酸碱盐腐蚀，附着力强，耐水解、耐汽油、煤油等介质，无毒和不燃烧等优良性能。因此用途广泛，不但适用于钢材防腐，在混凝土、木质等非金属构件上也能应用。近年来已广泛应用于自来水工程、电厂、化工、化肥等工业部门的设备，输油、输气、输水管道系统以土建结构等地下和地上的工程防腐。

27. 3PE防腐工艺在国内应用现状怎样？

熔结环氧树脂是广泛应用的防腐涂料中与钢管黏结力最强、抗各种环境腐蚀最好、抗机械冲击最高的防腐涂料，在加拿大管道应力腐蚀开裂调查中无失效案例。但由于涂敷层薄(不到1mm)，抗尖锐物体的冲击较差。为克服上述缺点，开发了三层PE结构，这是一种将利用环氧树脂的抗阴极剥离黏结性、聚乙烯的抗冲击强度与聚氨酯的保温性相结合的复合结构。它结合了高密度聚乙烯包覆和熔结环氧粉末的优点，该体系环氧粉末与钢管表面结合牢固，利用高密度聚乙烯耐机械损伤，两层之间特殊的胶层使三者形成分子键结合的复合结构，从而实现了防腐性能、力学性能的良好结合。

钢管道3PE防腐工艺是目前欧洲埋地管道外防腐的首选体系，也是国内普遍采用的钢管道防腐工艺，钢管道3PE防腐工艺也是目前国内西气东输及油田输油、气，城市供气、供水所采用的管道防腐工艺。目前，在我国重点管网均采用了3PE外防腐涂层。据权威部门检测，用3PE防腐技术的埋地管道寿命可长达50年。因其具有优异的性能而被誉为"永不腐蚀的防腐系统"，现已广泛应用于世界各国的输油、输气、输水工程中，近年来已发展到海洋管道中。

3PE防腐工艺是20世纪90年代初从国外引进的先进防腐技术，当时我国的3PE防腐设备和原料都是从国外引进的。自1999年中油管道防腐工程有限公司自主设计制造了我国第一条3PE防腐生产线后，3PE防腐技术国产化步伐加快。同时，3PE防腐技术中所有原材料也全部实现了国产化。到目前为止，我国不仅能够自主开发生产3PE防腐设备和生产线，而且生产的设备和生产线还出口到国外，占领了巴基斯坦、利比亚、苏丹等国市场。生产过程中的中频加热技术、静电喷涂技术等都已达到国际先进水平。

28. 国内外管道保温技术的应用现状是怎样的?

目前国内外油气管道使用的保温材料从结构上可分为三类：纤维类、气孔型(粉末类)和发泡类，常用品种有岩棉、矿棉、膨胀珍珠岩、硅酸钙、聚氨酯泡沫、酚醛泡沫塑料、稀土复合保温材料等。

多元化发展，不断地探索新的保温材料与结构是工业发达国家保温技术的一大特点。在选择保温材料时，国外十分重视经济效益，一般就地取材。同时，根据不同地段、不同使用环境采用不同的保温材料与结构，并非选用一个模式，也决不单纯追求新型和高级的保温材料。美国研制开发较多的是矿质纤维材料和多泡型保温材料；前苏联倾向于膨胀珍珠岩和矿渣棉，但近年也在大力开发酚醛改性泡沫保温材料，研制出了有机、无机复合酚醛泡沫保温材料；而欧洲国家主要是发展各种矿质纤维材料。近年来，随着海底输油管道的发展，欧美等国对发泡型保温材料更加重视，在酚醛改性泡沫塑料、无机发泡材料和有机无机复合发泡保温材料的研究和应用上发展很快。

29. 外防腐层经过十几年的发展，有何改进?

(1) 材料方面　将聚氨酯泡沫塑料耐温提高到150℃，且低容重、高比压强。在发泡材料中不再加入易产生酸性离子腐蚀的阻燃剂。适应了重质油热采管线保温、防腐的需要。同时研制成功了不含氟里昂聚氨酯泡沫材料。

(2) 结构方面　形成了无机－有机复合结构保温层(即高温区无机保温隔热，外层用聚氨酯泡沫塑料)，使保温层材料应用更加合理。同时用电晕技术将聚氨酯泡沫塑料与聚乙烯塑料黏结起来，防止层间浸水。

(3) 配套技术　完善了保温材料性能系列测试技术，以及废硬质聚氨酯泡沫塑料再利用技术等。

30. 管道的防腐蚀技术的发展现状是怎样的?

鉴于管道腐蚀问题的复杂性和严重性，国内外对防腐蚀技术都很重视；涂层、衬里、阴极保护和缓蚀剂等措施已是当今国内、外管道防腐界广泛采用的基本方法和成熟技术，其中防腐涂层加阴极保护技术是目前国内外管道防腐之首选，两者的综合应用，极大地减少了管道腐蚀的发生和危害。

现代管道除了向长运距、大口径、高压力、高度自动化遥控以及输送介质的多样化方向发展外，已全面向沙漠、沼泽、永冻土和深水海洋等领域延伸。为此，对管道防腐层性能和综合应用技术提出了更加苛刻的满足环境、工艺及施工要求的条件，此外还要求其具有更长的使用年限。化学工业的发展促进了管道防腐技术的进步，新材料、新工艺和新设备不断涌现，打破了早期单一的沥青类防腐材料一统天下的局面，相继出现了以高分子聚合物为基料的多品种、多规格的材料体系和复合材料体系。形成了多种防腐材料并存的局面，为不同环境下的管道实现更有效的防腐提供了可能性和可行性。特别是智能清管、在线检测技术、管道完整性评价和腐蚀数据库以及专家诊断系统等计算机辅助管理决策系统应用于腐蚀科学研究和防腐蚀工程，对防腐蚀设施的科学管理和监控都起着重要的作用。

31. 管道的外防腐蚀涂层技术的发展现状及趋势是怎样的?

目前管道外防腐层材料品种较多，各种防腐层都有其特定的使用条件、适用范围和失效规律。掌握各类防腐层材料特点及其失效规律对正确选用防腐层极为重要。

对于某一项具体的管道防腐工程来说，只有根据管道的运行条件、土壤状况、施工环境和输送工艺、管道设计寿命、环保要求及经济合理性等方面综合考虑，才能选出最佳的防腐层材料。美国腐蚀专家们的一致意见是：即使抛开经济方面的考虑因素，也不可能对各种防腐层进行优劣排序，必须根据具体工程条件进行具体选择。

另外，近年来，在全球腐蚀防护中越来越多地强调采用绿色化学及其技术。绿色化学及其技术是指能减少对人类健康和环境有害影响而进行的化学物质和制品的原料－生产－废弃－回收的全部循环技术。推行绿色化学的目标就是要创造出一个优良的循环型经济的社会。绿色化学要求人们在选用防腐蚀材料时，除了考虑其性能和成本两个因素外，必须增加第三个因素——环境因素，并作为第二因素优于成本考虑。

据资料统计．在目前全球涂料产品销售量中，溶剂型涂料占53%，水溶性涂料占36%：粉体涂料占5%，其他占6%，虽然溶剂型涂料仍占绝大多数，但这种传统的溶剂型涂料的市场需求以每年1%的降幅递减，而用于水溶性涂料的原料却以每年3%~9%的速度增长。故此，在21世纪的今天，随着世界各国环境保护要求的日益严格，从可持续发展战略观点来看，防腐蚀涂料除了具有良好的防腐蚀性能外，需努力达到的目标还有：①快干；②无毒性溶剂；③无胺化；④符合环保要求等。如在传统的防锈颜料中，常含有Pb、Cr等有毒、有害金属，虽然效果较好，但有毒、有害物质扩散到大气中对环境和人体均有危害。

因此，目前美国、日本等国家对使用此类防锈颜料提出明确的要求，必须用非Pb、非Cr的防锈颜料所代替。再者，日常所用的溶剂型防腐蚀涂料中的有机溶剂如甲醛、二甲苯等对人体健康都有影响，也不容忽视。所以，全球涂料业的生产和应用必须努力向降低挥发性有机物——VOC的环保型涂料产品发展，而其中以水性涂料、粉体涂料代替或部分代替溶剂型涂料就是重要的方向之一。

32. 管道的内腐蚀技术的发展现状是怎样的?

管道内壁直接与输送介质接触，而很多介质中混杂着许多腐蚀性杂质，如原油中含有硫化物、环烷酸、碱金属盐、水等物质，能使管内壁遭受化学和电化学腐蚀。天然气中含有CO、H_2S、H_2O等组分，导致发生电化学腐蚀或应力腐蚀开裂。天然气管道内腐蚀造成的管道破裂、停气、爆炸、火灾、人员伤亡等直接和间接经济损失以及社会影响更是不可估量的。为此。管道内防腐保护也是有效控制管道腐蚀损失的一项不可忽视的重要环节。

管道内防腐方法可分为三种：①界面防护，包括内涂防腐层和电化学保护，被认为是最经济的有效防护措施；②化学药剂防护，如缓蚀剂、杀菌剂、除氧剂等；③选用耐腐蚀的管材。目前国内外干线管道上应用最普遍的是采用界面防护中的内涂层方法，将腐蚀介质与钢管表面隔离开，以达到防腐蚀目的。油气田集输系统中的管道，则常采用加剂防腐的方法。

33. 国内外管道内涂层的应用现状是怎样的？

管道内涂层又分为内防腐涂层和减阻涂层两种，虽两者所要求达到的目的略有不同（内防腐涂层要求性能更高），但在涂层选材、涂覆工艺及防护方法上完全相同。

内涂层是随着管道输送介质的多元化而发展起来的，无论作为干线管道的内防腐涂层还是减阻涂层，国外应用都较早（20世纪50年代就用于天然气管道）。国内80年代开始将内防腐涂层试用于油田集输管道及钻井竖管上，但从未涉足油气干线管道。直到2001年10月，国内才首次将减阻内涂层全线应用于大口径、长距离的西气东输天然气输送干线上，开创了内涂层在国内干线管道上大规模应用的新纪元。

内防腐涂层主要用于天然气管道和城市自来水、污水管道上，具有以下显著的特点和经济效益：使管内壁光滑，粗糙度减小，节约动力，可提高输送能力5%至10%；防腐蚀，防泄漏，延长钢管管材使用寿命一倍以上，并降低了维修费用；减少管内壁上的沉积物，便于清管，减少清管次数，降低了生产成本；有效地防止了管内壁的锈蚀，保证输送介质的纯度等。

34. 阴极保护技术有什么新进展？

（1）以固体电解质实现的阴极保护技术

传统阴极保护技术只能用于液态电解质环境和土壤环境中，对处于气相环境中的金属构件却无能为力。因为气相环境中的金属表面没有连续的电解质存在，电流不能到达被保护金属表面，比如油田的油水井套管、大型储油罐罐底板外侧及穿越河流、铁路、公路而又有套管屏蔽的输送管段，用强制电流的方法就无法实现保护。采用固体电解质涂层，就可以实现气相环境或上述难以达到保护效果的阴极保护。

把固体电解质涂料涂敷在被保护金属的的表面，然后在它上面再涂敷一层具有电子导电功能的阳极涂层，将极化电源正极与阳极涂层相连，负极与被保护金属（阴极）相连，使被保护金属在固体电解质中极化，控制保护电位，腐蚀可抑制减缓。该阴极保护的施工与涂料施工大体相同，优点如下：①可对气相环境或完全与液态电解质和土壤隔离的金属实施阴极保护；②不存在阴极保护的死角；③不需绝缘；④不会对其他构筑物产生干扰。

（2）阴极保护真实电位的测量技术

埋地钢质管道为延长使用寿命采用防腐层加阴极保护联合防护措施，但发现测得保护电位正常而腐蚀却经常发生。这就给我们提出了一个新的问题：这个正常电位是否真实？管道采用阴极保护后，因电流在土壤介质中的*IR*降及杂散电流的影响使真实电位很难测量，常规的断电法不能排除杂散电流的影响，而且要求全线所有阴极保护电流站要同步切断，牺牲阳极与管道的连接要断开，这些都使测量变得十分复杂和困难。必须采用试片或探头来测量管道的真实电位。

真实电位的测量方法有极化探头法和智能测量仪法。极化探头上包括腐蚀试片、极化试片、参比电极等，由于探头内部充满电解液，绝缘电阻不存在，又由于参比电极靠近被测对象，能最大限度减小 *IR* 降对阴极保护电位测量结果的影响。智能测量仪的控制和数据处理均由单片机完成，由单片机控制继电器切断被测量的阴极保护对象与极化试片的电连接，连续测量若干点断电后极化试片电位值，通过曲线拟合，推算出断电瞬间被测对象的阴极保护电位。

现场测试数据表明，采用极化探头可以大幅度减小由 *IR* 降造成的测量误差，探头断电法可减小杂散电流干扰的影响程度，测得数据可视为管道阴极保护的真实电位。该方法解决了复杂环境下的管/地电位的测量问题，对现役和新建管道提供了一个行之有效的测量手段。智能阴极保护电位测量仪，可在现场测取探头试片上的通电电位和断电电位，其存储功能极大地方便了读数和记录，是该领域的高科技测量工具。

35. 什么是区域阴极保护技术，在城市中应用区域阴极保护技术有什么优势？

我国近年来在城市地下管线主要实施单线阴极保护。由于考虑到对邻近管线的干扰，以往多采用的是较为安全的牺牲阳极阴极保护。由于敷设位置距离管道较近，可以不考虑干扰和屏蔽问题，在城市中应用也比较成功。随着技术发展，消除及减轻干扰的措施不断完善，在城市采用强制电流阴极保护已成可行。

在对无法进行有效绝缘的一个区域内的管网进行统一的阴极保护方法，称为区域阴极保护，可以有效地将整个区域内的管网一同进行保护。区域阴极保护方法主要与保护区外的管道进行电性绝缘。这种方法与一般的管道阴极保护在实施上有很大的不同，在城市管网中的应用具有十分广泛的前景。

36. 缓蚀剂发展历程是怎样的？

缓蚀剂在防护工程中的应用，是腐蚀科学与表面工程学科发展的一项重要成就。百余年来，缓蚀剂在化工、石油、电力、机械、金属加工、交通运输、核能及航天等领域中起着极其重要的作用。近半个世纪以来，缓蚀剂的品种、质量得到了进一步扩大和提高。20 世纪 30 年代以前，缓蚀剂的品种只有百余种。到 80 年代中期，仅酸性介质缓蚀剂的品种就已超过 5000 余种。当前，世界各国相关的科技界、企业界对它的开发和应用前景极为关注。

缓蚀剂的研究、开发与应用经历了不同阶段。最初，由于冶金工业的发展，为钢铁材料酸洗除锈和设备的除垢，研制了酸洗缓蚀剂。随后，因石油工业油井酸化技术的需要，研究开发了油井酸化缓蚀剂和油气田缓蚀剂。此后，随着石油化工、电力、交通运输工业的发展，海水、工业用水等冷却系统用的中性介质无机缓蚀剂迅速发展。

二战期间及战后，武器军械的防锈促进了气相和油溶性缓蚀剂的迅猛发展。1943 年美国 Shell Development 公司研制生产了亚硝酸二环已胺，次年又推出亚硝酸二异丙胺产品，取得很好的防锈效果。50 年代初，苯三唑（BTA）对铜及其合金的优异防锈性能，引起科技界和企业人员广泛重视，缓蚀剂研究引起人们极大兴趣和关心。随着工业技术和高新技术的迅猛发展，缓蚀剂得到较快发展。

60 年代是腐蚀科学技术发展最活跃的时期，重要的腐蚀与防护方面的国际学术会议（世界金属腐蚀会议、欧洲缓蚀剂会议等）均在 60 年代初举行首届会议；一批腐蚀专业刊物亦均于 60 年代创刊发行。这些学术活动及专业刊物的出版发行，对促进缓蚀剂学科的学术交流和发展起着重要的作用。

Hackerman. N 在第一届欧洲缓蚀剂会议（1961）上宣读了关于“软硬酸碱（HSAB）原则”的论文，对缓蚀剂分子设计、筛选和应用有重要意义，引起参会各国代表的重视和兴趣。日本荒牧国次等人对软硬酸碱理论在缓蚀剂研究中的应用做了系统的工作，取得了卓有成效的成绩。吉野努于1963年采用有机化合物与无机化合物复配，有效地解决了盐酸、硫酸、氨基磺酸等对低碳钢的腐蚀问题。加藤正义于1964年研究了阿拉伯胶、可溶性淀粉、琼脂等高分子多糖类化合物作为碱液中铝用缓蚀剂的问题，试验结果表明，大多数试样的缓蚀效率在80%以上。60~70年代，印度的Desai. M. N教授等连续发表数十篇论文，阐述有关铜、铝及其合金在工业冷却水、盐酸、硫酸、硝酸、碱液及盐类溶液中，各种有机缓蚀剂的缓蚀性能的研究结果，缓蚀剂的品种涉及广泛。

70~80年代关于缓蚀剂的研究有了进一步发展。1971年，J. Vosta对氢氟酸用缓蚀剂进行了试验研究，提出苄基亚砜、二苯基硫脲、二苯胍等10余种有机化合物可以作为氢氟酸用缓蚀剂的有效成分。1977年Walker. R指出苯三唑(BTA)在一定条件下，可以作为铜在盐酸、硝酸、硫酸、磷酸及盐类溶液中的缓蚀剂。Horner. L针对盐酸溶液中铝用缓蚀剂，从446种有机化合物中筛选出缓蚀性能优异的10余个品种。Eldakar. N对苯三唑及其衍生物对铁试样在硫酸中的阳极腐蚀溶解抑制效果的缓蚀性能做了比较试验。Salch. R. M等于80年代初期，从保护生态环境考虑，探索从天然植物中提取缓蚀剂的有效组分工作，试验获得初步成功。Growcock. F. B开发了一种油井酸化高温缓蚀剂，高温井下对钢的缓蚀率高达99%以上。Hintan. B. R. W发现在食盐水溶液中，氯化铈是锌的优异缓蚀剂，并具有抑制铝点蚀的功能。Vukasovich. M. S发现钼酸盐是发动机冷却液的最佳缓蚀剂，它对铁、铜、铝等金属均具有优异的缓蚀效果，被誉为“全能型缓蚀剂”。

90年代，柴田芳雄1992年发表的论文对丹宁酸的缓蚀作用进行重新评价，试验表明丹宁酸的性能极为广泛。荒牧国次1993年从作为缓蚀剂考虑，将中心元素分为7种类型，对缓蚀剂研究工作具有参考价值。Telegdi. J、Oni. A及Kalote. D. J等先后研究了丙氨酸、甘氨酸等20余种氨基酸及其衍生物，认为氨基酸类化合物具有阻垢、缓蚀等功能，属于多功能型、卫生型缓蚀剂。TomneSani. A等于1997年提出在氯化钠溶液中，苯三唑及其烃基衍生物仍为首选铜用缓蚀剂。Zucchi. F，Frenier. W. W则分别推荐低毒工业酸洗缓蚀剂肉桂醛。

高分子聚合物在酸性介质中抑制金属腐蚀现象，逐渐受到国内外的科技人员的重视。80年代末，Amjad. Z曾推出一批聚丙烯衍生物(聚丙烯酸、聚丙烯酰胺等)作为工业水阻垢缓蚀剂。1996年，Patel. S提出一种含磷有机酸聚合物(POCA)在工业冷却水中具有较好的阻垢、缓蚀等多功能作用。Janguo. Y于1995年，指出聚乙烯吡咯烷酮及聚乙烯亚胺等高分子聚合物可以作为磷酸中低碳钢的缓蚀剂。同年，Müller. B等人发表了苯乙烯－马来酸共聚物是铝的优异缓蚀剂。之后，El－Sayed. A考察了各种高分子聚合物对铁在酸溶液中缓蚀效果。果胶、羧甲基纤维素、聚乙烯醇、聚乙二醇、聚丙烯酸、聚丙烯酸钠等高分子聚合物在不同的酸溶液中缓蚀效果有明显的差别，但其共同点是对生态环境不会造成不良影响。

90年代，无机缓蚀剂的研究主要在于寻求对生态环境无污染的无机化合物。通过大量研究，人们认为钼酸盐缓蚀剂具有优良的缓蚀性能。Kalman. D. G等人进行了一系列的试验，进一步论证了其优越性能。1996年，DevasenaPath. A试验了304不锈钢在盐酸中，用钼酸盐作缓蚀剂时，可以加快304不锈钢的钝化速度并可抑制其应力腐蚀开裂。西村六郎于1998年的试验结果，也证实了钼酸盐抑制不锈钢应力腐蚀开裂的效果。Mustafa. C. M于1997年在模拟的冷却水中筛选铝用缓蚀剂，结果表明，钼酸盐被认为是首选的最佳缓蚀剂。

咪唑啉衍生物是近年来发展较快的一类性能优异的缓蚀剂，它相容性好、热稳定性高、毒性低、能阻垢杀菌，是当前腐蚀科技工作者研究的一个热点。咪唑啉衍生物缓蚀剂的突出特点是当金属与酸性介质接触时，它可以在金属表面形成单分子吸附膜，改变氢离子的氧化还原电位，也可以络合溶液中的某些氧化剂，达到缓蚀的目的。近年来，已有多种型号的咪唑啉衍生物缓蚀剂在大庆油田、胜利油田和中原油田得到应用，效果良好。国外也以对咪唑啉衍衍生物缓蚀剂在石油、天然气中的防止腐蚀的作用作了探讨。

37. 什么是抗氧化性缓蚀剂，其在油田污水处理中有什么优势?

缓蚀剂作为一种经济有效、使用简便的防腐方法，在油田污水处理中得到广泛应用。但随着国内多数油田进入开采后期，为了提高采收率各油田纷纷采用多种开采和水处理新技术，空气驱、空气泡沫驱、火烧驱油等技术应用导致越来越多的氧进入地层，多种先进的污水预处理技术(如预氧化技术、电化学氧化技术、光化学催化氧化技术等)也带来了氧化性物质(氯气、次氯酸、分子氧等)，加上气浮工艺、电解杀菌剂技术等，使得越来越多的氧化性物质进入油水系统，发生严重的管道腐蚀问题。

以咪唑啉类缓蚀剂为例，30ppm 咪唑啉膦酰胺盐酸盐在无氧条件下的缓蚀率达 90% 以上，而在有氧条件下缓蚀率仅为 37%。因此，原有缓蚀剂已不适应新的情况，缓蚀效果大幅降低。抗氧化型缓蚀剂是通过强化缓蚀剂分子的竞争吸附，构造多吸附中心的分子结构，解决由于高含量氧化性物质的腐蚀环境所带来的污水处理系统的腐蚀严重状况，降低盲目投加量，减少浪费，并使水处理装置的腐蚀减缓，从而延长水处理设备的使用寿命。

38. 什么是缓释型缓蚀剂，有哪些应用领域，发展现状怎样?

缓释型缓蚀剂是指缓蚀剂颗粒能够缓慢均匀地溶解释放，达到长时间对被保护金属起缓蚀作用的新型水处理药剂。它能缓慢均匀释放，温度以及介质的流动对于缓蚀剂的释放影响不是很明显，长期保持有效浓度，溶解初期短时间达到平衡，溶出速率保持相对稳定。缓释型缓蚀剂现场投加工艺简单、易操作、劳动强度低，缓蚀效果好。

缓释型缓蚀剂的发展也经历了一个过程。首先人们为了实际应用的需要，研制出加重缓蚀剂，后来发现沉降型长效缓蚀剂具有较好的效果，接着人们又研究出固体棒状缓蚀剂，现在又在研究缓释型缓蚀剂。目前研究得最多的缓释型缓蚀剂是骨架片缓释型缓蚀剂，即根据预先设定的缓蚀剂浓度，在适宜的温度下，将液体缓蚀剂与填充剂、黏合剂、增效剂等添加剂按一定比例混合均匀，再根据不同的需求，经过挤压成型装置，在室温下凝固成型，制成片、棒、条、块、粒、板、膜等各种形状的缓释型缓蚀剂。

缓释技术在缓蚀剂和水处理方面的应用目前大部分停留在实验方面，并且大部分为片型和微胶囊型，其他剂型研究较少有待进一步开发和研究。作为缓释型的固体缓蚀剂的研究现今大部分还停留在利用已有的工艺制备出棒状或片状的固体，材料来源比较简单并且其耐温性都不高，对于固体缓蚀剂的理化性能、缓蚀性能等没有一个较为完整的评价标准，对于固体缓蚀剂的释放动力学及其理论研究很少涉及到，这也是制约其发展的一个重要因素。

39. 我国缓蚀剂的研究及应用情况怎样?

我国缓蚀剂的理论研究，主要在中科院金属腐蚀与防护研究所、北京大学等几十座高校及研究所进行。1981 年，中国腐蚀与防护学会缓蚀剂专业委员会成立，挂靠华中理工大学。同年在武汉召开了第一届全国缓蚀剂学术会议。我国缓蚀品种开发工作，在 70 年代末到 80 年代中期进展较快。参加这项研究开发的研究院所及高校近百余个单位，研究开发了许多新的缓蚀剂品种，据不完全统计，仅酸洗缓蚀剂的品种就有 200 种以上。

我国水溶性、油溶性和气相缓蚀剂的研究和应用，在八九十年代得到了较快发展，这期间国内研究的缓蚀剂新品种很多，在生产应用中解决了机械产品、钢铁材料和军工产品的锈蚀问题。有硼氮磷硫型润滑防锈添加剂、复合硼酸酯与稳定剂等复配的 T8 - MG 油溶性添加剂等。气相防锈材料品种也很多，仅防锈纸产品有近百种，年产量 7000t 以上。

进入 21 世纪，缓蚀剂的研制向高效低毒的方向发展。在天然动植物中提取有效缓蚀成分，研究和开发不破坏环境的、无毒无害的缓蚀剂，是缓蚀剂未来的研究方向。

缓蚀剂的研究和发展，为我国解决了一些实际问题。70 年代末，华中理工大学与四川石油管理局井下作业处合作研制出 7701 复合缓蚀剂在我国四川第一口 7000m（井下温度 196℃）超深井压裂酸化应用获得成功，解决了我国油井酸化缓蚀剂技术难题。中国科学院长春应用化学研究所为引进的大型电厂锅炉氢氟酸酸洗缓蚀剂提供了 7 个配方，解决了元宝山电厂酸洗机组生产发电的需要。90 年代初，中科院金属腐蚀与防护研究所陈家坚等研究成功 IMC - 30 - G、IMC - 80 - ZS 油井及集输油线缓蚀剂，在吉林、中原油田应用获得好的效果。应用实例举不胜举，在锅炉、油气集输、城市供暖等各方面已经离不开缓蚀剂的作用。

40. 对缓蚀剂科学的发展有何展望？

缓蚀剂科学技术发展历史，充分说明了工业技术和科学技术的进步与发展。人类进入 21 世纪，可持续发展战略已成为世界各国的共识。缓蚀剂是一种较好的防腐蚀方法，在保护资源、减少材料损失方面大有作为。随着环境保护和安全意识的加强，一些有害有毒的缓蚀剂将被限制和禁止使用，如铬酸盐、砷酸盐、锡酸盐、汞盐等。有机磷酸盐、聚多磷酸盐、磷酸盐是一类较好的缓蚀阻垢水处理剂，但由于含磷化合物易引起水源的富营养化，近几年我国沿海一些海域发生大面积的赤潮危害和湖泊藻类大量繁殖及水质恶化，均因含磷化合物所致。保护环境，研究和开发出对环境不构成破坏作用的无公害无毒的环境友好缓蚀剂，是缓蚀剂未来的研究方向。

（1）探索从天然植物、海产动植物中提取分离缓蚀剂组分并进行化学改性，提高缓蚀剂性能。例如从虾、蟹皮壳中提取甲壳素，改性制取无毒无害的缓蚀剂。再如我国盛产松香，可利用松香开发一系列缓蚀剂。

（2）研究开发脂肪酸、氨基酸、葡萄糖酸、叶酸、抗坏血酸、丹宁酸、山梨酸、肉桂醛及其的衍生物等含氮、氧化合物的环境友好有机缓蚀剂。

（3）进一步对钼酸盐、钨酸盐、硼酸盐、锑酸盐、改性硅酸盐等无机缓蚀剂进行研究，提高其缓蚀性能。同时注意开发有机缓蚀剂与无机缓蚀剂间协同作用效应研究，研制出性能更好的复合缓蚀剂。

（4）运用量子化学理论和分子设计，合成高效多功能环境友好的高分子型有机缓蚀剂。

（5）利用医药、食品、农副产品、工业副产物进行分离，提取缓蚀剂组分，并进行复配或改性处理研制缓蚀剂，变废为宝，实现资源充分利用。

（6）开展局部腐蚀的缓蚀剂电池、混凝土钢筋缓蚀剂和油/水/气、气/液/固多相系统缓蚀剂研究，以及高温（200℃以上）酸化缓蚀剂及炼油厂工艺缓蚀剂和涂层缓蚀剂研究，满足工业生产发展的需要。

（7）加强对含缓蚀剂的污染物处理及限制使用量，以减少缓蚀剂对环境和生态的不良影响。

（8）利用现代先进的分析测试仪器和计算机，从分子和原子水平上研究缓蚀剂分子在金属表面上的行为及作用机理、缓蚀剂之间协同作用机理，指导缓蚀剂研究和开发应用。

41. 什么是高分子抑菌剂，相比现有小分子抑菌剂有什么优势？

油田水处理现大多数使用投加杀菌剂的方法，使用较为广泛的非氧化型杀菌剂有氯酚及其衍生物、季铵盐化合物、季磷盐化合物、醛类化合物等。污水中微生物对非氧化性杀菌剂均会产生耐药性，直接导致杀菌剂投加量增大以及需要不定期更换杀菌剂种类，造成油田开采成本大幅度上升。化学药剂本身也具有毒性，大量使用会造成环境二次污染。

高分子杀菌剂不溶于水和有机溶剂，能够避免使用过程中的毒性、余毒问题，且研究表明，这类杀菌剂还具有长效、重复使用的性能。杀菌剂经高分子化后，相对分子质量增大，电荷密度提高，有助于吸附在细菌细胞的表面上，杀死细菌。

42. 什么是高分子抑菌涂料，其在污水处理系统中有什么作用？

将高分子杀菌剂固化在防腐涂料中，可以获得具有抑菌功能的涂料。经调查发现，油田污水处理系统中，储罐罐壁、罐底淤泥、管道罐壁等位置的 SRB 含量菌大于污水中的含量，达 $10^7 \sim 10^9$ 个/cm^2，因此抑制 SRB 的繁殖成为一种解决污水处理系统含 SRB 问题的新思路，日益受到科研学者们的重视。抑菌涂料中的高分子杀菌剂遇水能够溶胀，在污水处理系统的内表面形成一层具有杀菌功能的保护膜，使吸附在内表面的 SRB 被杀死并被水流带走，因而不能形成生物膜，有效地抑制了 SRB 在系统内部的繁殖。

43. 防腐蚀表面工程工艺技术在近代的发展是怎样的？

表面工程工艺技术的近代进展是十分惊人的，突出表现在以下几个方面：

（1）激光束引发了新进展 1960 年世界上第一台红宝石激光器问世，1974 年美国通用汽车公司将激光技术与表面热处理技术相结合，进行激光表面相变处理，使汽车转向器壳体内腔（可锻铸铁）耐磨性提高 10 倍；若采用比相变硬化时更高的激光能量（约 lO5W/cm^2），使金属表面快速熔化，然后快速冷却，可获得较厚的硬化层（有的可达 1mm），称为激光熔凝处理；若激光能量再提高到 $10^7 \sim 10^8$W/cm^2 进行处理，可获得表面非晶态结构，称为激光上釉；若在表面沉积一层单元或多元合金元素，再进行激光处理，可形成激光表面合金化，也可能形成激光熔覆涂层。激光与电镀结合构成激光喷射电镀，例如激光喷射镀金可达 12μm/s，快速、精细，是一种全新概念的表面技术，比传统电镀速度提高几百倍。

（2）电子束导致了新进步 20 世纪 70 年代初电子束进入表面改性领域，它也是一种高能量的能源，其最大功率密度可达 109W/cm^2。它也可像激光束一样，与表面热处理技术相结合，形成一整套的电子束表面热处理技术。

（3）离子束取得了新成就 20 世纪 70 年代中期离子注入进入半导体材料表面改性，进行精细掺杂，引发重大变革。20 世纪 70 年代末期离子注入、离子刻蚀和电子曝光技术的结合形成集成电路飞速发展，为当今微电子技术的发展作出了重大贡献。离子注入可以在不改变材料表面精度、粗糙度和外形尺寸的情况下，对材料表面进行改性，提高金属表面耐蚀性、耐磨性、改进陶瓷表面韧性，还可引发高分子材料交联、降解、石墨化改善其性能。

（4）“三束”强化了气相沉积技术 物理气相沉积（PVD）由于等离子体的引入，1964 年出现离子镀，1970 年研究出电子束离子镀，1973 年又发明了射频离子镀，随后出现多弧离子镀，1979 年研究成功离子束辅助沉积。早期的 PVD，仅有蒸镀，仅能沉积镉、铝、银等较低熔点的金属，电子束(EB)作为轰击、加热源使 PVD 的水平与能力显著提高，不仅可以沉积各种金属薄膜，还可以沉积碳化物、氮化物、氧化物和各种陶瓷薄膜，例如沉积现代高推重比发动机涡轮叶片和导向叶片必不可缺的热障涂层，推动了高新技术的发展。化学气相沉积(CVD)由于等离子体技术的引入使 CVD 沉积温度从 800～1500℃降到 500～800℃，使本来望而生畏的技术成为现实的、可行的技术，成为许多行业很受欢迎的技术。

附录1　腐蚀试验、防护、检测常用标准

表1　腐蚀试验常用标准

序　　号	标准编号	标 准 名 称
1	GB/T 20122—2006	金属和合金的腐蚀　滴落蒸发试验的应力腐蚀开裂评价
2	GB/T 20121—2006	金属和合金的腐蚀　人造气氛的腐蚀　试验间歇盐雾下的室外加速试验(疮痂试验)
3	GB/T 20120. 1—2006	金属和合金的腐蚀　腐蚀疲劳试验　第1部分：循环失效试验
4	GB/T 20120. 2—2006	金属和合金的腐蚀　腐蚀疲劳试验　第2部分：预裂纹试样裂纹扩展试验
5	GB/T 3810. 13—2006	陶瓷砖试验方法　第13部分：耐化学腐蚀性的测定
6	GB/T 8650—2006	管线钢和压力容器用钢抗氢致开裂评定方法
7	GB/T 11377—2005	金属和其他无机覆盖层储存条件下腐蚀试验的一般规则
8	GB/T 7998—2005	铝合金晶间腐蚀测定方法
9	GB/T 5776—2005	金属和合金的腐蚀　金属和合金在表层海水中暴露和评定的导则
10	GB/T 19747—2005	金属和合金的腐蚀　双金属室外暴露腐蚀试验
11	GB/T 19746—2005	金属和合金的腐蚀　盐溶液周浸试验
12	GB/T 19745—2005	人造低浓度污染气氛中的腐蚀试验
13	GB/T 15970. 8—2005	金属和合金的腐蚀　应力腐蚀试验　第8部分：焊接试样的制备和应用
14	GB 11377—2005	金属和其他无机覆盖层　储存条件下腐蚀试验的一般规则
15	HB 7740—2004	燃气热腐蚀试验方法
16	GB/T 19292. 4—2003	金属和合金的腐蚀　大气腐蚀性　用于评估腐蚀性的标准试样的腐蚀速率的测定
17	GB/T 19292. 3—2003	金属和合金的腐蚀　大气腐蚀性污染物的测量
18	GB/T 19292. 2—2003	金属和合金的腐蚀　大气腐蚀性腐蚀等级的指导值
19	GB/T 19291—2003	金属和合金的腐蚀　腐蚀试验一般原则
20	HG/T 3536—2003	工业循环冷却水污垢和腐蚀产物中二氧化碳含量的测定方法
21	HG/T 3535—2003	工业循环冷却水污垢和腐蚀产物中硫酸盐含量测定方法
22	HG/T 3534—2003	工业循环冷却水污垢和腐蚀产物中酸不溶物、磷、铁、铝、钙、镁、锌、铜含量测定方法
23	HG/T 3533—2003	工业循环冷却水污垢和腐蚀产物中灼烧失重测定方法
24	HG/T 3532—2003	工业循环冷却水污垢和腐蚀产物中硫化亚铁含量测定方法
25	HG/T 3531—2003	工业循环冷却水污垢和腐蚀产物中水分含量测定方法
26	HG/T 3530—2003	工业循环冷却水污垢和腐蚀产物试样的调查、采取和制备
27	GB/T 6461—2002	金属基体上金属和其他无机覆盖层经腐蚀试验后的试样和试件的评级
28	GB/T 10127—2002	不锈钢三氯化铁缝隙腐蚀试验方法
29	GB/T 18590—2001	金属和合金的腐蚀点蚀评定方法
30	GB/T 3949—2001	船用不锈钢焊接接头晶间腐蚀试验方法

续表

序　号	标准编号	标 准 名 称
31	GB/T 749—2001	硅酸盐水泥在硫酸盐环境中的潜在膨胀性能试验方法
32	GB/T 4334.6—2000	不锈钢5%硫酸腐蚀试验方法
33	GB/T 4334—2008	金属和合金的腐蚀　不锈钢晶间腐蚀试验方法
34	GB/T 15970.2—2000	金属和合金的腐蚀　应力腐蚀试验　第2部分：弯梁试样的制备和应用
35	GB/T 15970.4—2000	金属和合金的腐蚀　应力腐蚀试验　第4部分：单轴加载拉伸试样的制备和应用
36	GB/T 18175—2000	水处理剂缓蚀性能的测定旋转挂片法
37	GB/T 15970.7—2000	金属和合金的腐蚀　应力腐蚀试验　第7部分：慢应变速率试验
38	HG/T 3610—2000	工业循环冷却水污垢和腐蚀产物分析方法规则
39	GB/T 3810.13—2006	陶瓷砖试验方法　第13部分：耐化学腐蚀性的测定
40	GB/T 17899—1999	不锈钢点蚀电位测量方法
41	GB/T 17897—1999	不锈钢三氯化铁点腐蚀试验方法
42	JB/T 3206—1999	防锈油脂加速凝露腐蚀试验方法
43	SY/T 0026—1999	水腐蚀性测试方法
44	QB/T 3801—1999	化工用硬聚氯乙烯管材的腐蚀度试验方法
45	GB/T 17632—1998	土工布及其有关产品抗酸、碱液性能的试验方法
46	GB/T 17601—2008	耐火材料耐硫酸侵蚀试验方法
47	GB/T 15970.6—2007	金属和合金的腐蚀　应力腐蚀试验　第6部分：预裂纹试样的制备和应用
48	GB/T 15970.5—1998	金属和合金的腐蚀　应力腐蚀试验　第5部分：C型环试样的制备和应用
49	GB/T 17506—2008	船舶黑色金属腐蚀层的电子探针分析方法
50	GB/T 14293—1998	人造气氛腐蚀试验一般要求
51	SY/T 0029—1998	埋地钢质检查片腐蚀速率测试方法
52	GB/T 2951.21—2008	电缆和光缆绝缘和护套材料通用试验方法　第21部分：弹性体混合料专用试验方法　耐臭氧试验－热延伸试验－浸矿物油试验
53	GB/T 2951.51—2008	电缆和光缆绝缘和护套材料通用试验方法　第51部分：填充膏专用试验方法—滴点—油分离—低温脆性—总酸值—腐蚀性—23℃时的介电常数—23℃和100℃时的直流电阻率
54	GB/T 10125—1997	人造气氛腐蚀试验　盐雾试验
55	SY/T 0546—1996	腐蚀产物的采集与鉴定
56	GB/T 16545—1996	金属和合金的腐蚀　腐蚀试样上腐蚀产物的清除
57	JB/T 8424—1996	金属覆盖层和有机涂层天然海水腐蚀试验方法
58	GB/T 16267—2008	包装材料试验方法　气相缓蚀能力
59	GB/T 16266—2008	包装材料试验方法　接触腐蚀
60	GB/T 15970.3—1995	金属和合金的腐蚀　应力腐蚀试验　第3部分：U型弯曲试样的制备和应用
61	GB/T 15970.1—1995	金属和合金的腐蚀　应力腐蚀试验　第1部分：试验方法总则

续表

序　号	标准编号	标 准 名 称
62	GB/T 15748—1995	船用金属材料电偶腐蚀试验方法
63	JB/T 7702—1995	金属基体上金属和非有机覆盖层盐水滴腐蚀试验(SD 试验)
64	GB/T 15260—1994	镍基合金晶间腐蚀试验方法
65	QB/T 1901. 2—2006	表壳体及其附件　金合金覆盖层　第 2 部分：纯度、厚度、耐腐蚀性能和附着力的测试
66	GB/T 14834—2009	硫化橡胶或热塑性橡胶　与金属粘附性及对金属腐蚀作用的测定
67	GB/T 13671—1992	不锈钢缝隙腐蚀电化学试验方法
68	SH/T 0232—1992	液化石油气铜片腐蚀试验法
69	GB/T 13452. 4—2008	色漆和清漆　钢铁表面上涂膜的耐丝状腐蚀试验
70	SH/T 0080—1991	防锈油脂腐蚀性试验法
71	SY/T 5390—1991	钻井液腐蚀性能检测方法　钻杆腐蚀环法
72	YB/T 5288 - 1999	石墨阳极耐腐蚀试验方法
73	GB/T 11143—2008	加抑制剂矿物油在水存在下防锈性能试验法
74	GB/T 10582—2008	电气绝缘材料　测定因绝缘材料引起的电解腐蚀的试验方法
75	GB/T 10119—2008	黄铜耐脱锌腐蚀性能的测定
76	GB 9789—2008	金属和其他非有机覆盖层　通常凝露条件下的二氧化硫腐蚀试验
77	GB/T 7998—2005	铝合金晶间腐蚀测定方法
78	GB/T 6466—2008	电沉积铬层　电解腐蚀试验(EC 试验)
79	GB/T 6465—2008	金属和其他无机覆盖层腐蚀膏腐蚀试验(CORR 试验)
80	GB/T 6463—2005	金属和其他无机覆盖层厚度测量方法评述
81	GB/T 6384—2008	船舶及海洋工程用金属材料在天然环境中的海水腐蚀试验方法
82	GB/T 5776—2005	金属和合金的腐蚀　金属和合金　在表层海水中暴露和评定的导则
83	GB/T 5096—1985	石油产品铜片腐蚀试验法
84	GB/T 4157—2006	金属在硫化氢环境中抗特殊形式环境开裂实验室试验
85	HG/T 3523—2008	冷却水化学处理标准腐蚀试片技术条件
86	SJ 1284—1977	金属镀层腐蚀试验结果评定方法
87	SJ 1283—1977	金属镀层和化学处理层腐蚀试验方法

表 2　腐蚀防护常用标准

序　号	标准编号	标 准 名 称
1	SY/T 6623—2005	内覆或衬里耐腐蚀合金复合钢管规范
2	SY/T 6601—2004	耐腐蚀合金管线钢管
3	GB/T 19532—2004	包装材料气相防锈塑料薄膜
4	GB/T 19355—2003	钢铁结构耐腐蚀防护锌和铝覆盖层指南

续表

序　　号	标准编号	标　准　名　称
5	SY/T 6530—2010	非腐蚀性气体输送用管线管内涂层
6	SY/T 0042—2002	防腐蚀工程经济计算方法标准
7	SY/T 0326—2002	钢制储罐内衬环氧玻璃钢技术标准
8	SY/T 6536—2002	钢质水罐内壁阴极保护技术规范
9	CECS 133—2002	包裹不饱和聚酯树脂复合材料的钢结构防护工程技术规程
10	Q/CNPC 37—2002	非腐蚀性天然气输送管内壁覆盖层推荐做法
11	GB/T 18593—2001	熔融结合环氧粉末涂料的防腐蚀涂装
12	GB 18241. 1—2001	橡胶衬里　第一部分：设备防腐衬里
13	CECS 18—2000	聚合物水泥砂浆防腐蚀工程技术规程
14	SY/T 0323—2000	玻璃纤维强热固性树脂压力管道施工及验收规范
15	SY/T 0096—2000	强制电流深阳极地床技术规范
16	SY/T 10008—2010	海上钢制固定石油生产构筑物的腐蚀控制
17	SH 3022—1999	石油化工设备和管道涂料防腐蚀技术规范
18	HG/T 20696—1999	玻璃钢化工设备设计规定
19	SY/T 0319—1998	钢质储罐液体环氧涂料内防腐层技术标准
20	SY/T 0315—2005	钢质管道单层熔结环氧粉末外涂层技术规范
21	SY/T 0442—2010	钢制管道熔结环氧粉末内防腐层技术标准
22	GB/T 17005—1997	滨海设施外加电流阴极保护系统
23	HG/T 20587—1996	化工建筑涂装设计规定
24	SY/T 4091—1995	滩海石油工程防腐蚀技术规范
25	SY/T 0087. 1—2006	钢制管道及储罐腐蚀评价标准　埋地钢质管道外腐蚀直接评价(附条文说明)
26	SY/T 0087. 3—2010	钢质管道及储罐腐蚀评价标准　钢质储罐腐蚀直接评价
27	SL105—2007	水工金属结构防腐蚀规范
28	HG/T 21579—1995	聚丙烯/玻璃钢(PP/FRP)复合管及管件
29	SJ/T 31303—1994	铝电解电容器铝箔腐蚀设备完好要求和检查评定方法
30	HG/T 21562—1994	衬聚四氟乙烯钢管和管件
31	GB/T 15008—2008	耐蚀合金棒
32	GB/T 15007—2008	耐腐蚀合金牌号
33	GB/T 14986—2008	高饱和、磁温度补偿、耐蚀、铁铝、恒磁导率软磁合金
34	GB/T 14093. 4—2009	机械产品环境技术要求　工业腐蚀环境
35	HG 20536—1993	聚四氟乙烯衬里设备
36	GB/T 14092. 5—2009	机械产品环境条件工业腐蚀
37	CJJ 49—1992	地铁杂散电流腐蚀防护技术规程
38	HG/T 20539—1992	增强聚丙烯(FRPP)管和管件

续表

序　　号	标准编号	标 准 名 称
39	HG/T 20520—1992	玻璃钢\聚氯乙烯(FRP\PVC)复合管道设计规定
40	GB 12466—1990	船舶及海洋工程腐蚀与防护术语
41	HG/T 20679—1990	化工设备、管道外防腐设计规定
42	HG/T 20677—1990	橡胶衬里化工设备
43	JC 718—1990	玻璃纤维增强聚酯树脂耐腐蚀卧式容器

表3　腐蚀检测常用标准

序　　号	标准编号	标 准 名 称
1	SY/T 5918—2004	埋地钢质管道外防腐层修复技术规范
2	GB/T 19285—2003	埋地钢质管道腐蚀防护工程检验
3	CJJ 61—2003	城市地下管线探测技术规程
4	CJJ 95—2003	城镇燃气埋地钢质管道腐蚀控制技术规程
5	DZ/T 0187—1997	地面瞬变电磁法技术规程
6	SY/T 6151—2009	钢质管道管体腐蚀损伤评价方法
7	SY/T 5447—1992	油井管无损检测方法　超声测厚
8	Q/SH 0314—2009	埋地钢制管道腐蚀与控制检测技术规程

附录 2　常用材料标准电极电位表

半　反　应	E^0/V
F_2(气)$_+$ $2H^+ + 2e = 2HF$	3.06
$O_3 + 2H^+ + 2e = O_2 + 2H_2O$	2.07
$S_2O_8^- + 2e = 2SO_4^{2-}$	2.01
$H_2O_2 + 2H^+ + 2e = 2H_2O$	1.77
$MnO_4^- + 4H^+ + 3e = MnO_2$(固)$ + 2H_2O$	1.695
PbO_2(固)$ + SO_4^{2-} + 4H^+ + 2e = PbSO_4$(固)$ + H_2O$	1.685
$HClO_2 + H^+ + e = HClO + H_2O$	1.64
$HClO + H^+ + e = 1/2Cl_2 + H_2O$	1.63
$Ce^{4+} + e = Ce^{3+}$	1.61
$H_5IO_6 + H^+ + 2e = IO_3^- + 3H_2O$	1.60
$HBrO + H^+ + e = 1/2Br_2 + H_2O$	1.59
$BrO_3^- + 6H^+ + 5e = 1/2Br_2 + 3H_2O$	1.52
$MnO_4^- + 8H^+ + 5e = Mn^{2+} + 4H_2O$	1.51
Au(Ⅲ)$ + 3e = Au$	1.50
$HClO + H^+ + 2e = Cl^- + H_2O$	1.49
$ClO_3^- + 6H^+ + 5e = 1/2Cl_2 + 3H_2O$	1.47
PbO_2(固)$ + 4H^+ + 2e = Pb^{2+} + 2H_2O$	1.455
$HIO + H^+ + e = 1/2I_2 + H_2O$	1.45
$ClO_3^- + 6H^+ + 6e = Cl^- + 3H_2O$	1.45
$BrO_3^- + 6H^+ + 6e = Br^- + 3H_2O$	1.44
Au(Ⅱ)$ + 2e = $Au(Ⅰ)	1.41
Cl_2(气)$ + 2e = 2Cl^-$	1.3595
$ClO_4^- + 8H^+ + 7e = 1/2Cl_2 + 4H_2O$	1.34
$CrO_7^{2-} + 14H^+ + 6e = 2Cr^{3+} + 7H_2O$	1.33
MnO_2(固)$ + 4H^+ + 2e = Mn^{2+} + 2H_2O$	1.23
O_2(气)$ + 4H^+ + 4e = 2H_2O$	1.229
$IO_3^- + 6H^+ + 5e = 1/2I_2 + 3H_2O$	1.20
$ClO_4^- + 2H^+ + 2e = ClO_3^- + H_2O$	1.19
Br_2(水)$ + 2e = 2Br^-$	1.087
$NO_2 + H^+ + e = HNO_2$	1.07
$Br_3^- + 2e = 3Br^-$	1.05
$HNO_2 + H^+ + e = NO$(气)$ + H_2O$	1.00

附录2 常用材料标准电极电位表

半 反 应	E^0/V
$VO_2^+ + 2H^+ + e = VO^{2+} + H_2O$	1.00
$HIO + H^+ + 2e = I^- + H_2O$	0.99
$NO_3^- + 3H^+ + 2e = HNO_2 + H_2O$	0.94
$ClO^- + H_2O + 2e = Cl^- + 2OH^-$	0.89
$H_2O_2 + 2e = 2OH^-$	0.88
$Cu^{2+} + I^- + e = CuI$(固)	0.86
$Hg^{2+} + 2e = Hg$	0.845
$NO_3^- + 2H^+ + e = NO_2 + H_2O$	0.80
$Ag^+ + e = Ag$	0.7995
$Hg_2^{2+} + 2e = 2Hg$	0.793
$Fe^{3+} + e = Fe^{2+}$	0.771
$BrO^- + H_2O + 2e = Br^- + 2OH^-$	0.76
O_2(气)$ + 2H^+ + 2e = H_2O_2$	0.682
$AsO_8^- + 2H_2O + 3e = As + 4OH^-$	0.68
$2HgCl_2 + 2e = Hg_2Cl_2$(固)$ + 2Cl^-$	0.63
Hg_2SO_4(固)$ + 2e = 2Hg + SO_4^{2-}$	0.6151
$MnO_4^- + 2H_2O + 3e = MnO_2 + 4H^+$	0.588
$MnO_4^- + e = MnO_4^{2-}$	0.564
$H_3AsO_4 + 2H^+ + 2e = HAsO_2 + 2H_2O$	0.599
$I_3^- + 2e = 3I^-$	0.545
I_2(固)$ + 2e = 2I^-$	0.5345
Mo(Ⅵ) + e = Mo(Ⅴ)	0.53
$Cu^+ + e = Cu$	0.52
$4SO_2$(水)$ + 4H^+ + 6e = S_4O_6^{2-} + 2H_2O$	0.51
$HgCl_4^{2-} + 2e = Hg + 4Cl^-$	0.48
$2SO_2$(水)$ + 2H^+ + 4e = S_2O_3^{2-} + H_2O$	0.40
$Fe(CN)_6^{3-} + e = Fe(CN)_6^{4-}$	0.36
$Cu^{2+} + 2e = Cu$	0.337
$VO^{2+} + 2H^+ + 2e = V^{3+}_+ H_2O$	0.337
$BiO^+ + 2H^+ + 3e = Bi_+ H_2O$	0.32
Hg_2Cl_2(固)$ + 2e = 2Hg + Cl^-$	0.2676
$HAsO_2 + 3H^+ + 3e = As + 2H_2O$	0.248
AgCl(固)$ + e = Ag + Cl^-$	0.2223
$SbO^+ + 2H^+ + 3e = Sb + H_2O$	0.212
$SO_4^{2-} + 4H^+ + 2e = SO_2$(水)$ + H_2O$	0.17

半 反 应	E^0/V
$Cu^{2+} + e = Cu^-$	0.159
$Sn^{4+} + 2e = Sn^{2+}$	0.154
$S + 2H^+ + 2e = H_2S$(气)	0.141
$Hg_2Br_2 + 2e = 2Hg + 2Br^-$	0.1395
$TiO^{2+} + 2H^+ + e = Ti^{3+} + H_2O$	0.1
$S_4O_6^{2-} + 2e = 2S_2O_3^{2-}$	0.08
AgBr(固) + e = $Ag + Br^-$	0.071
$2H^+ + 2e = H_2$	0.000
$O_2 + H_2O + 2e = HO_2^- + OH^-$	−0.067
$TiOCl^+ + 2H^+ + 3Cl^- + e = TiCl_4^- + H_2O$	−0.09
$Pb^{2+} + 2e = Pb$	−0.126
$Sn^{2+} + 2e = Sn$	−0.136
AgI(固) + e = $Ag + I^-$	−0.152
$Ni^{2+} + 2e = Ni$	−0.246
$H_3PO_4 + 2H^+ + 2e = H_3PO_3 + H_2O$	−0.276
$Co^{2+} + 2e = Co$	−0.277
$Tl^+ + e = Tl$	−0.3360
$In^{3+} + 3e = In$	−0.345
$PbSO_4$(固) + 2e = $Pb + SO_4^{2-}$	−0.3553
$SeO_3^{2-} + 3H_2O + 4e = Se + 6OH^-$	−0.366
$As + 3H^+ + 3e = AsH_3$	−0.38
$Se + 2H^+ + 2e = H_2Se$	−0.40
$Cd^{2+} + 2e = Cd$	−0.403
$Cr^{3+} + e = Cr^{2+}$	−>0.41
$Fe^{2+} + 2e = Fe$	−0.44
$S + 2e = S^{2-}$	−0.48
$2CO_2 + 2H^+ + 4e = H_2C_2O_4$	−0.49
$H_3PO_3 + 2H^+ + 2e = H_3PO_2 + H_2O$	−0.50
$Sb + 3H^+ + 3e = SbH_3$	−0.51
$HPbO_2^- + H_2O + 2e = Pb + 3OH^-$	−0.54
$Ga^{3+} + 3e = Ga$	−0.56
$TeO_3^{2-} + 3H_2O + 4e = Te + 6OH^-$	−0.57
$2SO_3^{2-} + 3H_2O + 4e = S_2O_3^{2-} + 6OH^-$	−0.58
$SO_3^{2-} + 3H_2O + 4e = S + 6OH^-$	−0.66
$AsO_4^{3-} + 2H_2O + 2e = AsO_2^- + 4OH^-$	−0.67

附录2　常用材料标准电极电位表

半　反　应	E^0/V
Ag_2S(固) + 2e = 2Ag + S^{2-}	-0.69
Zn^{2+} + 2e = Zn	-0.763
$2H_2O$ + 2e = H_2 + $2OH^-$	-0.828
Cr^{2+} + 2e = Cr	-0.91
$HSnO_2^-$ + H_2O + 2e = Sn^- + $3OH^-$	->0.91
Se + 2e = Se^{2-}	-0.92
$Sn(OH)_6^{2-}$ + 2e = $HSnO_2^-$ + H_2O + $3OH^-$	-0.93
CNO^- + H_2O + e = CN^- + $2OH^-$	-0.97
Mn^{2+} + 2e = Mn	-1.182
ZnO_2^{2-} + $2H_2O$ + 2e = Zn + $4OH^-$	-1.216
Al^{3+} + 3e = Al	-1.66
$H_2AlO_3^-$ + H_2O + 3e = Al + $4OH^-$	-2.35
Mg^{2+} + 2e = Mg	-2.37
Na^+ + e = Na	-2.71
Ca^{2+} + 2e = Ca	-2.87
Sr^{2+} + 2e = Sr	-2.89
Ba^{2+} + 2e = Ba	-2.90
K^+ + e = K	-2.925
Li^+ + e = Li	-3.042

附录3　与腐蚀相关的主要期刊和机构网站

表1　防腐蚀期刊

序　号	期刊名称
1	中国腐蚀与防护学报
2	防腐蚀
3	防腐蚀工程
4	腐蚀与防护
5	腐蚀科学与防护技术
6	油气田地面工程
7	化工腐蚀与防护
8	石油化工腐蚀与防护
9	化工设备与防腐蚀
10	油气储运
11	管道技术与设备
12	化工设备与管道
13	全面腐蚀控制
14	煤矿腐蚀与防护
15	四川化工腐蚀与防护
16	Corrosion
17	Corrosion Science
18	Corrosion Engineering Science and Technology
19	Metal Science and Heat Treatment
20	Materials and Structures
21	Oxidation of Metals
22	Chemical and Petroleum Engineering

表2　防腐蚀研究机构及网站

序号	研究机构名称	网　　址
1	中国科学院金属研究所腐蚀与防护国家重点实验室	www. imr. ac. cn
2	中国科学院海洋研究所青岛市海洋环境腐蚀与防护重点实验室	www. cas. ac. cn
3	中船重工725所腐蚀与防护国防科技重点实验室	www. shipmatl. com. cn
4	钢铁研究总院青岛海洋腐蚀研究所	www. qrimc. cn
5	北京航空材料研究院金属腐蚀及防护研究室	www. biam. ac. cn

续表

序号	研究机构名称	网　址
6	中国腐蚀监测网	www. corrosion. com
7	中国腐蚀网	www. zg - corrosion. com. cn
8	美国国家腐蚀工程师协会(NACE)	www. nace. org
9	国家金属腐蚀控制工程技术研究中心	www. nccc. cn
10	美国俄亥俄州立大学方坦纳腐蚀中心	www. er6. eng. ohio - state. edu/frankel/fcc
11	美国材料试验学会(ASTM)	www. astm. org
12	美国金属学会(ASM)	www. asm - int. org
13	美国化学工程师学会(AICHE)	www. aiche. org
14	美国材料研究学会(MRS)	www. mrs. org
15	美国电镀学会(AGA)	www. usalink. net/aga
16	美国采矿、金属及材料学会(TMS)	www. tms. org
17	美国焊接学会(AWS)	www. amweld. org
18	美国化学会(ACS)	www. acs. org
19	英国曼彻斯特腐蚀中心(UMIST)	www. cp. umist. ac. uk
20	日本防腐蚀技术协会及《防腐管理》	www. shpere. ne. jp
21	日本 NIMC	www. nimc. go. jp

参 考 文 献

1 石仁委，龙媛媛．油气管道防腐蚀工程[M]．北京：中国石化出版社，2008
2 寇杰，梁法春，陈婧等．油气管道腐蚀与防护[M]．北京：中国石化出版社，2008
3 洪乃峰．基础设施腐蚀与防护和耐久性问与答[M]．北京：化学工业出版社，2003
4 柳金海．管道防腐蚀工程便携手册[M]．北京：机械工业出版社，2008
5 黄春芳．原油管道输送技术[M]．北京：中国石化出版社，2003
6 秦国治，丁良棉，田志明．管道防腐蚀技术[M]．北京：化学工业出版社，2003
7 肖纪美，曹楚南．材料腐蚀学原理[M]．北京：化学工业出版社，2002
8 白新德．材料腐蚀与控制[M]．北京：清华大学出版社，2005
9 龙媛媛，隋国勇等．油田集输介质管流 CO_2 腐蚀行为及腐蚀数学模型[J]．腐蚀与防护，2008，29(2)
10 纪云岭，张敬武，张丽．油田腐蚀与防护技术[M]．北京：石油工业出版社，2006
11 石仁委．埋地管道腐蚀检测技术的探讨[J]．石油工程建设，2006，32(2)
12 石仁委．埋地管道壁厚瞬变电磁检测技术研究[J]．石油化工腐蚀与防护，2007，24(2)
13 石仁委．胜利油田集输管道腐蚀检测与管理[J]．石油工业技术监督，2007，23(4)
14 王遂平，隋国勇，石仁委．用电流梯度法检测埋地管道防腐层存在的问题及其改进方法[J]．石油工程建设，2008，34(1)
15 李永年，李晓松，姚学虎等．埋地管道综合参数异常评价法的应用效果[J]．地球物理学进展，2003，18(3)
16 龙媛媛，石仁委，柳言国等．埋地管道不开挖地面腐蚀检测技术在胜利油田纯梁采油厂的应用[J]．石油工程建设，2007，33(3)
17 沈功田，李光海等．埋地管道泄露监测检测技术[J]．安全与环境工程，2003，3
18 蒋仕章，蒲家宁．石油天然气长输管道泄漏检测及定位方法[J]．油气储运，2000，19(3)
19 秦熊浦．设备腐蚀与防护[M]．西安：西北工业大学出版社，1995
20 袁厚明．地下管线检测技术[M]．北京：中国石化出版社，2006
21 郭生武，袁鹏斌，张十金．输送管线完整性检测、评价及修复技术[M]．北京：石油工业出版社，2007
22 龙媛媛，张春茂等．管流动态模拟及现场中试检测评价技术在胜利油田的应用[J]．全面腐蚀控制．2006，20(3)
23 龙媛媛．油田管线多相流中试评价研究系统[J]．油气田地面工程，2008，27(1)
24 龙媛媛，石仁委，柳言国等．8 种管线内防腐技术在胜利油田的中试应用及性能评价[J]．材料保护，2007，40(4)
25 柳言国，龙媛媛等．胜利油田防腐蚀技术评价中试系统[J]．腐蚀与防护，2007，28(1)
26 高峰，石仁委．基于 GIS 的集输管网管理信息系统的开发与应用效果[J]．全面腐蚀控制，2007，21(3)
27 卢绮敏．石油工业中的腐蚀与防护[M]．北京：化学工业出版社，2001
28 秦国治，田志明．防腐蚀技术及应用实例[M]．北京：化学工业出版社，2002
29 [加] PierreR. Roberge 著．吴荫顺，李久青，曹备译．腐蚀工程手册[M]．北京：中国石化出版社，2003
30 [美]Peabody，A. W. 著．[美]Bianchetti，R. L 编．吴建华，许立坤译．管线腐蚀控制[M]．北京：化学工业出版社，2004
31 郑家燊，黄魁元．缓蚀剂科技发展历程的回顾与展望[J]．材料保护，2000，33(5)
32 翁永基．材料腐蚀通论[M]．北京：石油工业出版社，2004

33 刘海峰，胡剑，杨俊．国内油气长输换到检测技术的现状与发展趋势[J]．天然气工业，2004，24(11)
34 何仁洋．油气管道检测与评价[M]．北京：中国石化出版社，2010
35 万德立，郜玉新，万家瑰．石油管道、储罐的腐蚀及其防护技术[M]．北京：石油工业出版社，2006
36 杨印臣．地下管道检测与评估[M]．北京：石油工业出版社，2008
37 JohnL. Kennedy. 油气管道概论[M]．北京：石油工业出版社，2009
38 李鹤林等．石油管工程[M]．北京：石油工业出版社，1999
39 李金桂．防腐蚀表面工程技术[M]．北京：化学工业出版社，2003
40 陈连山，尹辉庆，赵杰．长输油气管道施工技术[M]．北京：石油工业出版社，2009
41 赵玉昆．腐蚀检测及防腐保温大修技术[M]．北京：石油工业出版社，2003